# HISTOIRE NATURELLE

DES

# LÉPIDOPTÈRES D'EUROPE

# HISTOIRE NATURELLE

## DES

# LÉPIDOPTÈRES

## D'EUROPE

PAR

## H. LUCAS

AIDE-NATURALISTE D'ENTOMOLOGIE AU MUSÉUM D'HISTOIRE NATURELLE
MEMBRE DE LA SOCIÉTÉ ENTOMOLOGIQUE DE FRANCE
CHEVALIER DE LA LÉGION D'HONNEUR

AVEC 80 PLANCHES REPRÉSENTANT 400 SUJETS

PEINTES D'APRÈS NATURE

**GRAVÉES SUR ACIER PAR PAUQUET**

---

DEUXIÈME ÉDITION
REFONDUE ET AUGMENTÉE

---

# PARIS

## F. SAVY, LIBRAIRE-ÉDITEUR

24, RUE HAUTEFEUILLE

---

1864

**Tous droits réservés.**

# AVANT-PROPOS

---

Afin de rendre l'étude de l'ordre des Lépidoptères plus facile, et de mettre, autant que possible, à la portée de tout le monde cette partie si attrayante de l'histoire naturelle, nous avons représenté, par un grand nombre de figures, gravées et coloriées avec soin, non-seulement les espèces les plus remarquables de cet ordre qui se trouvent aux environs de Paris, mais encore celles qui se rencontrent dans le Midi et dans les hautes montagnes de la France.

Dans cet ouvrage, chaque figure aura une description particulière, où seront énoncés les principaux caractères ; chaque description sera accompagnée de renseignements historiques, puisés dans les meilleurs ouvrages ou fournis par plusieurs Lépidoptérophiles auxquels nous nous empressons de payer un juste tribut de reconnaissance.

Pour que ce travail soit moins aride, afin de le mettre au niveau des connaissances actuelles, et surtout de le rendre tout à fait élementaire, nous y avons ajouté un aperçu aussi complet que possible des diverses métamorphoses que ces insectes subissent avant d'arriver à l'état parfait.

Les noms vulgaires seront suivis, comme dans l'Histoire des Lépidoptères de France, d'une synonymie exacte.

Les nombreux naturalistes qui se sont adonnés à l'étude de cette partie, sans contredit une des plus intéressantes de l'histoire naturelle, et dont nous donnerons les noms à la fin de cette deuxième édition, pour faciliter les recherches et pour faire connaître les autorités auxquelles nous avons puisé, sont presque tous d'accord sur la division générale des Lépidoptères en Diurnes, Crépusculaires et Nocturnes. Mais depuis que la première édition a paru, cette classification a été modifiée ; les Lépidoptères alors n'ont plus formé que deux légions : Les Rhopalocères (Diurnes des auteurs) et les Hétérocères (Crépusculaires et Nocturnes). Enfin, dans ces dernières années, un zoologiste a proposé une autre classification qui se rapproche beaucoup de la précédente et dans laquelle l'ordre des Lépidoptères se trouve divisé en deux sections : les Achalinoptères (Diurnes des auteurs anciens, Rhopalocères des auteurs modernes) et les Chalinoptères (Crépusculaires et Nocturnes des auteurs anciens, Hétérocères des auteurs modernes) : c'est cette dernière classification que nous adoptons pour cette deuxième édition. Il suffira donc d'appliquer aux nombreux sujets dont se compose cet ouvrage, exclusivement destiné aux débutants, la classification la plus en usage et la plus conforme aux divisions que nous avons ci-dessus énoncées.

# HISTOIRE NATURELLE

DES

# LÉPIDOPTÈRES

---

## GÉNÉRALITÉS

La dénomination de Lépidoptères, donnée par Linné à cet ordre d'insectes, connu plus particulièrement sous celle de Papillons (*Papilio*), tire son étymologie du grec λεπίς, écaille, et de πτερόν, aile ; les auteurs anciens avaient appelé aussi les Papillons insectes à ailes farineuses. Linné, en employant la dénomination de Lépidoptères, ne fit, comme on le voit, que donner un nom grec à la même idée ; et Fabricius, en les appelant Glossates, n'eut en vue que l'organe apparent de la manducation, qu'il compare à une langue.

Tous les animaux qui composent cet ordre abondamment répandu dans toutes les parties du monde sont remarquables par la surprenante variété de leurs couleurs, l'élégance de leurs formes et leur légèreté ; de plus, ils fixent le plus généralement nos regards et font le charme de nos yeux. Aussi plusieurs naturalistes ont-ils placé les Lépidoptères au plus haut degré de l'échelle de la perfection des animaux articulés. On peut dire aussi que ce sont des êtres presque tous aériens, parés de couleurs aussi belles par leur éclat et leur variété que par leur distribution. Ils se nourrissent uniquement des sucs mielleux, qu'ils savent extraire ou tirer avec leur trompe en voltigeant continuellement d'une fleur à l'autre ; ils n'attaquent aucun autre insecte, et n'ont même aucun organe pour se défendre ; ce sont, en un mot, les animaux les plus pacifiques du monde à l'état parfait seulement ;

mais, pour arriver à cette sorte de perfection, les Lépidoptères sont
obligés de subir trois transformations. Ils naissent à l'état de larve,
que, dans cet ordre, on désigne sous le nom de chenille ; passent ensuite à celui de chrysalide ou de nymphe, pour prendre, après un
temps plus ou moins long, leur forme aérienne. C'est sous ces trois
états ou métamorphoses complètes que nous allons étudier ces curieux animaux.

## DE L'ÉTAT PARFAIT

Le corps des Lépidoptères, comme dans tous les autres insectes, se
compose de la tête, du thorax et de l'abdomen. La seconde de ces
parties porte toujours, sauf de très-rares exceptions, quatre ailes et
trois paires de pattes ; et comme elle joue, sous ce rapport, un rôle
très-important dans l'organisation, nous l'examinerons tout d'abord.

Le thorax ou corselet est formé de trois segments intimement unis,
dont l'antérieur, très-court, en forme de collier, est le prothorax ; les
deux autres, le mésothorax et le métathorax, sont toujours soudés ensemble, et ne paraissent ne former qu'un tout unique ; le dernier se
termine, en-dessus, par une petite pièce triangulaire désignée sous le
nom d'écusson. La partie supérieure du thorax s'appelle le dos, et
l'inférieure la poitrine ; le premier est presque toujours recouvert par
les ptégygodes ou épaulettes, qui, selon qu'elles sont plus ou moins
développées, modifient plus ou moins la forme du thorax.

La tête est généralement arrondie, comprimée en avant, plus longue
que large, et ordinairement un peu plus étroite que le thorax ; la
partie antérieure du front est désignée, par beaucoup d'entomologistes,
mais improprement, sous le nom de chaperon. La tête est très-saillante dans les Achalinoptères, et garnie de poils fins ; celle des Chalinoptères est plus petite, moins saillante, garnie de poils écailleux,
et quelquefois entièrement retirée sous le prothorax. Les organes
importants dont cette partie est le siége sont les yeux, les stemmates, les antennes, les palpes et la spiritrompe.

Les yeux, composés d'innombrables petites facettes, sont grands,
bordés de poils, et n'offrent rien de particulier, si ce n'est qu'ils
varient beaucoup sous le rapport de la couleur pendant la vie. Les
stemmates ou yeux lisses sont situés sur le vertex, et ordinaire-

ment cachés par les écailles, chez les espèces où ces organes existent.

Les antennes, situées près du bord de chaque œil, sont ordinairement plus courtes que le tronc, et composées d'un grand nombre d'articles ; leur forme est très-variable dans tous les Achalinoptères ;
elles sont filiformes jusque près de leur extrémité, et terminées par
un bouton ou massue plus ou moins allongée. C'est cette conformation
qui a fait désigner les Lépidoptères diurnes sous le nom de Rhopalocères
(ῥόπαλον, massue ; κέρας, corne) ; celle-ci varie beaucoup selon les
races ; quelquefois elle naît insensiblement du tiers antérieur de l'an-
tenne ; ailleurs elle est à peine sensible ; souvent elle est formée par un
renflement brusque, tantôt conique ou tronqué, tantôt comprimé latéralement et aplati, quelquefois creusé en cuiller, et quelquefois aussi
terminé par une pointe recourbée en hameçon. Dans tous les autres
papillons de la seconde section ou les Chalinoptères, qui, par opposition aux premiers, ont reçu le nom d'Hétérocères (ἕτερος, variable ;
κέρας, corne), on ne trouve plus d'antennes en massue : ces organes
sont tantôt prismatiques, comme dans la plupart des Sphingides, li-
néaires, comme chez les Sésiéides, ou en corne de bélier, comme dans
les Zygénides. Dans une infinité de genres, elles sont filiformes, atténuées
à leur extrémité ; chez d'autres, surtout ceux qui font partie des Bombycides, elles sont pectinées, c'est-à-dire ornées de chaque côté d'un
rang de petites dents que l'on a comparées à celles d'un peigne. Quand
ces dents sont longues, elles ressemblent aux barbes d'une plume ;
alors les antennes sont dites plumacées ou plumeuses ; celles de plusieurs Géomètres offrent un exemple de cette disposition.

Les palpes sont au nombre de quatre, comme chez les insectes broyeurs, deux maxillaires et deux labiaux ; les premiers sont ordinairement excessivement réduits, et constatables seulement à l'aide d'une
forte loupe ; ils ont le plus souvent la forme d'un petit tubercule, et sont
placés à la base de la spiritrompe ; quant aux seconds, au contraire,
ils sont en général très-apparents, redressés, cylindriques, couverts
d'écailles et formés de trois articles, dont le dernier souvent très-petit,
ou même presque nul dans beaucoup d'Achalinoptères, est quelquefois
très-long chez les Chalinoptères, formant alors une pointe aciculaire
plus ou moins prononcée. Les palpes sont, le plus souvent, contigus
ou connivents ; ailleurs ils sont assez écartés et laissent une intervalle
notable entre eux. Quelques genres les ont très-écailleux, d'autres
complétement hérissés de poils roides, ou plus ou moins soyeux ;

généralement ils sont ascendants et accolés au front ; quelquefois, cependant, ils sont entièrement droits et parallèles à l'axe du corps, comme cela se voit, par exemple, dans le genre Libythée.

_ La spiritrompe se compose de deux filets plus ou moins longs, cornés, concaves à leur face interne, engrenés par leurs bords ; lorsqu'on la coupe transversalement, on voit que son intérieur se compose de trois petits anneaux, dont l'intermédiaire est, suivant quelques auteurs, le seul qui serve de conduit au suc nutritif ; dans l'inaction, elle est toujours roulée en spirale entre les palpes. Dans les Achalinoptères, 'a spiritrompe est toujours bien développée ; chez les Chalinoptères, la longueur varie, au contraire, beaucoup. Chez quelques Sphinx, elle est deux ou trois fois aussi longue que le corps, très-courte chez beaucoup de Géomètres, et, dans une partie des Bombycides, elle n'existe qu'à l'état rudimentaire.

- L'abdomen est en ovale allongé, ou presque cylindrique, dans la majorité des espèces ; il se compose de cinq anneaux, formés chacun d'un anneau supérieur et d'un anneau inférieur, unis entre eux par une membrane ; les premiers sont plus grands que les autres, et en recouvrent le plus souvent les bords, de sorte qu'à sa partie médiane et inférieure l'abdomen paraît quelquefois former une gouttière : cette disposition lui donne la faculté de se dilater considérablement, ainsi que cela se voit chez quelques femelles au moment de la ponte. A son extrémité, il offre une ouverture en forme de fente longitudinale, servant d'issue aux organes reproducteurs et au canal intestinal ; cette fente est située entre deux valves formées par le dernier anneau de l'abdomen, et représente le seul caractère d'après lequel se puissent distinguer les deux sexes. Dans les femelles, l'oviducte ne s'annonce généralement par aucune saillie extérieure ; mais dans quelques genres, tels que les Zeuzères, dont les chenilles vivent dans le bois, comme les larves de certains Coléoptères, l'oviducte est très-prononcé, et forme une queue grêle, pointue et rétractile. Le genre Parnassien présente une anomalie plus remarquable : les femelles ont, sous le ventre, à l'extrémité de l'abdomen, une poche cornée très-apparente, et dont l'usage nous est encore inconnu. La couleur de l'abdomen, dans la plupart des Noctuélides, est à peu près celle des ailes inférieures. Chez les Chélonides, les Glaucopides et plusieurs espèces de Bombycides, l'abdomen est orné de couleurs non moins brillantes que celles des ailes. Celui des Achalinoptères est souvent plus sombre que le thorax ; cependant, dans quelques genres, surtout

chez les Lycénides, il est parfois saupoudré d'une teinte analogue à
celle des ailes. Dans les Papillonnides, nous citerons celui des Thais,
qui est marqué de points réguliers de différentes couleurs. L'abdomen
des Sphingides a généralement une forme conique ; quelquefois, cependant, comme dans le genre Macroglosse, il se termine par un
faisceau de poils roides, étalés en queue d'oiseau ; enfin, chez les
Sésiéides, cet organe est annelé de couleurs très-vives.

Les ailes, attachées à la partie latérale et supérieure du thorax, sont
toujours au nombre de quatre, excepté dans quelques femelles, chez
qui elles avortent ou sont réduites à de simples rudiments impropres
au vol. Chacune d'elles, considérée à part, consiste en deux lames
membraneuses intimement unies entre elles par leur face interne, et
divisées en plusieurs parties distinctes par des filets cornés, plus ou
moins saillants, nommés nervures. Ces deux lames, qui constituent
le dessus et le dessous de l'aile, sont recouvertes d'une poussière
farineuse qui s'enlève par le toucher. Avec le secours du microscope,
et même souvent à l'œil nu, on voit que cette poussière est un assem-
blage de petites écailles, implantées sur la partie membraneuse au
moyen d'un pédoncule, et disposées avec la même symétrie que les
tuiles d'un toit. Leur forme varie à l'infini, selon les espèces ; et, dans
chaque espèce elle-même, elles sont souvent très-diversifiées, selon
la partie de l'aile qu'elles occupent ; elles sont généralement plus
grandes dans les Chalinoptères que chez les Achalinoptères. Les couleurs si variées et si admirables que présentent les ailes des Lépidoptères sont dues, non à leur membrane, qui est toujours transparente,
mais aux écailles. La face inférieure de ces dernières est presque
toujours semblable, à cet égard, à la face supérieure.

Aucun Lépidoptère n'est dépourvu d'écailles ; mais chez quelques-
uns elles sont si petites, et si peu nombreuses, que les ailes sont entièrement transparentes, comme, par exemple, chez la plupart des
Sésiéides. Dans les Macroglosses à ailes vitrées, les écailles du centre de
l'aile sont si peu adhérentes, qu'elles n'existent plus pour peu que
l'insecte ait volé.

Pour résumer tout ce qui a été dit sur les écailles des Lépidoptères,
nous allons donner un extrait d'un travail qui a été publié dans les
*Annales des Sciences naturelles* par M. Bernard Deschamps, et dans
lequel cet observateur a présenté des idées aussi neuves qu'intéressantes sur les formes variées des écailles qui recouvrent les ailes des
Papillons et sur leur structure admirable. M. Bernard a reconnu

que les écailles sont composées de trois membranes ou lamelles superposées, dont la première est chargée de granulations de forme arrondie, espèce de pollen qui donne aux Papillons les couleurs éclatantes et variées que présente, à l'œil, leur robe si riche ; que la deuxième est chargée de soie formant quelquefois, sur les écailles, des dessins curieux ; enfin, que la troisième lamelle, celle qui s'applique sur la membrane de l'aile, a la propriété de réfléchir les couleurs les plus brillantes et les plus variées, quoique la surface des écailles, visibles à l'œil, soit souvent sombre et terne. Voici comment s'exprime M. Bernard Deschamps pour faire connaître la beauté de ces écailles : « Je suppose, dit-il, qu'un peintre possédât le secret de couleurs assez riches pour pouvoir présenter sur la toile, avec tout leur éclat, l'or, l'argent, l'opale et le rubis, le saphir, l'émeraude et les autres pierres précieuses que produit l'Orient ; qu'avec ces couleurs il formât toutes les nuances qui pourraient résulter de leur combinaison, on peut affirmer, sans crainte d'être jamais démenti, qu'il n'y aurait aucune de ces couleurs et de leurs nuances, quel qu'en soit le nombre, que le microscope ne puisse faire découvrir sur la partie des écailles des Lépidoptères que la nature s'est plu à dérober à nos regards. »

Malgré la supposition de M. Bernard, qui était le seul moyen de donner aux naturalistes une idée exacte de la richesse et de la variété des couleurs que réfléchit dans les Papillons la surface des écailles qui regarde la membrane de leurs ailes, nous ne pourrions encore nous figurer tout ce qu'offre de merveilleux l'observation de ces ailes, si cet observateur n'avait eu la complaisance de la répéter devant nous. Il fait remarquer, avec raison, que la nature s'est écartée en faveur des Papillons de la marche générale qu'elle suit ordinairement à l'égard des autres insectes et des oiseaux, chez lesquels les couleurs brillantes ne se voient toujours que sur les parties externes de leur robe ; tandis que chez les Papillons c'est toujours la surface de leurs ailes, cachée à à l'œil, qui réfléchit ces couleurs admirables dont nous venons de parler.

L'auteur du mémoire, après avoir fait connaître les observations les plus curieuses dans la description des différentes écailles de formes extraordinaires qu'il a découvertes sur un petit nombre d'espèces de Papillons, et dont les mâles seuls sont pourvus, circonstance très-remarquable, M. Bernard a donné à ces écailles le nom de plumules. Les formes de ces plumules varient dans chacune des espèces qui en fournissent. Il parle ensuite de la manière dont se trouvent implantées les écailles des Papillons sur leurs ailes ; il a observé qu'elles ne sont point piquées ou plantées, comme le dit Réaumur dans ses mémoires sur les insectes, sur la membrane de l'aile, où l'on aperçoit, lorsque les écailles sont enlevées, les trous dans lesquels leurs pédicules sont engagés, mais chacune d'elles adhère à cette membrane par l'intermédiaire d'un joli petit tuyau qui s'y trouve solidement soudé. Cette organisation admirable est la même que pour chacun des poils qui sont par milliers sur les ailes et sur le corps des papillons, particulièrement les Chalinoptères ou Nocturnes. M. Bernard Deschamps fait encore remarquer que dans les genres Sphinx, Bombyce, etc., etc., les écailles s'enlèvent moins facilement que dans les autres genres, ce qui provient de ce que les ouvertures des tuyaux d'implantation ont un diamètre plus petit que celui de l'extrémité, presque toujours renflé, des pédicules, des écailles ; alors les pédicules, ne pouvant sortir de leurs tuyaux d'implantation sans le rompre, opposent de la résistance lorsqu'on veut dénuder l'aile de ces écailles. Cette résistance est assez forte dans les Attacides connus sous le nom de Paon de nuit (*Attacus pyri*).

Les nervures sont des organes fistuleux, filiformes, plus ou moins ramifiés, qui semblent destinés à supporter les deux lames membraneuses indiquées plus haut, et qui constituent, à proprement parler, la charpente de l'aile en se ramifiant de la base au bord extérieur de celle-ci. Leur nombre, en les comptant du bord extérieur, varie depuis huit jusqu'à douze, et n'est pas toujours le même aux ailes antérieures qu'aux postérieures. Dans les genres Papillon, Parnassien, il est de huit aux premières et de neuf aux secondes ; dans les Piérides, les Coliades et la plupart des Hespérides, il est de neuf à chaque aile. Toutes ces nervures ne viennent pas directement de la base ; la plupart ne sont que des ramifications ou des nervures primitives ou basilaires, et encore le nombre et l'origine de ces dernières varient-ils aussi selon les races. La première, en commençant par le bord antérieur de l'aile, s'appelle nervure costale ; celle qui la suit, et qui naît de la même souche que la médiane, est désignée sous le nom de sous-costale ; la troisième, qui naît avec la sous-costale, a reçu le nom de nervure médiane ; elle fournit trois ou quatre nervures ou rameaux secondaires, de manière qu'il existe, entre la médiane et la sous-costale, un grand espace appelé cellule discoïdale. Quant à la nervure primitive, qui est placée près du bord interne de l'aile, elle a été nommée radiale. Si on compare l'aile inférieure avec la supérieure, on retrouve les mêmes nervures; mais leur position est un peu différente. Il est à remarquer que la quatrième nervure, en raison de sa position voisine du bord abdominal, porte le nom d'abdominale; et, lorsque, entre cette dernière et la médiane, il en existe une cinquième, celle-ci prend le nom d'inter-abdominale.

Les espaces compris entre les nervures sont désignés sous le nom de cellules; celles-ci varient en raison de la disposition des premières. Les deux plus remarquables sont les cellules discoïdales.

Les ailes inférieures, bien qu'elles représentent une structure anatomique analogue à celle des supérieures, ont toujours une forme qui en est assez différente; elles sont généralement arrondies, quelquefois un peu évidées et comme échancrées sur le côté interne ou abdominal. Dans les espèces d'Achalinoptères où ce même bord n'est pas évidé, et ce sont les plus nombreuses, il est mince, duveté, membraneux, et forme, le plus souvent, avec celui du côté opposé un canal ou gouttière qui enveloppe, inférieurement, l'abdomen. Les supérieures, au contraire, se rapprochent plus ou moins de la forme triangulaire. Outre les deux faces, les ailes offrent à considérer plusieurs parties qui ont reçu les noms suivants : le milieu de l'aile porte généralement le nom de disque; la partie près du thorax, celui de base, et celle qui lui est opposée, et où aboutissent les nervures, celui de bord postérieur ou extérieur. Ensuite, les deux autres bords portent des noms différents lorsqu'il est question de l'aile supérieure ou inférieure. Aux premières, le bord qui est avant s'appelle bord antérieur, bord costal ou simplement côte; celui qui lui est opposé est le bord interne, parce que, dans les Chalinoptères à ailes en toit, il est en rapport avec le corps; aux secondes, la partie qui correspond au bord que nous avons appelé costal aux supérieures est généralement désignée sous le nom de bord externe ou antérieur; enfin, celui qui est en rapport avec l'abdomen s'appelle le bord interne ou abdominal. L'angle que forment, en se réunissant, le bord antérieur et le bord extérieur porte le nom de sommet. L'angle opposé à celui dont nous parlons, c'est-à-dire celui qui est situé, aux premières ailes, vers l'extrémité de la nervure radiale, et, aux secondes, vers celle de la nervure abdominale, est dit, aux unes, angle interne, et, aux autres, angle anal.

Les ailes supérieures sont toujours plus grandes que les inférieures; celles-ci sont souvent plissées à leur bord interne, et semblent former un canal propre à recevoir et à garantir l'abdomen. Les quatre ailes sont quelquefois relevées perpendiculairement dans le repos; c'est ce

qui a lieu dans les Achalinoptères (ἀχάλινος, sans frein; πτερόν, aile);
chez les autres, elles sont horizontales ou inclinées en manière de
toit; c'est ce que l'on observe chez les Chalinoptères (χαλινός, frein;
πτερὸν, aile).

Les pattes sont composées, comme dans les autres insectes, de
cinq parties : la hanche, le trochanter, la cuisse, la jambe et le tarse.
Ce dernier article a cinq articles distincts, non compris les crochets
terminaux, qui, quelquefois, forment une griffe très-prononcée.
Chez une partie des Achalinoptères et presque tous les Chalinoptères, les six pattes sont d'égale longueur; mais, dans quelques tribus
des premiers, telles que les Nymphalides, les Satyrides, les deux pattes
antérieures sont très-petites et impropres à la marche. Les Lépidoptères qui présentent cette modification sont appelés Tétrapodes, par
opposition aux autres qui sont dits Hexapodes. Dans d'autres, elles
sont avortées, dépourvues de crochets, très-velues et appliquées, sur
le bord antérieur de la poitrine, en manière de palatine. Cette atrophie
des pattes de la première paire a le plus ordinairement lieu dans les
deux sexes, comme chez les Argynnes, les Mélitées, les Vanesses, les
Liménitis et les Satyres. Cependant, dans certains genres, le mâle est té-
trapode et la femelle hexapode : les Libythées et les Érycines sont
dans ce dernier cas. Les pattes sont ordinairement plus ou moins velues et écailleuses; quant aux postérieures, elles ont tantôt deux et
tantôt quatre petites pointes aciculaires plus ou moins développées et
désignées sous le nom d'éperons.

L'organisation des Lépidoptères à l'état parfait a été étudiée par
plusieurs zoologistes; mais, cependant, son étude n'a pas été faite
avec autant de soin que celle des autres ordres d'insectes, tels que les
Coléoptères, les Hyminoptères, les Orthoptères, etc., etc. On sait que
leur intestin est assez court, et cela d'après leur genre de vie, qu'il se
compose d'un jabot, d'un estomac dilaté, d'un intestin grêle, assez
long, et d'un cloaque, auprès duquel s'insère un cœcum. Chez les Lépidoptères à l'état parfait, la femelle est, en général, un peu plus
grande que le mâle, et les couleurs qu'elle présente sont moins brillantes; toutefois, dans beaucoup d'espèces, il n'y a de différence que
dans l'abdomen, qui chez la femelle est distendu par les œufs, tandis
qu'il est plat dans le mâle. Il arrive quelquefois aussi que, dans les
femelles, les ailes sont si courtes, qu'elles sont impropres au vol,
comme dans certaines espèces des genres Liparis, Géomètre et Teigne. Ailleurs, ces organes sont tout à fait nuls, comme chez les es-

pèces du genre Orgya. Relativement à la couleur, la différence entre les mâles et les femelles est parfois si grande, qu'on prendrait les deux sexes d'une même espèce pour deux espèces distinctes. Ainsi le mâle de la *Chelonia mendica* est noir, la femelle est blanche; le mâle du *Satyrus Phryne* est brun, et la femelle est d'un blanc de lait; dans les genres *Argus* et *Thecla*, les femelles sont presque toutes brunes et les mâles bleus; l'*Anthocharis cardamines* mâle a l'extrémité des ailes aurore et la femelle l'a blanche comme le fond de l'aile. Dans certaines circonstances, la couleur est la même dans les deux sexes, mais le mâle présente un reflet brillant bleu ou violet comme dans les Nymphalides, connues sous le nom vulgaire de Murs changeants.

Quelquefois on rencontre des Lépidoptères hermaphrodites qui ont tout un côté mâle et l'autre femelle; mais jusqu'à présent on n'a pas encore observé d'individus chez lesquels il y ait fusion complète des caractères du mâle et de ceux de la femelle. Dans tous ceux qui ont été observés, c'était une moitié du mâle accolée, sur la ligne médiane, à une moitié femelle. L'anatomie interne démontre que chez ces individus anormaux, il existe d'un côté un ovaire et de l'autre la moitié de l'organe mâle; mais ces parties sont atrophiées, et par conséquent impropres à la reproduction.

L'existence est ordinairement de courte durée chez les Lépidoptères à l'état parfait : le mâle périt presque immédiatement après l'accouplement et la femelle après la ponte; la vie est seulement prolongée de quelques jours lorsque le hasard fait que deux individus de sexe différent d'une même espèce ne se sont pas rencontrés pour consommer l'acte auquel la nature les a destinés. Il y a quelques Chalinoptères qui savent découvrir leurs femelles au moyen d'un sens très-développé chez eux, et qui ne peut être que l'odorat. On a vu, par exemple, des mâles franchir de très-grandes distances pour venir trouver leurs femelles; enfin, on a vu aussi des entomologistes, ayant en leur pouvoir des femelles de l'*Aglia tau*, prendre dans l'intérieur de Paris le mâle de cette espèce, qui, à l'état de chenille, vit exclusivement dans les bois de hêtres.

La plupart des Papillons se nourrissent en pompant avec leur spiritrompe le suc mielleux des fleurs, soit pendant le jour, soit après le coucher du soleil; ceux qui n'ont pas cet organe, ou chez qui il n'existe qu'à l'état rudimentaire, périssent sans prendre aucune nourriture.

La femelle, peu de temps après l'accouplement, dépose ses œufs sur la plante qui doit nourrir sa progéniture. Les œufs ont une forme

sphéroïdale allongée. La coque ou l'enveloppe offre des cannelures plus
ou moins marquées. Au moment où ils viennent d'être pondus, les
œufs sont enduits d'une matière gluante, insoluble dans l'eau, qui
sert à les fixer sur le végétal nourricier. Chez quelques espèces, les
œufs sont déposés sur les troncs des arbres, et la femelle prend soin
de les recouvrir de duvet ou avec les poils qui garnissent son abdomen
afin de les préserver du froid ou de l'humidité, ou elle les cache entièrement sous une substance blanchâtre, écumeuse. Lorsque les chenilles
doivent vivre sur les arbres qui perdent leurs feuilles à l'automne, et
que les œufs doivent passer l'hiver, la femelle, par une sage pré-
voyance, les dépose sur le tronc ou sur les rameaux ; ce qu'elle fait
souvent, avec une symétrie remarquable, autour des branches. Le
volume des œufs relativement à celui de l'insecte varie selon les
races. Leur couleur est aussi variée que celle des œufs des oiseaux ; on
en voit de toutes les nuances, depuis le bleu jusqu'au noir le plus
foncé, ou qui sont émaillés de différentes couleurs. La fécondité des
Lépidoptères est aussi variable que celle des poissons ; il en est qui ne
pondent pas au delà de cent œufs ; d'autres en font plusieurs milliers.
L'action du chaud ou du froid est peu sensible sur les œufs ; ils peuvent supporter une température de 50 à 60 degrés Réaumur et un froid
aussi excessif. On peut même les conserver à un froid artificiel pendant un temps plus ou moins long, et les faire éclore à une température convenable.


## DE L'ÉTAT DE CHENILLE


Les petites chenilles une fois sorties de l'œuf, ont une forme plus
ou moins allongée et cylindrique, et leur corps se compose de douze
segments ou anneaux, de treize pattes au plus, et n'ont jamais moins
de dix pattes.

La tête, formée de deux calottes arrondies et écailleuses, offre de
chaque côté des points noirs, semblables à des yeux lisses, mais qui
ne paraissent pas servir pour la vision. La bouche, située à la partie
antérieure, est très-différente de celle de l'insecte parfait ; elle rap-
pelle celle des insectes broyeurs, et se compose de deux mandibules
cornées, plus ou moins tranchantes ; de deux mâchoires latérales
portant chacune un palpe très-petit, d'une lèvre inférieure mince, de
deux palpes assez grands, et d'un petit mamelon cylindrique, percé

d'un petit trou, que l'on nomme filière, et qui donne issue à la soie que file la chenille.

Le corps est assez allongé, et présente sur les côtés, près de la base des pattes, de petites ouvertures en forme de boutonnières, et qui sont les stigmates ou organes respiratoires. On en compte neuf de chaque côté, un sur chaque segment, les second, troisième et dernier cependant exceptés ; ils sont généralement assez distincts, et se retrouvent dans l'insecte parfait.

Les pattes qui s'attachent au corps sont de deux sortes : les pattes écailleuses ou vraies pattes qui doivent rester lorsque la chenille passera à l'état de papillon ; et les pattes membraneuses ou fausses pattes qui disparaîtront dans l'insecte parfait. Ces dernières sont des espèces de petits mamelons susceptibles de s'allonger, de se raccourcir et de se dilater, et couronnés par plusieurs petits crochets plus ou moins prononcés ; elles sont plus indispensables à la chenille que les pattes écailleuses, qui ne lui servent guère qu'à marcher, mais non pour se cramponner sur les tiges ou sur les feuilles. Leur nombre varie de quatre à dix, et leur longueur peut également n'être pas la même pour toutes. D'après le nombre de fausses pattes, les chenilles ont été divisées en Fausses-Arpenteuses, Demi-Arpenteuses et Arpenteuses. Les Fausses-Arpenteuses sont celles qui ont dix pattes membraneuses, comme la plupart des chenilles, mais chez lesquelles les deux ou trois premières pattes sont trop courtes pour qu'elles puissent en faire usage lorsqu'elles marchent. Dans leur progression, le milieu du corps forme l'arc. Les Demi-Arpenteuses ont six ou huit pattes membraneuses ; elles marchent en formant l'arc ou la boucle. Les Arpenteuses sont celles qui ont quatre pattes membraneuses ; elles ont reçu le nom d'Arpenteuses ou de Géomètres, parce qu'en marchant elles relèvent en arc le milieu de leur corps, en rapprochant les pattes postérieures de leurs pattes écailleuses, de manière qu'elles semblent mesurer l'espace qu'elles parcourent. Chez la plupart de ces dernières, les anneaux ont une grande rigidité, et leur corps ressemble presque à une branche d'arbre ou à un petit morceau de bois.

Les chenilles sont plus ou moins vives, selon les genres et d'après la disposition de leurs pattes : celles des Achalinoptères sont généralement très-paresseuses. Un grand nombre de géomètres se laissent toucher et retourner comme un morceau de bois sans donner aucun signe de vie ; dans la plupart des Chélonides, au contraire, elles sont extrêmement vives et courent avec une grande rapidité. La locomotion des chenilles a presque toujours lieu d'arrière en avant; beaucoup cependant marchent à reculons avec une grande agilité; telles sont, par exemple, celles d'un très-grand nombre des Tinéides. Chez les Catocalides, les chenilles courbent en arc un des côtés de leur corps, et se débandent brusquement comme un ressort, de manière qu'elles font de véritables sauts de carpe. La valve qui termine le dernier segment du corps porte le nom de chaperon; elle varie un peu suivant les genres; du reste, elle est plus ou moins écailleuse et ordinairement trianguliforme. Certains appendices se voient dans diverses chenilles : ce sont des espèces de tentacules rétractiles placés sur le bord antérieur du premier segment, et que l'animal fait sortir et rentrer à volonté, comme les tentacules des limaçons. Ces organes existent dans les genres Papillon, Parnassien et Thaïs. Les chenilles sont couvertes de poils dans un assez grand nombre de cas; dans d'autres, elles en sont entièrement dépourvues; et, d'après leur vestiture, on dit qu'elles sont rases, pubescentes, velues, poilues, hispides, épineuses, calleuses; certaines chenilles présentent même de véritables épines, que l'on regarde comme une transformation de poils; ces épines se trouvent sur tout le corps ou seulement sur quelques parties. Les chenilles de presque tous les Sphingides et de quelques Bombycides portent, sur le onzième anneau, une espèce de corne conique, charnue à sa base, cornée à son extrémité et penchée sur la partie postérieure du corps.

La distribution des couleurs des chenilles varie au point qu'il est difficile de rien préciser de général à ce sujet; cependant la nature, ayant toujours pour but la conservation de l'espèce, les a le plus souvent colorées, de manière à les dérober aux recherches de leurs nombreux ennemis. La couleur propre à chaque espèce est beaucoup plus constante, c'est-à-dire que généralement tous les individus d'une même espèce sont d'une même couleur. Au temps de la métamorphose, leurs couleurs ternissent; les poils et les épines varient sous ce rapport, comme la peau elle-même. Le dessin est plus constant que les couleurs; il peut varier pour la teinte; mais les taches ou les raies qui le constituent occupent toujours la même place.

Les chenilles, avant de se métamorphoser en chrysalides, subissent différents changements de peau appelés mues. Ces changements de peau sont au nombre de trois chez les Achalinoptères, de quatre dans les Chalinoptères, sauf quelques espèces velues, chez lesquelles on en compte sept ou huit. C'est par la diète que les chenilles, averties par un instinct particulier que le moment de la mue arrive pour elles, se préparent à cette crise. A mesure que celle-ci s'approche, les couleurs s'affaiblissent et deviennent ternes; l'ancienne peau se flétrit et se fend au-dessus du dos, sur le second ou troisième anneau. La chenille, pour sortir de cette enveloppe, dégage d'abord la partie antérieure de son corps, puis la partie postérieure. Ces individus qui viennent de muer sont très-reconnaissables : leur couleur est beaucoup plus fraîche, et souvent leur dessin diffère totalement de ce qu'il était précédemment. Le nombre des mues varie peu dans une même espèce, et peut-être même, dans l'état sauvage, est-il toujours constant.

L'accroissement des chenilles est plus ou moins rapide, selon les espèces, la nourriture qu'elles prennent et l'époque de l'année. Celles qui vivent de plantes succulentes se développent beaucoup plus vite que celles qui se nourrissent de graminées ou de lichens. La plupart mangent la nuit et restent immobiles le jour, comme dans une espèce d'engourdissement; d'autres, qui sont si voraces, qu'elles mangent presque constamment, sont, après quinze jours d'existence, arrivées à leur entier développement. La chenille du *Cossus ligniperda* vit trois ans, c'est-à-dire qu'elle passe trois hivers avant de se changer en chrysalide. Presque toutes nos espèces européennes sortent de l'œuf à l'automne ou à la fin de l'été, mangent jusqu'à l'approche de la mauvaise saison, passent l'hiver engourdies, se réveillent aux premiers jours du printemps, et se métamorphosent au commencement de l'été; cependant ce fait est loin d'être général.

Beaucoup de chenilles vivent solitaires sur différentes plantes; mais quelques-unes vivent en sociétés plus ou moins nombreuses, soit pendant leur jeune âge, soit pendant toute leur vie.

A l'exception d'un grand nombre de Tinéides qui vivent aux dépens de nos pelleteries, de nos étoffes de laine, du cuir, ou de matières grasses, toutes les chenilles se nourrissent de végétaux, et, depuis la racine jusqu'aux graines, aucune partie n'est à l'abri de leurs attaques; cependant la plupart des espèces préfèrent les feuilles les plantes les plus âcres; et les plus vénéneuses ne sont pas plus épargnées que les espèces insipides. Les espèces qui rongent les racines sont peu multipliées; celles qui vivent dans l'intérieur des tiges qu'elles rongent sont au contraire plus nombreuses. Celles qui font leur nourriture de la pulpe des fruits ne sont pas très-multipliées;

certaines Tortricides, qui rongent les fruits à pepins ou à noyau, sont à peu près les seules. Quant à celles qui se nourrissent de graines, elles sont beaucoup plus nombreuses; en général, après les feuilles, ce sont les fleurs que les chenilles préfèrent; la même espèce de papillon vit souvent sur plusieurs arbres différents, et le même arbre nourrit parfois plusieurs chenilles différentes.

L'anatomie des chenilles a été faite par plusieurs entomologistes : leur intestin consiste en un gros canal sans inflexion, dont la partie antérieure est quelquefois un peu séparée en manière d'estomac, et dont la partie postérieure forme un cloaque ridé; les vaisseaux biliaires, au nombre de quatre, sont très-longs et s'insèrent fort en arrière.


## DE L'ÉTAT DE CHRYSALIDE

La chenille arrivée à son entier développement, cesse de manger comme aux approches d'une mue; elle se raccourcit, se décolore, devient terne et livide; si elle est gibbeuse, ses bosses s'absorbent, disparaissent; et, lorsqu'elle a découvert un endroit convenable, elle se dépouille de sa peau et passe à l'état de chrysalide. Dans cet état intermédiaire entre la chenille et le papillon, sa forme est entièrement changée, et ne ressemble plus en rien à ce qu'elle était précédemment. C'est un être qui respire à peine, dépourvu de tout organe propre à prendre la nourriture, et immobile comme la graine d'une plante. Cependant, en l'examinant avec attention à une certaine époque, on aperçoit à travers son enveloppe une partie des formes du papillon qu'elle renferme, et qui semble être emmailloté. C'est pour cela que le nom de pupe a été donné par les naturalistes aux nymphes des Lépidoptères.

Presque toutes les chrysalides sont cylindrico-coniques; les autres angulaires; et leur forme générale est en même temps plus ou moins conique. Dans les chrysalides, on distingue l'enveloppe de l'abdomen, composée de neuf segments ou anneaux correspondant à ceux de l'insecte parfait, tous visibles seulement en dessus, attendu qu'en dessous les trois premiers sont recouverts par l'étui des ailes; l'enveloppe de la tête comprenant les yeux, les antennes de la trompe, qui sont renfermés chacun dans un petit étui à part; l'enveloppe du thorax; l'enveloppe de la poitrine et des pattes; enfin celle des ailes. Outre cela, chacun des anneaux, moins l'avant-dernier, offre les mêmes stigmates que la chenille. Quant au neuvième, qui était placé sur le premier anneau de la larve, il se retrouve entre l'étui des antennes et l'enveloppe du thorax. L'extrémité postérieure des chrysalides est dans beaucoup de cas armée d'une pointe simple ou double, souvent recourbée en crochets ou accompagnée de soies roides et crochues. La forme des chrysalides est assez variable et présente souvent de très-bons caractères génériques. La couleur dominante est ordinairement le brun, ou le violacé plus ou moins rougeâtre, avec toutes les nuances intermédiaires. Dans les Achalinoptères, elles sont de couleurs plus variées et ornées d'une manière plus brillante. Quelques-unes sont d'un vert jaunâtre ou d'un vert tendre.

Chez presque toutes les chrysalides, les anneaux de l'abdomen sont mobiles les uns sur les autres, et elles peuvent imprimer à cette partie du corps des mouvements dans tous les sens lorsqu'on les touche ou qu'elles sont inquiétées. Celles des Anthocharis, de la plupart des Lycénides et de beaucoup de Lithosides, ont les segments soudés et plus ou moins réunis.

La durée de l'état de chrysalide est très-variable, selon les espèces, et elle est d'abord subordonnée à la grosseur relative, à l'époque de l'année et à la température ; généralement les petites espèces restent moins longtemps dans cet état que les grosses ; mais le contraire a quelquefois lieu. On explique ce fait par la transpiration, qui est nécessaire pour qu'une chrysalide puisse arriver à maturité, et par l'évaporation des fluides, qui s'opère plus vite chez les petites que chez les grosses. On attribue au même phénomène l'influence que les différentes époques de l'année ont sur le plus ou moins de prolongation de l'état de nymphe. Si on élève de l'œuf une ponte des *Notodonta zigzag*, des *Deilephila euphorbiæ*, etc., etc., la majeure partie des chrysalides se développera au mois d'août, tandis que l'autre n'éclora qu'à la fin du mois de mai de l'année suivante, à la même époque que celles provenant de la seconde ponte, et métamorphosées en octobre. On remarque aussi parmi les chrysalides de nos pays qui passent l'hiver pour se développer l'année suivante, un phénomène analogue. Celles de l'*Attacus pyri*, du *Deilephila euphorbiæ*, éclosent ordinairement au printemps, mais il arrive très-fréquemment qu'une certaine quantité restent dans un état d'engourdissement jusqu'au printemps de l'année suivante, ou même jusqu'au printemps de la troisième année, et passent ainsi trois étés et trois hivers sous l'état de nymphes. Jusqu'à présent on n'avait observé ce phénomène que dans les Chalinoptères; mais il a lieu aussi chez les Achalinoptères.

La manière dont les chenilles se changent en chrysalides varie beaucoup, suivant les espèces. Il en est qui filent des coques pour envelopper leur chrysalide, tandis que d'autres, comme la plus grande partie des Achalinoptères, sont tout à fait nues. Les chrysalides de ces derniers sont retenues aux corps sur lesquels elles s'attachent de trois manières différentes : chez certaines chenilles appelées Succinctes, la chrysalide est fixée par la queue et par un lien transversal en forme de ceinture ; chez les autres, appelées Suspendues, elle est pendante et fixée seulement par la queue ; enfin, dans les troisièmes, que l'on nomme Enroulées, elle est enveloppée entre les feuilles ou dans un léger tissu, et maintenue en outre par plusieurs fils transversaux. Les chrysalides sont tantôt enfoncées en terre ; d'autres fois, elles sont à la surface et se présentent enveloppées d'une coque filée par la chenille. En général, on peut dire que toutes les chenilles poilues font des coques, et, parmi ces dernières, les espèces à tubercules produisent beaucoup plus de matière soyeuse que celles qui sont simplement velues. La coque ne sert pas seulement à envelopper la chrysalide pour la mettre à l'abri de ses ennemis et des injures du temps, elle a un autre but d'utilité, c'est de favoriser le développement de l'insecte parfait au moment de son évolution : pour sortir de la chrysalide, celui-ci a besoin de trouver un point d'appui qui lui aide à se débarrasser de son fourreau ; sans cela, lorsque la partie antérieure de ce dernier est ouverte et que les pattes sont dégagées, il serait exposé à rester emmailloté et à traîner après lui son enveloppe. Les chrysalides renfermées dans la terre se trouvent dans une situation très-favorable à leur éclosion ; celles-ci étant environnées de toutes parts par le sol, le papillon n'a que de légers efforts à faire pour sortir de son fourreau, sans avoir à craindre de l'entraîner après lui.

Les chrysalides des Achalinoptères et de quelques Chalinoptères étant suspendues par la queue, et quelquefois, en outre, attachées par un lien transversal, l'insecte parfait n'est jamais exposé à entraîner son enveloppe. Lorsqu'un papillon sort de la chrysalide, il est très-faible ; toutes les parties sont molles, sans consistance et imprégnées d'humidité ; ses ailes sont pendantes, très-courtes, et offrent en petit tout le dessin qu'elles vont avoir un instant plus tard ; bientôt il se fixe contre une tige ou les parois de sa coque, il étend successivement tous ses organes, en imprimant de temps en temps un léger frémis sement à ses ailes ; lorsqu'elles ont acquis leur ampleur normale, il les relève et les abaisse successivement pour achever la vaporisation du liquide dont elles sont encore imprégnées, et le plus ordinairement, en moins d'une demi-heure, elles sont aptes à remplir leurs fonctions. Il est aussi à remarquer que le papillon récemment éclos rejette par la partie anale une liqueur roussâtre, ce qui diminue le volume de son corps ; dans ce dernier état, l'animal ressemble à celui qui lui a donné naissance : comme lui, il va prendre son essor, rechercher les fleurs nouvellement écloses, et travailler à la reproduction de son espèce.

---

# ACHALINOPTÈRES

*ACHALINOPTERA*, Blanch.

Antennes en forme de massue. Corps généralement peu velu, petit relativement aux ailes, et présentant un rétrécissement notable entre le thorax et l'abdomen. Les quatre ailes, d'égale consistance, non retenues ensemble par un frein, et se relevant perpendiculairement l'une contre l'autre dans l'état de repos.

## PAPILLONIDES, *PAPILLONIDÆ*, Lat.

Massue des antennes plus ou moins longue et un peu courbée en dehors. Crochets des tarses très-apparents. Cellule discoïdale des ailes inférieures fermée. Bord interne des deux ailes concave, et n'embrassant pas l'abdomen en dessous, dans le repos.

Chenilles cylindriques, tantôt lisses, tantôt garnies de pointes charnues, et portant sur le cou un tentacule en forme d'Y. Chrysalides anguleuses, au moins dans leur partie supérieure, et attachées d'abord par la queue, et ensuite par un lien transversal au milieu du corps.

## GENRE PAPILLON, *PAPILIO*, Lin., Lat., Och.

Les antennes, presque aussi longues que le corps, sont terminées par une massue pyriforme et un peu arquée. La tête, moins large que le thorax, supporte deux gros yeux à réseaux, saillants et arrondis. Les palpes sont très-courts, composés de trois articles, atteignant à peine le chaperon ; ils sont obtus à leur extrémité, et le dernier article est très-peu distinct. La trompe est assez longue, tortillée en spirale, et placée sous les palpes et dans l'intervalle de leur insertion. Quatre ailes, dont les supérieures sont élevées dans le repos ; les inférieures sont largement dentées, et terminées par une queue plus ou moins longue, avec une tache ocellée à l'angle anal.

Les chenilles sont rases, atténuées aux deux extrémités, avec la tête convexe, et rentrant en partie sous le premier anneau. Dans les moments de crainte ou d'inquiétude, elles font sortir de la partie supérieure de leur cou une corne molle, fourchue, et qui jette ordinairement une odeur désagréable.

Leurs chrysalides sont nues, anguleuses, terminées antérieurement par deux pointes courbées en dedans, et attachées ordinairement avec un cordon de soie.

## PAPILLON FLAMBÉ, *PAPILIO PODALIRIUS*, Linn.

### LE FLAMBÉ, Geoff.

Pl. xiv, fig. 1.

Ce papillon, connu des naturalistes sous le nom de Flambé, a reçu sans doute cette dénomination parce qu'il a des bandes noires transverses, en forme de flamme, sur le dessus des ailes.

Le dessous est à peu près semblable au dessus, si ce n'est que la bande de l'extrémité des premières est moins large, ou ne forme qu'un simple liséré ; que les secondes ont, entre la bande du milieu et la ligne noirâtre qui la précède en dehors, une ligne roussâtre également transverse. Le corps est d'un jaune pâle, avec une bande noire le long du dos, et une rangée de petits points de cette couleur le long de chaque côté. L'extrémité des queues est jaune de part et d'autre. Les antennes sont entièrement noires.

Ce papillon, qui est un des plus beaux de son genre, paraît pour la première fois à la fin d'avril et dans le courant de mai ; et pour la seconde, en juillet et en août. Il se trouve assez communément à l'Ile-Adam, à Montmorency et à Saint-Germain. On le prend aussi, mais moins abondamment, au bois de Boulogne et au bois de Vincennes. Je l'ai trouvé plusieurs fois dans la forêt de Sénart.

L'Espagne, la Sicile et le nord de l'Afrique nourrissent une variété qui a été décrite et figurée par Duponchel, sous le nom de *Papilio Feisthamelii.*

### PAPILLON AJAX, *PAPILIO AJAX*, Linn. Esp.

Pl. xiv, fig. 2.

Ce papillon est de la taille de notre Podalirius ou Flambé. Plusieurs doutes s'élèvent à son sujet pour savoir si c'est bien à lui que Linné et Fabricius ont donné le nom d'Ajax. M. Boisduval, dans son histoire générale des Lépidoptères de l'Amérique septentrionale, semble douter de son existence dans l'Europe méridionale ; mais plusieurs auteurs l'ayant désigné comme y appartenant, et un voyageur anglais ayant procuré ce Lépidoptère qu'il dit avoir pris vivant dans l'Archipel de la Grèce [1], on s'est empressé d'en reproduire la figure avec la plus scrupuleuse exactitude.

Le dessus des ailes est d'un noir brun, avec des bandes d'un blanc un peu jaunâtre ; ces mêmes ailes ont les dents à peu près égales, bordées de blanc dans les échancrures, et se terminent par une queue noire, linéaire, blanche à l'extrémité et sur les deux côtés de la face. Sur les secondes ailes on remarque à l'angle anal une double tache, d'un rouge écarlate, qui est coupée transversalement par un trait bleu. Le dessous est plus pâle que le dessus, et offre une bande grisâtre sur le côté interne de la bande marginale des premières ailes. Le dessous des secondes diffère de la surface opposée par les lunules blanches qui y sont précédées chacune par un trait noir et par une ligne d'un rouge écarlate, bordée de blanc intérieurement, qui sépare les deux bandes blanchâtres. Le corps est noirâtre, avec deux lignes blanches sur les côtés ; les antennes sont brunes avec le dessous de la massue noirâtre.

[1] C'est une erreur ; ce papillon ne se trouve que dans l'Amérique du Nord, et habite particulièrement la Géorgie, la Virginie et la Caroline.

### PAPILLON ALEXANOR, *PAPILIO ALEXANOR*, Esp., Och.

*PAPILIO POLYDAMAS*. De Prun.

Pl. xiii, fig. 2.

Le dessus des ailes est d'un jaune d'ocre, avec trois bandes noires, dont les deux antérieures se réunissent près de l'extrémité de l'abdomen ; la postérieure beaucoup plus large, tout à fait terminale, et fortement sinuée aux secondes ailes. Les deux bandes antérieures des quatre ailes sont entièrement saupoudrées de jaune. La bande postérieure des premières ailes offre une ligne d'atomes bleus et une bandelette jaune qui est coupée par de fines nervures noires. La bande postérieure des secondes ailes est bleuâtre près de son côté interne, et chargée près de son côté externe d'une série de sept grandes lunules. Les échancrures du bord postérieur et le côté interne de la queue sont en outre lisérés de jaune. Le dessous des quatre ailes est un peu plus pâle que le dessus. Le corps est jaune, avec une bande noire tout le long du dos. Les antennes sont noires avec la sommité de la massue blanchâtre. La femelle ressemble beaucoup au mâle, mais elle a l'abdomen un peu plus gros.

Ce joli papillon se trouve en mai et en juillet dans le midi de la France, particulièrement dans les départements des Hautes et Basses-Alpes ; la Dalmatie et la Morée nourrissent aussi cette espèce.

### PAPILLON MACHAON, *PAPILIO MACHAON*, Linné.

LE GRAND PAPILLON A QUEUE DU FENOUIL, Geoff.

LE GRAND PORTE-QUEUE, Engr., — PAPILLON BASSE-LA-REINE, Merian.

Pl. xiii, fig. 1.

Le dessous des ailes diffère du dessus en ce qu'il est généralement plus pâle ; en ce que les petites lunules jaunes de l'extrémité des supérieures forment une bande continue ; en ce que les taches bleues des inférieures sont plus étroites, en croissant, et accompagnées quelquefois de trois taches rousses, dont une placée à l'extrémité du bord antérieur, les deux autres groupées vis-à-vis de la cellule discoïdale. Le bord postérieur des premières ailes est sans concavité et sans dentelure ; le bord correspondant des secondes est très-arrondi, et a, un peu au-dessous de son milieu, une queue oblique, légèrement arquée en dehors.

On trouve très-communément aux environs de Paris ce papillon. Il paraît depuis le commencement de mai jusque vers la mi-juin, et ensuite depuis la fin de juillet jusqu'en septembre; l'Algérie nourrit aussi cette espèce. Il fréquente les jardins, les bois, et surtout les champs de luzerne. On le prend sans peine lorsqu'il est reposé, particulièrement au coucher du soleil.

Ajoutez : *Papilio Hospiton*, Gené, des îles de Sardaigne et de Corse.

## GENRE THAIS, *THAIS*, Fab., Lat.

### *ZERINTHIA*, Och.

Les antennes sont moitié moins longues que le corps, à massue allongée et un peu courte ; les palpes sont droits, velus, une fois plus longs que la tête, et dont les trois articles sont bien distincts. La tête est petite. Les ailes supérieures sont plus ou moins profondément dentées, et ont leurs angles se prolongeant quelquefois en queue. Toutes les pattes sont semblables dans les deux sexes; les crochets des tarses sont simples.

Les chenilles sont garnies de plusieurs rangées de pointes ou épines charnues de forme conique et hérissées de poils. La tête est légèrement aplatie et rentre en partie sous le premier anneau. Les chrysalides sont très-effilées, conico-cylindriques postérieurement, anguleuses et coupées en biseau antérieurement, avec la tête terminée par une seule pointe obtuse. Cette chrysalide se trouve souvent fixée par cette pointe comme elle l'est par la queue, au moyen de plusieurs fils disposés à cet effet par la chenille.

## THAIS CERISY, *THAIS CERISYI*, God.

### Pl. xxvii, fig. 4.

Les quatre ailes sont d'un jaune d'ocre pâle en dessus, avec leur base noirâtre et garnie de poils blanchâtres. Les ailes supérieures offrent sept bandes noires transversales. Les ailes inférieures sont fortement dentelées, et la dent du milieu se prolonge en queue. Elles ont six petites taches écarlates, rangées parallèlement au bord postérieur, et dont la supérieure est isolée vers le milieu d'en haut. Ces taches sont suivies d'autant de lunules noires sur lesquelles il y a des atomes d'un bleu brillant. Le bord postérieur est longé par une ligne noire, et l'on compte cinq points de cette couleur autour de la cellule discoïdale. Le dessous des premières ailes est assez semblable au dessus, mais le fond

en est luisant et d'une teinte plus pâle, et les deux bandes de son extrémité sont grises au lieu d'être noires. Le dessous des secondes ailes
diffère du dessus en ce que tout le bord antérieur, le milieu de la surface, ainsi que celui de chaque dentelure, sont lavés de blanc argenté;
et en ce qu'il y a dans la cellule du disque trois taches jaunes longitu-
tudinales. La tête et les antennes sont noires; les palpes sont jaunes et
garnis de longs poils noirs. L'abdomen est très-velu, le dessus est noir,
le dessous jaune, avec deux lignes latérales jaunes, et les segments
bordés d'orangé sur les côtés. La femelle diffère du mâle, 1° en ce
que le fond de ses quatre ailes en dessus est d'un jaune un peu plus
foncé; 2° en ce que les deux bandes noires des ailes supérieures se
confondent en une seule, sur laquelle on compte neuf taches jaunes;
3° en ce que l'extrémité des ailes inférieures est largement bordée
de noir, avec une ligne jaune interrompue qui en suit les dentelures;
4° en ce que les six taches écarlates de ces mêmes ailes sont plus
grandes; 5° enfin, en ce que les atomes sont plus nombreux et mieux
marqués.

Cette jolie espèce, qui paraît en février, se trouve en Grèce; elle
habite aussi les environs de Smyrne.

## THAIS HYPSIPYLE, *THAIS HYPSIPYLE*, God.

*PAPILIO HYPSIPYLE*, Fab. — *PAPILIO RUMINA, PAPILIO RUMINA ALBA*, Esp.
*PAPILIO POLYXENA* et *CASSANDRA*, Hubn. — LA DIANE, Eng.

Pl. xxvii, fig. 1.

Les quatre ailes sont d'un jaune d'ocre plus ou moins foncé en
dessus, avec une large bande noire terminale. Les premières ailes
présentent sept autres bandes noires, dont cinq appuyées obliquement
sur le bord d'en haut, les deux autres descendant du milieu de la surface au bord interne. Les quatre ailes ont à leur origine quatre traits
longitudinaux, avec une ligne arquée de points noirs. Le côté interne
de la bande est fortement denté et chargé d'un rang de points écarlates. Le dessous des premières ailes est assez semblable au dessus,
cependant il est plus pâle; la ligne en feston du bout est en majeure
partie d'un rouge fauve, et l'on voit près de la côte quatre points écarlates. Les secondes ailes sont d'un blanc mat en dessous, avec les nervures, et toute la ligne en feston de l'extrémité, d'un rouge fauve. Le
corps est noir, garni de poils roussâtres. Les antennes sont ferrugineuses avec la massue entièrement noire.

Cette Thaïs paraît en mai; elle se trouve en Provence, particulièrement dans les environs de Toulon; elle habite aussi la Grèce et l'Italie.


## THAIS MÉDÉSICASTE, *THAIS MEDESICASTE*, God.

*PAPILIO MEDESICASTE*, Och. — *PAPILIO RUMINA*, Hubn. — *THAIS HONNORATII*, Boisd. (Var.) — *PAPILIO RUMINA AUSTRALIS*, Esp. — LA PROSERPINE, Eng.

Pl. xxvii, fig. 2.

Toutes les ailes sont d'un jaune d'ocre plus ou moins foncé en dessus, avec la base et les nervures noires. Les premières ailes présentent huit bandes d'un noir foncé, dont la dernière est divisée dans le sens de sa longueur par deux séries de taches jaunes. La bande extérieure de la côte est chargée de trois à quatre points écarlates. Les secondes ailes présentent des taches noires, dont une presque en forme de cœur; les autres un peu triangulaires. Le bord postérieur offre deux lignes noires, avant lesquelles il y a une rangée de points rouges bordés de noir. Il existe aussi deux autres points rouges tout près de la base et un vers le milieu du bord antérieur. Le dessous des premières ailes est presque semblable au dessus. Les secondes ailes sont jaunes en dessous, veinées de noir, avec des taches d'un blanc argenté mat à la base, sur le milieu et sur le bord postérieur. Aux points rouges du dessus correspondent des points semblables, mais au nombre de trois ou de quatre vers la base. Le corps est noir, garni de poils jaunes, avec des taches fauves sur les côtés de l'abdomen, et une rangée de taches d'un blanc mat sur les côtés du ventre. Les antennes sont noires.

Cette espèce paraît dans le mois de mai. On la trouve dans nos départements les plus méridionaux. La variété *Honnoratii* habite les lieux secs et abrités des environs de Digne, où croît abondamment l'*Aristolochia pistolochia*.

Ajoutez : *Thaïs Rumina*, Linn., Duponch., de l'Espagne méridionale, du Portugal et de l'Algérie.


## GENRE DORITIS, *DORITIS*, Fab.

THAIS, Lat.

Les antennes sont moins longues que le corps, terminées par une massue pyriforme et un peu arquée. Les palpes sont courts, hérissés

dé longs poils, sans articles distincts, et atteignant à peine le chaperon. La tête est plus étroite que le thorax, et surmontée de longs
poils. L'abdomen est très-velu dans le mâle. La partie anale de la
femelle est dépourvue de poche cornée. Les ailes sont ridées et
comme gaufrées, très-luisantes en dessous.

Les chenilles et les chrysalides sont inconnues.

### DORITIS APOLLINE, *DORITIS APOLLINA*, God.

*PAPILIO APOLLINUS*, Herbst. — *PAPILIO PYTHIUS*, Esp. — *PAPILIO THIA*, Hubn.
LE PETIT APOLLON, Eng.

Pl. xxvii, fig. 5.

Les quatre ailes sont presque transparentes. Les supérieures sont
saupoudrées de blanc et de noir en dessus, et striées, depuis la base
jusque vers leur extrémité, de jaune d'ocre pâle et de noir; la côte
est entrecoupée de traits de ces deux couleurs, et non loin de son
milieu sont deux grandes taches noires, bordées de jaunâtre, lesquelles reposent sur la nervure médiane. Ces mêmes ailes sont traversées près de leur bord terminal par une bande noirâtre, composée
de neuf taches de forme semilunaire, bordées de jaunâtre; cette même
bande est limitée, du côté interne, par une raie également jaunâtre,
contre laquelle s'appuient cinq taches rouges, qui souvent n'existent
qu'au nombre de deux, et qui, quelquefois, disparaissent entièrement. Les ailes inférieures sont d'un jaune pâle, quelquefois teintées
de rougeâtre à la base. Le bord interne est noir, et garni de longs
poils gris ou jaunâtres. Le bord terminal est noirâtre, avec une rangée
de sept taches d'un rouge vermillon, rapprochées et adossées chacune
en dehors, excepté celle du sommet, à une tache noire presque ronde
et marquée d'un point bleuâtre dans son milieu. Le dessous des quatre
ailes est luisant, dépourvu d'écailles, avec une rangée de sept taches
rouges semilunaires; les taches noires qui les précèdent du côté du
bord antérieur sont triangulaires, et le bord lui-même est jaunâtre et
paraît légèrement denté. La tête est noire, ainsi que les palpes, qui
sont très-velus. Les antennes sont blanches avec leur massue noire.
L'abdomen est noir avec les segments bordés de rougeâtre sur les
côtés.

Cette jolie espèce se trouve en Grèce; elle habite aussi la Sicile,
particulièrement les montagnes de la Calabre.

# GENRE PARNASSIEN, *PARNASSIUS*, Lat.

*DORITIS*, Fab., Och.

Les antennes sont moitié plus courtes que le corps, terminées par une massue droite et presque ovoïde. Les palpes sont grêles, ne dépassent pas le front, et sont bordés de poils qui n'empêchent pas d'en distinguer les trois articles. L'abdomen est très-velu dans le mâle. Les pattes sont courtes, robustes. La partie anale de la femelle est garnie en dessous d'une poche cornée. La surface des ailes est non ridée, et leur dessous est très-luisant; elles sont à nervures saillantes, à contours arrondis non dentés, presque dénudées d'écailles en dessous et vers le sommet en dessus. Les inférieures ont leur bord abdominal évidé et laissant entièrement libre l'abdomen. Les chenilles sont cylindriques, non atténuées aux extrémités, pubescentes, avec un tentacule rétractile sous le cou comme celles des Papillonides.

La chrysalide est arrondie, renfermée dans un léger réseau entre les feuilles.

## PARNASSIEN APOLLON, *PARNASSIUS APOLLO*, God.

*PAPILIO APOLLO*, Lin., Fab. — L'APOLLON, Eng. — PAPILLON DES ALPES, De Géer.
*L'ALPICOLA*, Daub.

Pl. xv, fig. 1.

Les ailes sont d'un blanc tirant un peu sur le jaune. Le dessus des premières ailes offre cinq taches noires presque rondes. La base et le bord antérieur de ces ailes sont parsemés d'atomes noirs. Le dessus des secondes ailes présente deux yeux d'un rouge vermillon. Le bord interne est garni de poils blanchâtres, largement pointillé de noir jusqu'au niveau de la partie anale, et marqué vers son extrémité de deux petites taches noires. Le dessous des premières ailes est à peu près semblable au dessus. Le dessous des secondes est luisant, avec deux yeux et deux taches anales comme en dessus. De plus, on y remarque quatre taches rouges bordées de noir, formant près de la base une bande transversale. Le corps est noir, garni de poils roussâtres; les antennes sont blanches avec la massue noire. La femelle, un peu plus grande, est d'un blanc sale, avec la poche qui est à l'extrémité du ventre, de couleur brune. Elle est carénée en avant, recourbée en dedans à son extrémité.

L'Apollon paraît en juin et en juillet; on le trouve assez communément dans les Pyrénées, les Alpes, les Cévennes, le mont Pila, etc.

### PARNASSIEN PHŒBUS, *PARNASSIUS PHOEBUS*, God.

*PAPILIO PHOEBUS*, Hubn. — *PAPILIO PHOEBUS*, *var.* Fab. — *PAPILIO DELIUS*, Esp., Och.

Pl. xv, fig. 2.

Il ne diffère du précédent que parce qu'il est constamment plus petit, et parce que la tache noire qui est à l'extrémité des ailes antérieures est toujours sablée de rouge en dessus et en dessous.

Cette espèce se trouve en juillet, dans les prairies marécageuses des Hautes-Alpes, et sur la croupe du mont Blanc.

### PARNASSIEN MNÉMOSYNE, *PARNASSIUS MNEMOSYNE*, God.

*PAPILIO MNEMOSYNE*, Linn., Fab., Esp., Hubn. — LE SEMI-APOLLON, Eng.

Pl. xv, fig. 3.

Le dessus des ailes est d'un blanc sale, avec les nervures et la tranche du bord postérieur noires. Les premières ailes ont l'extrémité transparente, avec le milieu du bord d'en haut marqué de deux taches noires. Les secondes ailes ont une tache noirâtre, et leur bord interne est sablé de noir et garni de poils blanchâtres. Le dessous des quatre ailes est luisant. Le corps est noir, garni de poils roussâtres sur le devant du thorax, et de poils blanchâtres sur l'abdomen. Les antennes sont entièrement noires.

On trouve cette espèce au mois de juin, dans les montagnes du Dauphiné, dans les Pyrénées, en Suisse, en Sicile, en Hongrie, en Suède.

Ajoutez : les *Parnassius Nomion*, Fisch., de la Sibérie ; *Corybas*, Fisch., de la Sibérie orientale ; *Delphius*, *Clarius* et *Actius*, Ever., des monts Altaï.

---

## PIÉRIDES, *PIERIDÆ*.

Antennes de longueur variable, à massue droite, tantôt fusiforme ou pyriforme, tantôt courte ou ovoïde. Les quatre ailes entières ; cellule discoïdale des inférieures fermée. Bord interne des mêmes ailes canaliculé pour embrasser seulement la moitié inférieure de l'abdomen lorsqu'elles sont relevées.

Chenilles allongées, plus ou moins cylindriques, tantôt velues, tantôt pubescentes, sans tentacule sur le cou. Chrysalides plus ou moins anguleuses, terminées antérieurement par une seule pointe, et attachées à nu comme celles de la tribu précédente.

# GENRE PIÉRIDE, *PIERIS*, Lat., God.

*PONTIA*, Fab., Och.

Les antennes sont presque aussi longues que le corps, à tige annelée de noir et de blanc, et terminées par une massue pyriforme. Les palpes sont droits, presque cylindriques et dépassent le chaperon; les trois articles bien distincts et presque d'égale longueur, les deux premiers garnis de poils, le dernier presque nu, linéaire, et très-aigu. L'abdomen est presque aussi long que les ailes inférieures. L'angle apical des ailes supérieures est subaigu; les inférieures sont arrondies.

Les chenilles sont pubescentes, à tête petite et globuleuse, à corps allongé, cylindrique, aminci aux deux bouts, vivant sur les plantes basses, principalement sur les crucifères. Les chrysalides sont plus ou moins anguleuses, le plus souvent carénées sur le dos et sur les côtés, avec la tête terminée par une pointe aiguë.

## PIÉRIDE GAZÉE, *PIERIS CRATÆGI*, Linn., Lat.

LE GAZÉ, Geoff.

Pl. v, fig. 5.

Les ailes sont arrondies, très-entières, d'un blanc verdâtre, un peu transparentes, avec des nervures noirâtres.

Cette espèce qui est le représentant du genre *Leuconæa* de Duponchel, paraît dans le mois de juin, au printemps et en été, dans les prairies et dans les jardins. Pallas rapporte, dans le premier volume de ses voyages, qu'il la vit voler en si grande abondance aux environs de Winofka, qu'il la prit d'abord pour des flocons de neige.

## PIÉRIDE DU CHOU, *PIERIS BRASSICÆ*, Linn., Lat.

LE GRAND PAPILLON DU CHOU, Geoff.

Pl. v, fig. 1.

Les deux sexes sont blancs en dessus, avec le sommet des ailes supérieures noir. La femelle a, sur ces mêmes ailes, trois taches noires, dont deux presque rondes, placées l'une au-dessus de l'autre; la troisième, en forme de raie longitudinale, occupe le milieu du bord interne. Le dessous des premières ailes est blanc comme le dessus, avec le sommet jaunâtre et deux taches noires, arrondies et correspondant à celles du dessus. Ces taches sont constantes dans chaque sexe. Le dessous des secondes ailes est d'un jaune terne, pointillé de noir. Le corps est de couleur blanche, avec le dos noirâtre. Les antennes sont annelées de blanc et de noir, et terminées par un point jaune.

Cette espèce est très-commune aux environs de Paris. On la voit depuis le commencement du printemps jusqu'à la fin de l'automne; elle habite aussi le nord de l'Afrique.

### PIÉRIDE DE LA RAVE, *PIERIS RAPÆ*, God., Linn., Lat.

PAPILIO ERGANE, Hubn. — LE PETIT PAPILLON BLANC DU CHOU, Geoff.

Pl. viii *bis*, fig. 2.

Cette Piéride a beaucoup de ressemblance avec la précédente; mais elle est constamment plus petite et a moins de noir au sommet des premières ailes; le mâle présente d'ailleurs assez souvent un ou deux points de cette couleur sur le dessus desdites ailes; les inférieures en dessous sont d'un jaune pâle nébuleux.

Elle est commune dans les jardins et les prairies de l'Europe, depuis le milieu du printemps jusqu'au mois d'octobre; elle se trouve aussi en Algérie.

### PIÉRIDE DU NAVET, *PIERIS NAPI*. God., Linn., Lat.

PAPILIO NAPEÆ, Esp. — *PIERIS BRYONYÆ*, God. — LE PAPILLON BLANC VEINÉ DE VERT, Geoff.

Pl. viii *bis*, fig. 1.

Le dessus des ailes est blanc, avec un point noir vers l'extrémité antérieure des secondes ailes, et un semblable entre le milieu et le bord terminal des premières. Celles-ci ont en outre le sommet noirâtre. Le dessous des ailes supérieures est blanc, avec les nervures noirâtres, le sommet d'un jaune pâle, et deux points noirs; le dessous des ailes inférieures est d'un jaune pâle, avec des veines d'un noir verdâtre. Les antennes sont annelées de blanc et de noir, et terminées par un point jaunâtre. Il existe des femelles dont le dessus des premières ailes offre deux points noirs, au lieu d'un. Les Alpes nourrissent une variété femelle de cette espèce à laquelle Godart a donné le nom de *P. Brionyæ*; cette variété est représentée à la pl. VII *bis*, fig. 4.

Cette Piéride est assez commune; elle se trouve dans les bois et dans les prairies, au printemps et en été.

### PIÉRIDE CALLIDICE, *PIERIS CALLIDICE*, God.

*PAPILIO CALLIDICE*, Esp., Hubn., Illig., Och.

Pl. vii, fig. 1.

Le dessus des ailes du mâle est blanc, avec la base noirâtre. Les
supérieures ont, sur le milieu, deux lignes transversales noires. Les
ailes inférieures n'offrent aucune tache distincte. Le dessus de la femelle diffère de celui du mâle en ce que l'extrémité est entièrement
bordée par une large bande noire, sur laquelle sont des taches blanches triangulaires. Le dessous des premières ailes, dans les deux
sexes, est comme le dessus, à l'exception que toutes les taches noires y
sont sablées de verdâtre. Le dessous des secondes ailes est verdâtre
avec des taches d'un jaune pâle. Le corps est parsemé de poils blanchâtres soyeux. Les antennes sont noires et annelées de blanc depuis leur
origine jusqu'à la massue.

Cette Piéride se trouve en juillet dans les Alpes de la France, de la
Savoie, de la Suisse et dans les Pyrénées.

### PIÉRIDE DAPLIDICE, *PIERIS DAPLIDICE*, Linn., God.

*PAPILIO DELLIDICE*, Brahm. — LE PAPILLON BLANC MARBRÉ DE VERT, Eng.

Pl. vii, fig. 3.

Le dessus des ailes est blanc. Les premières ont au milieu de leur
bord antérieur une tache noire presque carrée ; leur sommet est noir,
avec une rangée de quatre points blancs. Dans la femelle, il existe une
tache noire près de l'angle interne. Les secondes ailes du mâle sont
sans taches, et dans la femelle, ces mêmes ailes ont une bordure
noire qui est divisée par un rang de taches blanches. Le dessous des
ailes supérieures est à peu près semblable au dessus ; mais la tache
du milieu et le sommet sont en partie verdâtres. Le dessous des ailes
inférieures est d'un vert jaunâtre, piqué de noir et tacheté de blanc.

Cette espèce est très-commune ; elle paraît en avril, mai, juin et
juillet, et elle se trouve aux environs de Paris, dans les bois et les prairies ; elle habite aussi l'Algérie.

Ajoutez : les *Pieris Chlorodice*, Fisch., de la Russie méridionale,
et *Leucodice*, Eversm., de la Russie orientale.

## GENRE ANTHOCHARIS, *ANTHOCHARIS*, Boisd.

*PIERIS*, Auct.

Les antennes sont plus ou moins courtes, à tige d'une seule couleur, terminées par une massue ovale, aplatie des deux côtés. Les palpes sont presque cylindriques, sans articles bien distincts, hérissés de longs poils jusqu'au bout, où ils se confondent avec ceux du front, qui sont aussi très-longs. La tête est assez forte et presque aussi large que le thorax.

Les chenilles sont semblables à celles du genre précédent. Les chrysalides sont plus ou moins arquées, pointues aux deux bouts, et à abdomen inflexible.

### ANTHOCHARIS EUPHENO, *ANTHOCHARIS EUPHENO*, Linn., Fab., God.

L'AURORE DE PROVENCE, Engr.

Pl. viii, fig. 3.

Le mâle est d'un beau jaune de part et d'autre, avec la base des quatre ailes noirâtre en dessus. Les premières ailes ont, vers le sommet, une grande tache aurore, sur le côté interne de laquelle il y a un croissant noir. Le bord terminal du dessus des secondes ailes est parsemé de points noirs. Leur dessous offre trois lignes transversales d'atomes noirâtres, dont l'empreinte s'aperçoit sur la face opposée. Les ailes supérieures de la femelle sont d'un blanc un peu verdâtre, avec le sommet brunâtre en dessus, d'un jaune citron en dessous. Les ailes inférieures ont leur dessus d'un blanc plus ou moins jaune, avec la base noirâtre, et le dessous semblable, comme dans le mâle. Le corps est de la couleur des ailes. Les antennes sont blanches, annelées de noir en dessus, avec l'extrémité de la massue d'un jaune sale.

Cette Anthocharis paraît en avril et en mai dans le midi de la France, l'Espagne, l'Italie et le Portugal. On la trouve très-communément dans les garrigues de nos départements méridionaux.

ANTHOCHARIS DU CRESSON, *ANTH. CARDAMINES*, Linn., Fab., God.

L'AURORE. Geoff.

Pl. viii, fig. 1.

Le dessus des ailes est moitié blanc, moitié aurore, marqué vers son milieu d'un point noir ; le sommet est noir, avec le bord antérieur entrecoupé de blanc. Le dessous des ailes supérieures est semblable au dessus ; mais la base est légèrement soufrée, et l'extrémité est teintée de vert, entremêlée de blanc et d'incarnat. Le dessous des ailes inférieures est marbré de vert ; ces marbrures se font sentir en dessus. La femelle, qui est représentée à la planche 8, figure 2, diffère du mâle par l'absence de la tache aurore et par un peu plus de noir au sommet des premières ailes.

Cette Anthocharis, commune dans toute l'Europe, habite les bois et ne donne qu'une fois par an, depuis la fin d'avril jusqu'à la mi-mai.

Ajoutez : les *Anthocharis Glauce* et *Belemia* de l'Espagne, *Belia* de la France centrale, *Tagis*, Esp., du Portugal, *Bellezina*, Boisd., *Ausonia*, Esp., de la France méridionale, et *Simplonia*, Boisd., de la Suisse et des Pyrénées.


## GENRE LEUCOPHASIE, *LEUCOPHASIA*, Steph.

*PIERIS*, Lat. — *PONTIA*, Fab., Och.

Les antennes sont moins longues que le corps y compris la tête, terminées brusquement par un bouton ovale aplati. Les palpes sont comme ceux du genre précédent. La tête est aussi large que le thorax, avec les yeux gros et saillants. Les poils du front sont longs et épais. Les crochets des tarses sont doubles et très-apparents, surtout aux pattes de la première paire. Les ailes sont très-oblongues, minces, avec la cellule discoïdale très-rapprochée de leur base. L'abdomen est grêle, très-long, et dépasse de beaucoup les ailes inférieures.

Les chenilles sont comme celles du genre précédent, mais plus effilées. Les chrysalides sont également semblables, mais non arquées.

## LEUCOPHASIE DE LA MOUTARDE; *LEUC. SINAPIS*, Linn., Fab., God.

*PAPILIO ERYSIMI*, Dork. — *LEUCOPHASIA DINIENSIS*, Dup.
LE PAPILLON BLANC DE LAIT, Eng.

Pl. viii, fig. 4.

Les ailes de cette espèce sont minces, d'un blanc de lait en dessus, avec une tache noirâtre et arrondie au sommet des supérieures. Le dessous est semblable au dessus, mais le sommet est d'un vert pâle, et la côte est largement parsemée d'atomes obscurs, depuis son origine jusque vers son milieu. Le dessous des inférieures est teinté de verdâtre, suivant le sexe, avec deux raies obscures, se dirigeant du bord interne vers le bord postérieur. Le corps et les antennes sont semblables aux espèces précédentes.

Cette espèce est assez commune dans les allées des bois ; on la rencontre en mai, en juillet et en août.

Ajoutez : *Leucophasia Lathyri*, God., Dup., de la France méridionale.


## GENRE RHODOCÈRE, *RHODOCERA*, Boisd.

*GONEPTERYX*, Leach. — *COLIAS*, Fat., Lat.

Les antennes à peine aussi longues que l'abdomen, cylindriques, grossissent insensiblement de la base au sommet; elles sont tronquées à l'extrémité, un peu courbées en avant. Les palpes sont très-comprimés, garnis de poils très-denses, avec leur dernier article très-court, distinct, et terminé en pointe obtuse. La tête est plus étroite que le thorax : celui-ci est très-robuste et couvert de longs poils soyeux. Les ailes sont tout à fait dépourvues de frange ; le sommet de chacune d'elles se termine par un angle curviligne. Les chenilles sont allongées, chagrinées, ridées transversalement, pubescentes, convexes en dessus et plates en dessous. Les chrysalides, arquées, ont la partie pectorale et alaire très-ventrue, et la tête terminée par une pointe courbe très-aiguë.


## RHODOCÈRE CITRON, *RHODOCERA RHAMNI*, Linn., God.

LE CITRON, Geoff.

Pl. vii, fig. 2.

Les ailes ont leur dessus d'un jaune citron, avec un point orangé sur le milieu des quatre ailes dans l'un et l'autre sexe ; le bord postérieur est terminé par une série de points ferrugineux très-petits. Dans les deux sexes, le dessous ne diffère du dessus que parce qu'il est un peu moins foncé. Le corps est jaune ou d'un blanc verdâtre, suivant le sexe, avec le dos noirâtre, le thorax et la base de l'abdomen garnis de poils soyeux argentés. Les antennes sont rougeâtres, avec l'extrémité de la massue d'un brun obscur.

Cette espèce, qui est extrêmement commune, paraît sans interruption depuis le commencement du printemps jusqu'à la fin de l'automne.

## RHODOCÈRE CLÉOPATRE, *RHODOCERA CLEOPATRA*, Linn., God.

VARIÉTÉ DU CITRON, Eng.

Pl. vi, fig. 2.

Le mâle a beaucoup de ressemblance avec celui de la Rhodocère citron; mais il en diffère par le dessus de ses ailes, qui présente sur le milieu une très-grande tache aurore. La femelle a aussi beaucoup de ressemblance avec celle du citron; mais elle se distingue de cette dernière par une teinte jaune qui est à la base des ailes supérieures, et par une teinte roussâtre à la base des inférieures.

Cette espèce est très-commune dans le midi de la France. Elle habite, en outre, l'Espagne, l'Italie, le nord de l'Afrique et l'Asie Mineure. Elle paraît au printemps et en été.

## GENRE COLIADE, *COLIAS*, God., Boisd.

*EURYMUS*, Swains.

Les antennes, de la longueur de l'abdomen, sont droites, et leur moitié postérieure a la forme d'un cône renversé. Les palpes sont comme ceux du genre précédent, mais plus aigus. La tête est presque aussi large que le thorax. Celui-ci est assez robuste, et couvert de poils soyeux. Les ailes, arrondies, sont garnies d'une frange rose dans toutes les espèces.

Les chenilles sont chagrinées, pubescentes, presque cylindriques. Les chrysalides, presque aussi ventrues que celles du genre précédent, sont terminées antérieurement par une pointe droite.

## COLIADE SOUCI, *COLIAS EDUSA*, Linn., Fab., God.

*PAPILIO HELICE* (Var. fem.), Hubn. — LE SOUCI, Geoff.

Pl. v, fig. 2.

Le dessus des ailes de cette espèce est d'un jaune-souci; les supérieures offrent, vers le milieu de leur bord d'en haut, un gros point noir foncé : il existe à l'extrémité des unes et des autres une large bande noire, située du côté interne, continue dans le mâle, divisée dans la femelle par des taches jaunes. Le dessous des premières ailes est à peu près semblable à celui du dessus; il en diffère seulement par une ligne transverse de points, dont les quatre inférieurs sont noirs, les autres ferrugineux. Le corps est jaune, avec la tête ferrugineuse et le dos noirâtre. Les pattes et les antennes sont rosées : celles-ci ont l'extrémité de la massue jaunâtre.

Cette espèce est assez commune dans les prairies et les champs de l'Europe; elle paraît pour la première fois en mai, et pour la seconde en août et en septembre.

La Coliade souci donne une variété femelle qui a été figurée par Hubner sous le nom d'*Helice*, et qui a été représentée à la planche 6, figure 3.

## COLIADE PALÉNO, *COLIAS PALÆNO*, Linn., Fab., God.

*PAPILIO EUROPOME*, Esp., Hubn. — LE SOLITAIRE, Eng.
*PAPILIO PHILOMENE*, var. Hubn.

Pl. vi, fig. 1.

Le dessus des ailes du mâle est d'un jaune tirant sur le verdâtre, avec une bande d'un brun noirâtre, garnie à son côté externe d'une frange entièrement rouge. Les premières ailes ont le bord antérieur liséré de rouge, avec le milieu de ce même bord tacheté d'un point noir oblong. Le dessus de la femelle est d'un blanc verdâtre, avec une bande marquée parfois aux premières ailes de quelques taches blanchâtres. Il existe aussi sur ces mêmes ailes un point noir, plus ou moins oculaire. Le dessous est d'un blanc verdâtre, avec le sommet d'un jaune roussâtre. Le dessus des secondes ailes est d'un jaune roussâtre dans les deux sexes, avec une tache argentée un peu sensible en dessus. Le corps est jaunâtre, avec le derrière de la tête garni de poils rouges. Les antennes sont rouges avec l'extrémité de la massue d'un jaune d'ocre.

. Cette Coliade paraît en juillet et en août. On la trouve communément dans les Pyrénées, en Suisse, en Piémont et en Suède.

### COLIADE PHICOMONE, *COLIADE PHICOMONE*, God,

PAPILIO PHICOMONE, Esp., Hubn., Illig., Och. — LE CANDIDE, Eng.

Pl. vııı *bis*, fig. 3.

Les ailes du mâle sont d'un jaune blanchâtre en dessus ; celles de la femelle sont d'un blanc verdâtre. Ces ailes sont bordées de noirâtre, et cette bordure est divisée dans toute sa longueur par une série de taches jaunâtres. Ces mêmes taches se continuent sur les secondes ailes de l'un et l'autre sexe, et forment tout à fait, dans la femelle, une bordure, tandis que dans le mâle elles sont limitées en dehors par du noir. Les secondes ailes sont tachées de jaune sur leur milieu. Le dessous des premières ailes est verdâtre, avec l'extrémité roussâtre et bordée par une suite de points noirâtres. Le dessous des secondes ailes est jaune, avec une tache discoïdale argentée. Les quatre ailes sont bordées de rose dans la femelle, et entrecoupées de jaune dans le mâle.

Cette espèce est assez commune dans les montagnes alpines de l'Europe ; elle se trouve dans le mois de juin.

Ajoutez : les *Colias Myrmidone* et *Chrysoteme*, Esp., de la Hongrie, et *Hyale*, Linn., d'Europe.

———

# LYCÉNIDES, *LYCÆNIDÆ*, Boisd.

Antennes droites, à tige annelée de blanc et terminée par une massue allongée de forme un peu variable. Palpes dépassant de beaucoup la tête, à dernier article grêle et bien distinct. Yeux oblongs, cernés de blanc. Thorax robuste. Abdomen plus ou moins court, caché presque en entier par les deux bords internes des ailes inférieures, qui se rejoignent en dessous et forment gouttière dans l'état de repos. Cellule discoïdale des mêmes ailes ouverte. Crochets des tarses très-petits.

. Chenilles en forme de cloportes, pubescentes, à tête petite et rétractile, et pattes extrêmement courtes. Chrysalides contractées, obtuses aux deux bouts, à segments immobiles, attachées comme celles des tribus précédentes.

## GENRE THÉCLA, *THECLA*, Fab.

LES PETITS PORTE-QUEUES, Lat.

Les antennes sont de la longueur du thorax et de l'abdomen réunis, terminées par une massue ovalo-cylindrique, souvent peu renflée. Les palpes sont plus squammeux que velus, et leurs deux premiers articles sont un peu arqués; le dernier est droit, nu, plus ou moins long et aigu. Les tarses sont courts, toujours entrecoupés de blanc. Le bord postérieur des secondes ailes est plus ou moins denté, et dont une des dents, la plus près de l'angle anal, se prolonge ordinairement en une petite queue plus ou moins large.

Les chenilles sont ovales, peu convexes, aplaties aux deux bouts, et vivent sur les arbres et les arbrisseaux. Les chrysalides sont courtes, un peu rugueuses, pubescentes.

### THÉCLA DU BOULEAU, *THECLA BETULÆ*, Linn., God.

LE PORTE-QUEUE FAUVE A DEUX BANDES BLANCHES, Geoff.
LE PORTE-QUEUE A BANDES FAUVES, Eng.

Pl. xxii, fig. 5.

Les ailes sont d'un brun noirâtre en dessus, avec l'angle interne, et le milieu des inférieures, fauves. Dans la femelle, il y a en outre une bande fauve vers le bout des supérieures. Les premières ailes sont d'un fauve jaunâtre en dessous, avec une ligne noirâtre bordée de blanc; puis deux autres lignes blanches, ondulées, partant de la côte, et tendant à se réunir à leur extrémité inférieure. Les secondes ailes sont de la couleur du dessous des premières, avec deux lignes blanches transverses et une bande terminale d'un roux vif. Le dessus du corps est noirâtre; le dessous est grisâtre. Les antennes sont annelées de blanc, avec l'extrémité de la massue ferrugineuse.

Ce Thécla se trouve dans les bois et le long des haies : il paraît depuis la fin de juillet jusqu'à la mi-septembre.

### THÉCLA DU PRUNIER, *THECLA PRUNI*, Linn., God.

LE PORTE-QUEUE BRUN A LIGNES BLANCHES, Eng.

Pl. xxii, fig. 6.

Les deux sexes sont d'un brun noirâtre en dessus, avec une rangée postérieure de taches fauves aux quatre ailes de la femelle, et seulement aux secondes ailes du mâle. Le dessous est d'un brun un peu plus clair que le dessus, avec une bande fauve, offrant le long de son côté interne une série de points noirs, bordés de blanc antérieurement. Les antennes sont annelées de blanc, avec leur extrémité ferrugineuse.

Ce Thécla paraît au commencement de juin : on le trouve dans les bois des environs de Paris, particulièrement dans ceux de Bondy et de Versailles.

### THÉCLA W. BLANC, *THECLA W. ALBUM*, Hubn,. God.

Var. du PORTE-QUEUE BRUN A DEUX BANDES DE TACHES BLANCHES, Geoff.
LE PORTE-QUEUE BBUN A UNE LIGNE BLANCHE, Eng.

Pl. xxii, fig. 7.

Le dessus des premières ailes de la femelle est sans tache fauve, tandis que le dessus du mâle offre un point grisâtre. Le dessous des secondes ailes est marqué d'une ligne blanche, formant à sa partie inférieure deux angles aigus ou un W.; les lunules fauves qui la suivent sont réunies et forment une espèce de bande.

Le W. blanc n'est pas rare aux environs de Paris, surtout dans les promenades désertes plantées d'ormes, à la fin de juin et au commencement de juillet.

### THÉCLA DE L'ACACIA, *THECLA ACACIÆ*, Fab., God.

Pl. xxii, fig. 8.

Le dessus des quatre ailes est d'un brun noirâtre chatoyant, avec des taches fauves près de l'angle anal des inférieures. Il y en a ordinairement deux chez le mâle, et quatre, mais dont l'extérieure est moins prononcée, chez la femelle. Le dessous est d'un gris cendré, avec la base bleuâtre, et l'extrémité coupée transversalement par une ligne blanche. Les ailes inférieures offrent une ligne blanche, devant laquelle sont rangées six taches fauves très-rapprochées et bordées de noir antérieurement. Les antennes sont noires, annelées de blanc, avec l'extrémité et la partie inférieure de la massue fauves. Le corps est brun en dessus et gris en dessous; il se termine dans la femelle par une houpe de poils très-noirs.

Ce Thécla paraît en juin; il a été trouvé dans la Lozère et dans les

Pyrénées-Orientales. Il habite aussi les contrées les plus méridionales de la Russie.

### THÉCLA LYNCÉE, *THECLA LYNCEUS*, Fab., God.

*PAPILIO ILICIS*, Hubn.
LE PORTE-QUEUE BRUN A DEUX BANDES DE TACHES BLANCHES, Geoff.
LE PORTE-QUEUE A TACHES FAUVES, Eng.

Pl. xii, fig. 1.

Le dessus des ailes de ce Thécla est d'un brun noirâtre, avec un point fauve à l'angle anal des inférieures. La femelle diffère du mâle en ce qu'elle présente une tache fauve arrondie, et qui est entre le milieu et l'extrémité des supérieures. Le dessous des deux sexes est d'un brun un peu moins foncé que le dessus, avec une ligne blanche allant de la côte des premières ailes au bord interne des secondes. Ces dernières, indépendamment de cela, offrent une rangée postérieure de six lunules fauves, bordées de noir en avant, et précédées en arrière d'une ligne blanche, plus ou moins arquée.

Cette espèce paraît pendant les mois de juin et de juillet; on la trouve communément dans les bois des environs de Paris, et elle aime à se reposer sur les fleurs de la ronce et du serpolet.

### THÉCLA DU PRUNELLIER, *THECLA SPINI*, Fab., God.

*PAPILIO LYNCEUS*, Esp., Borkh., Schneid.
PORTE-QUEUE BRUN A TACHES BLEUES ET PORTE-QUEUE GRIS-BRUN, Eng.

Pl. xxii, fig. 2.

Toutes les ailes ont leur dessus d'un brun noirâtre, tantôt sans taches, tantôt avec des points fauves au nombre de deux à trois dans les deux sexes. Le dessous est cendré, avec une raie blanche, formant un V près de l'extrémité du bord interne des secondes ailes. Ces ailes ont, le long du bord postérieur, une ligne blanche, devant laquelle il y a une rangée courbe de sept taches. De plus, il y a un petit liséré blanc qui va depuis l'angle de la partie anale jusqu'à l'extrémité de la queue. Le dessus du corps est brun et grisâtre en dessus. Les antennes sont noires, annelées de blanc, avec l'extrémité de la massue fauve.

On trouve ce Thécla dans plusieurs de nos départements méridionaux, particulièrement aux environs de Lyon; il vole dans les clairières des bois et paraît en juillet et en août.

## THÉCLA DU CHÊNE, *THECLA QUERCUS*, Linn., God.

LE PORTE-QUEUE BLEU A UNE BLANDE BLANCHE, Geoff.

Pl. xxii, fig. 4.

Le mâle est noirâtre et glacé de bleu violet en dessus. La femelle est également noirâtre en dessus, avec une tache bleue, occupant la base du bord interne des ailes supérieures. Le dessous des deux sexes est d'un gris satiné, avec une ligne blanche, bordée de noirâtre antérieurement ; puis deux cordons, renfermant aux premières ailes une série de points obscurs, et aux secondes deux taches fauves, dont l'anale environnée de noir, l'autre marquée dans son milieu d'un point de cette dernière couleur.

Cette espèce n'est pas rare dans les bois ; mais elle est difficile à prendre, parce qu'elle vole presque toujours à la cime des arbres, où l'on voit les deux sexes se poursuivre continuellement. Elle ne se montre qu'une fois par an dans les quinze premiers jours de juillet.

## THÉCLA EVIPPUS, *THECLA EVIPPUS*, Hubn., God.

*PAPILIO ROBORIS*, Esp., Och.

Pl. xxiii, fig. 5.

Le mâle est d'un brun noirâtre en dessus, glacé de violet obscur sur plus de la moitié antérieure des premières ailes et à l'origine des secondes. Les ailes inférieures présentent, vers l'extrémité, une rangée de trois points d'un bleu violet. Le dessous est d'un gris satiné, avec une série terminale de taches fauves, coupées chacune près de leur base par une petite ligne transverse d'un bleu argenté, et chargées à leur sommet d'un point noir que surmonte un chevron d'un blanc bleuâtre. Le dessous de la femelle est comme celui du mâle ; il en diffère cependant par le violet du dessus des ailes qui est plus brillant et qui s'étend moins loin ; il offre six points d'un bleu violet, le long du bord postérieur des secondes ailes. Le dessus du corps est brun et gris en dessous. Les antennes sont noires, annelées de blanc, avec l'extrémité de la massue fauve.

Ce Thécla se trouve en juin dans nos départements les plus méridionaux, en Espagne et en Portugal, etc.

### THÉCLA DE LA RONCE, *THECLA RUBI*, Linn., God.

L'ARGUS VERT ou L'ARGUS AVEUGLE, Geoff.

Pl. xxiii, fig. 6.

Les deux sexes sont d'un brun noirâtre en dessus. Le dessous est vert, avec une ligne transverse de points blancs peu prononcés, derrière le milieu des ailes inférieures. Les femelles ont en dessous, vers le milieu de la côte des ailes supérieures, un point blanchâtre, de forme ovalaire, disposé longitudinalement.

Cette espèce est assez commune dans tous les bois des environs de Paris ; elle paraît depuis le mois d'avril jusqu'à la mi-mai.

Ajoutez : le *Thecla OEsculi*, Hubn., de la France méridionale.

## GENRE POLYOMMATE, *POLYOMMATUS*, Boisd.

LES BRONZÉS, Lat.

Les antennes, plus épaisses que dans le genre précédent, presque aussi longues que le corps y compris la tête, sont terminées par une massue courte. Les palpes sont presque droits ; le dernier article est nu, long et subulé. Les tarses sont épais, d'une seule couleur. Le bord postérieur des secondes ailes est prolongé à l'angle anal dans la plupart des mâles, et un peu échancré avant cet angle dans les femelles. Le fond des quatre ailes est d'un fauve plus ou moins doré, au moins dans les mâles.

Les chenilles sont en ovale allongé, assez convexes, et vivent sur les plantes basses, principalement sur les *Rumex*. Les chrysalides sont presque ovoïdes, pubescentes.

### POLYOMMATE BALLUS, *POLYOM. BALLUS*, Fab., Och., God.

Pl. xxiii, fig. 7.

Les ailes sont d'un brun noirâtre, avec la frange grisâtre. Près de l'angle anal des inférieures, il y a deux petites taches fauves, dont l'externe est quelquefois oblitérée. Le dessous des ailes supérieures est d'un gris un peu violâtre, avec le milieu fauve, marqué de taches très-noires, cerclées de blanc sur un de leur côté. Le dessous des ailes inférieures est aussi d'un gris violâtre ; mais les trois quarts de la surface sont tellement garnis de poils soyeux et serrés, qu'ils paraissent d'un beau vert. De plus, on remarque, tout à fait à l'extrémité, une rangée de points rouges. Le corps et les pattes sont garnis de poils verdâtres en dessous ; le thorax est aussi garni de poils verts ; les antennes sont grisâtres, avec la massue noirâtre, fauve à l'extrémité.

La femelle diffère beaucoup du mâle en dessus ; mais elle lui ressemble tout à fait en dessous. Le dessus des ailes supérieures a une grande tache discoïdale d'un fauve orangé qui occupe la moitié de leur surface. L'extrémité des ailes inférieures est en outre marquée d'une bande de la même couleur qui ne monte pas jusqu'à l'angle externe.

Ce Polyommate paraît dès les premiers jours de mars ; il se trouve en Portugal et en Espagne ; il se rencontre aussi et assez communément aux environs d'Hyères et dans le nord de l'Afrique.

## POLYOMMATE PHLÆAS, *POLYOM. PHLÆAS*, Linn., God.

LE BRONZÉ, Geof.

Pl. xxiii, fig. 8.

Les deux sexes sont semblables entre eux. Les premières ailes sont d'un fauve bronzé en dessus, avec des points noirs, et le contour extérieur d'un brun noirâtre. Le dessous est d'un fauve jaunâtre, avec des points noirs, oculaires, et le bord postérieur d'un cendré brunâtre. Les secondes ailes sont noirâtres en dessus et d'un brun cendré en dessous, avec des points noirâtres, et une ligne ferrugineuse correspondant à la bande de la surface opposée.

Cette espèce est très-commune dans les bois des environs de Paris, au printemps et à la fin de l'été ; elle vole dans les clairières des bois.

## POLYOMMATE DE LA VERGE D'OR, *P. VIRGAUREÆ*, Linn., God.

L'ARGUS SATINÉ, Eng.

Pl. xxiii, fig. 1.

Le dessus du mâle est d'un fauve ponceau brillant. Le dessus des quatre ailes de la femelle est fauve et ponctué de noir. Les deux sexes sont d'un fauve pâle et jaunâtre en dessous, avec des points noirs, derrière lesquels les secondes ailes ont une bande transverse de taches blanches.

Le Polyommate de la verge d'or paraît au printemps et vers le milieu de l'été, et se trouve principalement dans les prairies des montagnes secondaires. Il a été rencontré aussi dans les environs de Beauvais et de Beaumont-sur-Oise, etc.

## POLYOMMATE CHRYSÉIS, *POLYOM. CHRYSEIS*, Fab., Och., God.

L'ARGUS SATINÉ CHANGEANT, Eng.

Pl. xxiii, fig. 2.

Le mâle est d'un fauve ponceau vif en dessus, avec tout le pourtour noirâtre et glacé de bleu violet. Le milieu de chaque aile présente un double point noir. Le dessus des premières ailes de la femelle est d'un fauve foncé, avec les bords et des points noirâtres ; les secondes ailes sont noirâtres en dessus, avec une ligne fauve. Les deux sexes sont d'un cendré brunâtre en dessous, avec des points noirs cerclés de gris.

Cette espèce paraît dans le courant de juin et au mois d'août. Elle a été trouvée par plusieurs entomologistes aux environs de Paris.

## POLYOMMATE HIÉRÉ, *POLYOM. HIERE*, Fab., God.

*PAPILIO LAMPETIE*, Hubn. — *PAPILIO HIPPONOE*, Och. — *PAPILIO HIPPOTHOE*, var. *PAPILIO HIPPONOE*, Esp. — *PAPILIO ALCIPHRON*, Schneid, *PAPILIO LAMPETIE*, *PAPILIO HELLE*, Lang.

Pl. xxiii, fig. 5.

Le mâle est d'un fauve ponceau en dessus, avec le bord postérieur noir et glacé de violet vif. Le milieu des premières ailes présente neuf points noirs, dont sept extérieurs plus petits et disposés transversalement en une ligne. La femelle est d'un brun noirâtre en dessus, avec le milieu des premières ailes ponctué de noir ; l'extrémité des inférieures est traversée par une bande fauve très-distincte, sur le côté externe de laquelle il y a une rangée de cinq points noirs. Les premières ailes sont roussâtres en dessous, avec les bords cendrés et beaucoup de points noirs. Les secondes ailes dans les deux sexes sont d'un cendre clair en dessous avec la base bleuâtre, et une multitude de points noirs, entre les deux rangées postérieures desquels il y a une bande transverse de taches fauves. Le corps est noirâtre en dessus et garni de poils bleuâtres ; en dessous, il est blanchâtre. Les antennes sont noires, annelées de blanc, avec l'extrémité de la massue fauve.

Cette jolie espèce paraît en juillet et en août. On la trouve dans plusieurs contrées de l'Allemagne et dans la France orientale.


## POLYOMMATE GORDIUS, *POLYOM. GORDIUS*, Esp., Hubn., God.

### LE GRAND ARGUS BRONZÉ, Eng.

Pl. xxiii, fig. 4.

Toutes les ailes sont d'un fauve doré en dessus, avec le bord terminal brun, et une multitude de points noirs. Les premières ailes sont d'un fauve pâle en dessous, avec le limbe postérieur grisâtre. Les secondes ailes sont d'un cendré jaunâtre en dessous, avec une bande fauve au bord postérieur. Le dessous des quatre ailes présente aussi des points noirs, particulièrement aux ailes inférieures, et sont encore plus nombreux qu'en dessus. Le dessus du corps est noirâtre et garni de poils bleuâtres, avec le dessous gris. Les antennes sont noires, annelées de blanc, avec l'extrémité de la massue rousse. Le mâle a un reflet violet en dessus, ce qui le fait paraître plus rouge que la femelle.

Cette espèce paraît en juillet ; on la trouve dans les parties montagneuses du midi de la France, dans les Alpes et en Suisse.


## POLYOMMATE THERSAMON, *POLYOM. THERSAMON*, Fab., Och., God.

### *PAPILIO XANTHE*, Hubn.

Pl. xxiv, fig. 1.

Le mâle est d'un fauve ponceau à reflet violet en dessus, avec le bord postérieur liséré de noir et de blanc. Les premières ailes offrent sept à huit points noirâtres ; les secondes ont le bord interne obscur, et elles présentent à leur bord terminal une bande fauve renfermée entre deux rangs de points noirs. Les premières ailes de la femelle sont d'un fauve doré en dessous, et d'un fauve sombre aux secondes, avec une bande postérieure d'un fauve gris. Les quatre ailes sont distinctement ponctuées de noir. Les ailes supérieures des deux sexes sont d'un jaune roussâtre en dessous, d'un gris cendré aux inférieures, avec un grand nombre de points noirs cerclés de blanchâtre. À l'extrémité de chacune des quatre ailes, il existe une bande fauve, chargée de deux séries de points noirs non ocellés.

Le Thersamon paraît en juillet : il se trouve dans les Alpes, la Hongrie, l'Autriche et les contrées les plus méridionales de la Russie.

### POLYOMMATE XANTHÉ, *POLYOM. XANTHE*, Fab., God.

*PAPILIO PHOCAS*, Esp. — *HESPERIA GARBAS*, Dalm. — *PAPILIO CIRCE*, Hubn.
L'ARGUS MYOPE, Geoff.

Pl. xxix, fig. 2.

Le dessus des ailes du mâle est d'un brun obscur; le dessous est d'un jaune grisâtre, avec des points noirs, dont les intérieurs arrondis et épars; les extérieurs oblongs, formant au bord terminal une bande que divise un cordon de lunules fauves. La femelle diffère du mâle en ce qu'elle a le milieu des premières ailes fauve de part et d'autre. Le dessus du corps est noirâtre, le dessous est grisâtre.

On trouve cette espèce très-communément aux environs de Paris, et surtout au bois de Boulogne, en mai et en août; elle se plaît sur le genêt à balais, et se montre fréquemment dans les clairières des bois secs où abonde cette plante.

### POLYOMMATE HELLÉ, *POLYOM. HELLE*, Fab., Hubn., Och., God.

*PAPILIO AMPHIDAMAS*, Esp. — ARGUS MYOPE VIOLET, Var. fem., Eng.

Pl. xxiv, fig. 5.

Le mâle est d'un brun noirâtre en dessus, avec le disque des ailes supérieures fauve et coupé transversalement par des points noirs. Les ailes inférieures présentent une bande fauve dont le côté externe est crénelé et bordé par une ligne blanche interrompue. Le dessus de la femelle diffère de celui du mâle parce qu'il présente, sur le côté interne de la bande fauve qui longe le bout des parties, un cordon de lunules. Les premières ailes des deux sexes sont orangées en dessous, avec un grand nombre de points noirs cerclés de grisâtre; les secondes ailes sont d'un cendré brun, avec des points oculaires plus petits et une bande terminale d'un rouge fauve. Les quatre ailes offrent à leur extrémité deux séries transverses de lunules noires. Le dessus du corps est noirâtre, le dessous est blanchâtre. Les antennes sont noires et annelées de blanc, avec l'extrémité de la massue fauve.

On rencontre cette espèce en mai et en août, dans les parties montagneuses de l'Allemagne; elle n'est pas rare surtout dans les environs de Leipzig.

Ajoutez : les *Polyommatus Ottomanus*, Lefebv., de la Morée et de la Turquie ; l'*Hippothoe*, Lin., de la France orientale et occidentale, et l'*Eurydice*, Hubn., des Alpes de la Suisse.

## GENRE LYCÈNE, *LYCÆNA*, Boisd.

LES AZURINS, Lat.

Les antennes, aussi longues que dans le genre précédent, sont terminées par une massue pyriforme aplatie à son extrémité. Les palpes sont courts, avec le second article garni de poils courts et serrés, et le troisième nu et fusiforme. Le bord postérieur des secondes ailes est arrondi dans le plus grand nombre des espèces, échancré à l'angle anal dans quelques-unes, et avec une petite queue linéaire ou filiforme près de ce même angle dans quelques autres. Le dessus des ailes est presque toujours bleu dans les mâles ; le dessous est gris ou brun, avec des points ocellés dans les deux sexes. Les chenilles sont comme celles du genre précédent, mais plus épaisses ; elles vivent sur les plantes légumineuses, herbacées ou ligneuses, les unes dans les siliques aux dépens de la graine, les autres aux dépens des feuilles et des fleurs. Les chrysalides sont oblongues, un peu déprimées sur le dos.

### LYCÈNE STRIÉ, *LYCÆNA BOETICA*, Linn., Fab., God.

LE PORTE-QUEUE STRIÉ, Geoff.

Pl. xxii, fig. 3.

Le dessus du mâle est d'un bleu teinté de violet, avec le bord postérieur noirâtre. La femelle est noirâtre en dessus, avec le milieu des quatre ailes, à partir de la base, d'un bleu assez brillant. Le dessous des deux sexes est d'un brun pâle, avec une multitude de stries blanchâtres. Ces ailes ont, près de l'angle postérieur, deux points noirs, entourés d'une lunule blanchâtre. Deux petites taches noires correspondent aux points du dessus. La surface supérieure du corps est bleuâtre, la surface inférieure est d'un gris blanchâtre.

Cette espèce paraît en août et en septembre ; on la trouve dans les grands jardins et dans les parcs.

### LYCÈNE AMYNTAS, *LYCÆNA AMYNTAS*, Fab., God.

*PAPILIO TIRESIAS*, Esp. — LE PETIT PORTE-QUEUE, Eng.

Pl. xxiv, fig. 6.

Le mâle est d'un bleu violet en dessus, avec le bord postérieur légèrement noirâtre : la femelle est noirâtre en dessus, avec deux petits yeux fauves près de l'angle interne des inférieures. Les deux sexes sont d'un gris bleuâtre en dessous, avec des points noirs. On voit vers la queue des secondes ailes, deux taches roussâtres, renfermées chacune entre deux lunules noires.

Cette espèce se trouve, en juillet et en août, aux environs de Paris.

### LYCÈNE ARGIOLUS, *LYCÆNA ARGIOLUS*, Linn., God.

*HESPERIA ACIS*, Fab.

Pl. xxvi, fig. 5.

Le mâle est d'un bleu violet en dessus. La femelle est un peu plus pâle en dessus, avec une rangée de points noirâtres à l'extrémité des ailes inférieures, et une large bordure de cette nuance à l'extrémité des supérieures. Les quatre ailes sont constamment d'un blanc bleuâtre en dessous, avec un arc central et une ligne transverse de simples points noirs.

Cette espèce paraît en mai et vers la fin de juillet. On la trouve dans les bois et dans les jardins. Elle voltige toujours autour des arbres et des buissons.

### LYCÈNE ARION, *LYCÆNA ARION*, Linn., God.

ARGUS BLEU A BANDES BRUNES, Eng.

Pl. xxvi, fig. 8.

Les deux sexes sont d'un bleu violet pâle en dessus, avec une bordure brune. Il existe sur le milieu des ailes supérieures un groupe de sept à neuf points noirs, inégaux. Le dessous est cendré, avec une lunule discoïdale, derrière laquelle sont trois rangées de points, dont les antérieurs sont plus prononcés. Ces points et cette lunule sont noirs, avec le contour blanchâtre. La base des secondes ailes est d'un bleu verdâtre et chargée de quatre points noirs.

Cette espèce, qui se trouve aux environs de Paris, paraît en juillet.

### LYCÈNE EUPHEMUS, *LYCÆNA EUPHEMUS*, Hubn., Och., God.

ARGUS BLEU A BANDES BRUNES, Eng.

Pl. xxvi, fig. 6.

Cette espèce diffère du Lycène Arion parce que le dessus du mâle n'offre pas de points noirs au milieu des premières ailes, et parce que le dessus de la femelle a la bordure beaucoup plus large. Les deux sexes ne présentent en dessous que deux rangées de points oculaires derrière la lunule discoïdale de chaque aile.

On trouve cette espèce, en juillet, dans la France orientale et en Allemagne.


## LYCÈNE MÉLÉAGRE, *LYCÆNA MELEAGER*, Fab., Esp., God.

*PAPILIO DAPHNIS*, Hubn , Och.

Pl. xxvi, fig. 4.

Le mâle est d'un bleu argenté en dessus, avec le bord terminal liséré de noir et garni d'une frange blanche. Le dessous est d'un gris blanc, avec une ligne courbe de points noirs ocellés, derrière laquelle sont deux rangées transverses de lunules obscures, dont les extérieures sont plus petites et moins apparentes. Les secondes ailes ont la base bleuâtre, avec trois autres points ocellés, et le milieu des premières offre un croissant noir. La femelle est d'un blanc argenté assez brillant en dessus, avec le pourtour largement noirâtre et la frange d'un blanc sale. Le dessous présente les mêmes caractères que chez le mâle; mais le fond est d'un gris brun. Les deux surfaces du corps sont à peu près de la couleur de celles des ailes.

Se trouve au mois de juillet dans la France méridionale, en Italie et en Hongrie.


## LYCÈNE IOLAS, *LYCÆNA IOLAS*, Hubn., Och.

Pl. xxvi, fig. 7.

Le dessus de cette espèce est d'un beau bleu violet luisant, avec un petit liséré noir et la frange blanche. Les quatre ailes sont en dessous d'un cendré légèrement incarnat, avec la base saupoudrée de bleu verdâtre et un arc central précédé extérieurement d'une rangée courbe et transverse de points oculaires noirs. Le bord terminal des quatre ailes est longé par une série de lunules faiblement obscures. Ces lunules sont un peu apparentes sur les ailes inférieures, et les trois de l'angle anal sont marquées chacune d'un point noir qui reparaît ordinairement en dessus dans la femelle. On voit près de la base de ces mêmes ailes deux ou trois points alignés. La femelle a une large bordure noire qui s'étend depuis l'origine de la côte des supérieures jusqu'à l'angle anal des inférieures.

On trouve ce Lycène, pendant le mois de juillet, dans la France méridionale, en Hongrie et en Italie.


### LYCÈNE DAMON, *LYCÆNA DAMON*, Fab., Hubn., God.

Pl. xxvi, fig. 4.

Le mâle est d'un bleu argenté en dessus, avec une bordure terminale, et l'extrémité des nervures d'un brun noirâtre. La femelle est d'un brun noirâtre en dessus, avec la frange un peu moins blanche que chez le mâle. Celui-ci est d'un gris cendré en dessous, d'un gris roussâtre dans la femelle, avec une ligne courbe de points noirs cerclés de blanc. Le milieu de celles-ci offre une raie blanche, longitudinale, descendant de la base vers le bord postérieur. Le milieu de celles-là est marqué d'une lunule noire qui est bordée comme les points.

Cette espèce paraît dans les mois de juillet et d'août; elle est très-commune dans les parties montagneuses du midi de la France; elle se trouve aussi dans le département de la Lozère et dans le voisinage des Pyrénées.


### LYCÈNE DOLUS, *LYCÆNA DOLUS*, Hubn., Boisd.

*POLYOMMATUS LEFEBVREI*, God.

Pl. xxvi, fig. 5.

Le dessus de toutes les ailes est d'un bleu blanchâtre argenté, avec un liséré de couleur noire à l'extrémité des nervures. La frange est blanchâtre. Le dessous des quatre ailes est d'un blanc cendré, avec une rangée d'yeux noirs à iris blanc. On voit en outre sur le milieu de chaque aile une lunule noire cerclée de blanc comme les yeux. Le bord terminal des quatre ailes est souvent longé par deux rangées de lunules grisâtres, à peine sensibles. La femelle est généralement un peu plus petite que le mâle, et entièrement d'un brun noirâtre en dessus, avec une petite lunule noire sur les supérieures. La frange est d'un blanc un peu roussâtre. Le dessous est d'un gris roussâtre avec le même dessin que le mâle; mais les taches ocellées des ailes supérieures sont plus grandes et plus marquées.

On trouve ce Lycène, à la fin de juillet et dans les premiers jours d'août, en Provence et dans le département de la Lozère.

## LYCÈNE ORBITULE, *LYCÆNA ORBITULUS*, Esp., Och., God.

*PAPILIO MELEAGER*, Hubn.

Pl. xxv, fig. 2.

Le mâle est d'un cendré bleuâtre en dessus, avec une lunule centrale noire, et le bord postérieur d'un brun obscur. La femelle est d'un brun noirâtre luisant en dessus, avec la base saupoudrée de bleuâtre, et le milieu marqué d'une lunule. Les deux sexes ont une frange blanche. Dans le mâle comme dans la femelle, le dessous des premières ailes est d'un cendré clair, avec une multitude de taches noires cerclées de blanc. Les secondes ailes sont d'un cendré obscur en dessous, avec deux points noirs oculaires sur le milieu du bord d'en haut, et une tache blanche en forme de cœur au centre de la surface. A l'extrémité est une large bande·blanche, très-inégalement incisée à son côté interne, et chargée à son côté externe d'une série de chevrons et d'une série de petits points noirâtres. Le dessus du corps est bleuâtre, et le dessous est grisâtre. Les antennes sont noires, annelées de blanc, avec la massue toute noire.

Se trouve dans les Alpes, au mois de juillet.

## LYCÈNE PHÉRÉTÈS, *LYCÆNA PHERETES*, Och., God.

*POLYOMMATUS ATYS*, Hubn.

Pl. xxvi, fig. 2.

Le mâle est d'un brun violet en dessus. La femelle est d'un brun noirâtre en dessus, avec la base bleuâtre. Dans les deux sexes, le bord postérieur est liséré de noir et garni d'une frange blanche. Le dessous des premières ailes est d'un cendré clair, légèrement teinté de verdâtre le long de la côte, avec une lunule centrale noire, bordée de blanc. Les secondes ailes sont d'un cendré un peu obscur en dessous, avec des atomes d'un bleu verdâtre, et huit à neuf taches blanches inégales, formant deux rangées transverses. Le dessus du corps est bleuâtre ou noirâtre, suivant le sexe, et d'un gris cendré en dessous. Les antennes sont noires, annelées de blanc, avec la massue entièrement noire.

Se trouve en juillet, dans les Alpes.

### LYCÈNE HYLAS, *LYCÆNA HYLAS*, Fab., God.

*PAPILIO AMPHION*, Hubn. — L'ARGUS BLEU VIOLET, Eng.

Pl. xxiv, fig. 5.

Le mâle est d'un bleu violet en dessus, avec le bord postérieur noirâtre. La femelle est noirâtre en dessus, avec la base violâtre. La frange est entrecoupée de noir dans l'un et l'autre. Dans les deux sexes, le dessous est d'un gris cendré, avec une multitude de petits points noirs oculaires. Les secondes ailes présentent une rangée transverse de cinq taches fauves, presque quadrangulaires.

Ce Lycène paraît au mois d'août. On le trouve dans les environs de Paris.

### LYCÈNE DE L'ORPIN, *LYCÆNA BATTUS*, Fab., Hubn., God.

*PAPILIO TELEPHII*, Esp. — *PAPILIO ARGUS*, Scop. — L'ARGUS BRUN, Eng.

Pl. xxiv, fig. 4.

Les ailes sont d'un brun noirâtre chatoyant en dessus, avec la frange entrecoupée de blanc et de noir. Il existe parallèlement au bord postérieur une série d'annelets bleuâtres; mais ils manquent aux ailes supérieures, surtout chez les mâles. Les deux sexes sont d'un blanc grisâtre en dessous, avec quatre lignes transverses de gros points noirs. Les secondes ailes ont une lunule centrale noire, et il y a entre leur troisième et leur quatrième rangées de points, une bande orangée dont le côté extérieur est crénelé. Le dessus du corps est noirâtre et blanchâtre en dessous. Les antennes sont noires, annelées de blanc, avec l'extrémité de la massue ferrugineuse.

Cette espèce paraît au mois de juillet. Elle se trouve dans le midi de la France, en Italie et en Hongrie.

### LYCÈNE ARGUS, *LYCÆNA ARGUS*, Linn., God.

*LYCENA CALLIOPIS*, Boisd.

Pl. xxiv, fig. 8.

Les ailes sont d'un bleu violet en dessus, avec le bord postérieur noirâtre, et longé dans la femelle par une série de taches fauves, lesquelles sont appuyées chacune sur un point noir. Le dessous est d'un gris clair, avec des points ocellés; on voit de pareilles taches fauves

dans les deux sexes, et les points que surmontent celles des secondes ailes ont, pour la plupart, une prunelle formée par des atomes
d'un vert métallique.

L'Argus est commun dans tous les bois des environs de Paris; il
vole, à la fin de juillet et au commencement d'août, dans les clairières
des bois secs et remplis de bruyères.

## LYCÈNE ÆGON, *LYCÆNA ÆGON*, Hubn., God.

*PAPILIO ALSUS*, Esp.

Pl. xxiv, fig. 7.

Ce Lycène a beaucoup de ressemblance avec l'Argus, mais il est
toujours plus petit. Ses ailes sont d'un gris plus foncé en dessous, et
les points de la base des inférieures sont plus gros.

Il paraît à la fin de juin et dans le courant de juillet : on le trouve
assez communément dans les parties arides des bois des environs de
Paris, et vole dans les clairières des bois remplies de bruyères et de
genêts.

## LYCÈNE EUMÉDON, *LYCÆNA EUMEDON*, Esp., Hubn., God.

*PAPILIO CHIRON*, Borkh. — *PAPILIO CLEON*, Schneid. — EUMÉDON, Eng.

Pl. xxv, fig. 1.

Les deux sexes sont d'un brun noirâtre chatoyant en dessus, avec
une frange blanche. Le mâle est entièrement nu ; mais la femelle a
quelques taches fauves vers l'angle interne des ailes inférieures. Le
dessous est cendré, avec une ligne arquée de points oculaires, noirs.
Il existe encore d'autres points oculaires le long du bord postérieur ;
mais ils sont moins apparents, surtout aux premières ailes, et ceux
des secondes sont surmontés pour la plupart d'une lunule roussâtre
que borde antérieurement un chevron obscur. La base de ces dernières
est d'un vert argenté, et leur milieu offre une raie blanchâtre longitudinale, allant de l'arc central aux points marginaux. Le dessus du
corps est noirâtre avec le dessous cendré. Les antennes sont noires,
annelées de blanc, avec le dessous de la massue ferrugineux.

Dans les Alpes et les contrées méridionales de la France, pendant
le mois de juillet.

### LYCÈNE AGESTIS, *LYCÆNA AGESTIS*, Esp., Hubn., God.

*PAPILIO MEDON*, Esp. — L'ARGUS BLEU, Eng.

Pl. xxv, fig. 3.

Les deux sexes sont d'un brun noirâtre en dessus, avec une rangée de lunules fauves le long du bord postérieur des quatre ailes. Le dessous est d'un gris cendré, avec une grande quantité de points noirs, oculaires, et une suite de taches blanches correspondant à celles de la surface opposée.

Très-commun dans les bois des environs de Paris, pendant les mois de mai et d'août.

### LYCÈNE ESCHER, *LYCÆNA ESCHERI*, Hubn., Boisd.

Pl. xxv, fig. 4.

Ce Lycène a beaucoup de ressemblance avec l'Alexis ; mais il est au moins un tiers plus grand. Ses quatre ailes sont d'un bleu violet brillant avec une petite bordure noire. Le dessous des quatre ailes est d'un gris blanchâtre sablé de bleu, avec une rangée de taches ocellées, puis une autre rangée marginale de taches fauves, appuyées sur une rangée de points noirs. La femelle est brune en dessous avec une bande fauve, souvent plus apparente sur les ailes inférieures que sur les supérieures. Le dessous est le même que celui du mâle ; mais son fond est d'un gris roussâtre avec les taches fauves plus vives. La base n'est nullement sablée de bleu ; la frange est d'un gris obscur.

Cette espèce se trouve assez communément, en juin, dans nos départements méridionaux.

### LYCÈNE ICARIUS, *LYCÆNA ICARIUS*, Esp., Och., Boisd.

*PAPILIO AMANDUS*, Hubn.

Pl. xxv, fig. 5.

Toutes les ailes sont d'un bleu azuré moins brillant que dans le Dorylas, avec une bordure noire qui se prolonge un peu sur les nervures. La frange est blanchâtre. Les quatre ailes sont d'un gris cendré en dessous, avec la base sablée de bleu verdâtre, et une rangée transverse de taches ocellées, suivies sur les inférieures de quatre ou cinq lunules fauves. Ces lunules sont appuyées sur des points noirs.

A l'extrémité des ailes supérieures, on voit à la place de la bande fauve l'empreinte de quelques lunules grisâtres. La tache triangulaire du disque des supérieures est en forme d'arc, précédée d'aucun autre point; celle des inférieures est précédée par un rang de trois points noirs alignés.

La femelle est d'un brun luisant en dessus avec une rangée de lunules fauves, appuyées sur un point noir. Le dessous est d'un gris jaunâtre ou roussâtre, à peine sablé de bleu à la base.

Cette espèce se trouve en juillet dans les Pyrénées, les· Alpes ; elle habite aussi la Hongrie et la Suède.

### LYCÈNE ADONIS, *LYCÆNA ADONIS*, Fab., Hubn., God.

*PAPILIO CERONUS*, Hubn. — *PAPILIO BELLARGUS*, Esp. — L'ARGUS BLEU CÉLESTE, Eng.

Pl. xxv, fig. 6.

La frange des quatre ailes est entrecoupée de noirâtre. Le dessus est d'un bleu d'azur dans le mâle, d'un brun noirâtre dans la femelle. Celle-ci a de plus une rangée de lunules fauves le long du bord postérieur.

L'Adonis est très-commun aux environs de Paris; il paraît pour la première fois en mai et pour la seconde en juillet.

### LYCÈNE DORYLAS, *LYCÆNA DORYLAS*, Hubn., Och., God.

Pl. xxv, fig. 7.

Les deux sexes ressemblent beaucoup à ceux de l'Adonis; mais leur frange n'est point entrecoupée de brun; le dessus des ailes du mâle est d'un bleu azuré plus clair et sans nuance de violet, avec le liséré noir du bord postérieur plus large.

Cette espèce se trouve, pendant les mois de juin et de juillet, dans les montagnes d'une certaine élévation, en Italie, en Allemagne et en France.

### LYCÈNE CORYDON. *LYCÆNA CORYDON*, Fab., God.

L'ARGUS BLEU, Geoff. — L'ARGUS BLEU NACRÉ, Eng.

Pl. xxv, fig. 8.

La frange des quatre ailes est entrecoupée de noirâtre. Le mâle est d'un bleu argenté luisant en dessus, avec une ligne noire, surmontée d'une série de points noirâtres à iris blanc. La femelle est brune en dessus, parsemée d'atomes bleus, avec une rangée de points comme dans le mâle. Les ailes supérieures des deux sexes sont blanchâtres en dessous, tandis que le dessous des inférieures est d'un brun plus ou moins pâle, avec une multitude de points noirs, ocellés. La base des ailes postérieures est bleuâtre, et leur extrémité offre une rangée transverse de taches fauves. Le dessus du corps est bleuâtre, le dessous est constamment blanchâtre.

Cette espèce vole pendant les mois de mai et d'août. Elle habite les forêts, les prairies, les jardins. On la trouve assez communément dans les bois des environs de Paris.

Ajoutez : les *Lycæna Telicanus*, Herb., de l'Europe australe ; *Serbus*, Boisd., de Provence; *Lysimon*, Hubn., de Marseille et d'Espagne ; *Cyllarus*, Fabr., des environs de Paris ; *Alcon*, Fabr., des environs de Paris ; *Erebus*, Fabr., de la France orientale; *Rippertii*, Boisd., de la France méridionale; *Donzelii*, Boisd., de Digne ; *Battus*, Fabr., de la France méridionale, et *Optilete*, Fabr., des Alpes suisses.

---

# ARGYNNIDES, *ARGYNNIDÆ*, Duponch.

Antennes à tige grêle et à massue courte et abrupte. Tête aussi large que le thorax. Palpes dépassant un peu la tête, et divergents. Yeux glabres. Cellule discoïdale des ailes inférieures ouverte. Bord interne desdites ailes creusé en gouttière pour recevoir l'abdomen, qu'elles cachent entièrement, ou seulement en partie, lorsqu'elles sont relevées.

Les chenilles sont garnies tantôt d'épines, tantôt de tubercules velus. Les chrysalides sont tantôt anguleuses et ornées de taches métalliques, tantôt à angles arrondis, et ornées de couleurs variées.

## GENRE ARGYNNE, *ARGYNNIS*, Fab., Lat.

Les antennes, plus longues que le corps, sont terminées brusquement par un bouton ovoïde creusé en cuiller en dessous. Les palpes

sont velus; le dernier article est grêle, presque nu, et se termine en
pointe d'aiguille. Les yeux sont gros. L'abdomen, plus court que les
ailes inférieures, est caché entièrement par la réunion des deux bords
internes, dans l'état de repos. Les ailes sont légèrement dentelées, et
ornées en dessous, dans le plus grand nombre des espèces, de bandes
ou taches d'argent.

Les chenilles sont garnies d'épines velues, dont deux seulement
sur le premier anneau : celles-ci sont ordinairement plus longues, et
toujours inclinées vers la tête. Les chrysalides sont anguleuses, fortement cambrées, et garnies sur le dos de deux rangées de tubercules
aigus ; elles sont souvent ornées de taches métalliques très-bril-
lantes.

Le vol des espèces qui représentent ce genre et qui n'habitent que
les bois, est très-rapide et soutenu.

### ARGYNNE LATHONIA, *ARGYNNE LATHONIA*, Linn., God.

LE PETIT NACRÉ, Geoff.

Pl. xvii, fig. 3.

Toutes les ailes sont fauves en dessus, avec des taches noires sur le
reste de la surface. Le dessous des premières ailes ressemble au-dessus,
excepté qu'il est plus pâle ; que l'extrémité est ferrugineuse, avec sept
à huit points argentés. Les secondes ailes sont jaunes en dessous, avec
une trentaine de taches nacrées et de grandeur inégale. Le corps est
fauve ; les antennes sont brunes, avec la massue noirâtre et l'extrémité fauve.

Cette espèce qui n'est pas rare aux environs de Paris, paraît en
août et en septembre ; on la trouve dans les bois, dans les prairies
artificielles, dans les parterres, etc.

### ARGYNNE TABAC D'ESPAGNE, *ARGYNNE PAPHIA*, Linn., God.

*PAPILIO VALEZINA* (var. fem.), Esp. — LE VALAISIEN, Eng.

Pl. xviii, fig. 1.

Le dessus des ailes du mâle est couleur de tabac d'Espagne, et d'un
fauve verdâtre dans la femelle, avec quatre lignes noires. Les ailes du
devant ont, indépendamment de cela, quelques raies et plusieurs
rangées de taches noires. Le dessous des premières ailes est semblable
au dessus, excepté que la sommité est un peu glacée de vert. Le des-

sous des secondes ailes est entièrement glacé de vert, avec quatre bandes argentées, dont la deuxième est divisée par l'empreinte de points noirs. Le dessus du corps est fauve, avec le dessous grisâtre. Les antennes sont brunes, avec la massue noire et l'extrémité fauve.

Elle se trouve en Europe, vole dans tous les bois depuis la fin de juin jusqu'en septembre; elle aime à se reposer sur les chardons et les ronces en fleurs.

Cette espèce présente une variété femelle bien remarquable : c'est celle qui a été décrite sous le nom d'Argynne Valaisien, *A. Valezina,* Esp. C'est une femelle (planche xviii, figure 2), qui a le dessus encore plus verdâtre que celles qu'on trouve ordinairement, avec des taches blanches vis-à-vis du sommet des ailes supérieures, et parfois aussi vers l'extrémité des inférieures.

### ARGYNNE PANDORE, *ARGYNNIS PANDORA*, Esp., Och.

*PAPILIO CYNARA*, Fab., God. — *PAPILIO MAJA*, Cr. — LE CARDINAL, Eng.

Pl. xix, fig. 1, 2.

Toutes les ailes en dessus sont d'un vert jaunâtre et tachetées de noir. Le dessous des premières ailes est d'un rouge pourpre chatoyant taché de points noirs, avec la sommité d'un jaune pâle légèrement marbrée de vert; on aperçoit quatre points argentés. Le dessous des secondes ailes est d'un vert jaunâtre, avec des bandes transverses argentées. Le dessus du corps est verdâtre, et le dessous jaunâtre. Les antennes sont brunes, avec la massue noire et l'extrémité fauve. Le mâle diffère de la femelle par sa couleur, qui est un peu moins verte, et par les quatre nervures du dessus des ailes supérieures, qui sont beaucoup plus prononcées.

Cette Argynne, qui habite les parties les plus méridionales de nos départements, paraît dans les mois de juin et de juillet.

### ARGYNNE AGLAÉ, *ARGYNNIS AGLAIA*, Linn., God.

LE GRAND NACRÉ, Geoff.

Pl. xvii, fig. 2.

Le dessus des ailes est fauve, avec trois bandes noires transversales. La bande antérieure occupant le milieu de la surface est en zigzag : la

suivante, formée de six points à chaque aile, est courbe aux inférieures. La troisième couvre le bord terminal; elle est dentée à son
côté interne, et chargée de deux rangs de lunules fauves, dont les
extérieures, moins distinctes, manquent quelquefois aux ailes de devant. Ces mêmes ailes présentent en outre quatre taches noires vers
l'origine de leur bord antérieur. Le dessous des premières ailes diffère
du dessus par le bord antérieur et le sommet, qui sont d'un jaune
verdâtre. Le dessous des secondes ailes est d'un jaune verdâtre vers
la partie postérieure, avec vingt et une taches argentées. Le corps
est fauve en dessus, et grisâtre en dessous. Les antennes sont de
couleur brune, avec la massue noire et l'extrémité fauve.

Cette espèce, qui n'est pas rare aux environs de Paris, vole depuis la
fin de juin jusqu'à la fin d'août dans presque tous les bois. Elle aime
à se reposer sur les ronces et les chardons en fleurs.

## ARGYNNE ADIPPÉ, *ARGYNNIS ADIPPE*, Esp., God.

Pl. xvii, fig. 1.

Le dessus de cette espèce ressemble à celui de l'Argynne Aglaé.
Elle diffère en dessous par la sommité des premières ailes, qui présente
moins de points argentés, et par la surface des secondes, qui est d'un
jaune moins verdâtre, et parce qu'elle offre quelques taches argentées de
plus; elle présente, outre cela, une rangée transverse d'yeux ferrugineux, qui ont pour la plupart une prunelle argentée, et qui sont placés
avant les taches du bord postérieur.

On trouve cette espèce dans le mois de juillet; elle est assez commune dans les grands bois des environs de Paris, tels que les forêts
de Saint-Germain, de Meudon, etc.

## ARGYNNE NIOBÉ, *ARGYNNIS NIOBE*, Linn., God.

*PAPILIO CLEODOXA*, Esp., Herbst.

Pl. xviii, fig. 5.

Cette espèce ne diffère de l'Aglaia que par le dessous de ses ailes
inférieures, qui offre des taches tantôt argentées, tantôt d'un jaune
d'ocre, et par le bord antérieur de ces mêmes ailes, qui est constamment verdâtre.

Cette espèce est très-commune aux environs de Toulon, dans les

Pyrénées et dans les Alpes. On la trouve vers la fin de juillet et au commencement d'août.

### ARGYNNE COLLIER ARGENTÉ, *ARGYNNIS EUPHROSYNE*, God.

*PAPILIO EUPHROSINE*, Linn.

Pl. xvi, fig. 3.

Le dessus des ailes est fauve, avec la base obscure, et des taches noires, dont les antérieures sont irrégulières; les autres sont en forme de points et disposées au bord terminal sur une ligne parallèle. Le dessous des ailes supérieures diffère du dessus par la sommité, qui est rougeâtre et tachetée de jaune. Le derrière du dessous des ailes est rougeâtre avec deux bandes jaunes, dont l'antérieure est un peu nacrée inférieurement; la suivante anguleuse, bordée de noir sur les côtés, offrant, à égale distance de ses deux bouts, une tache argentée. Un point noir cerclé de jaune existe entre ces bandes. Le bord postérieur est jaunâtre, tacheté de cinq à six points obscurs et entouré d'un cordon de taches argentées, à peu près lunulées et égales entre elles. Le corps est noirâtre en dessus, grisâtre en dessous, avec la poitrine et le thorax couverts de poils verdâtres. Les antennes sont noires, annelées de blanc avec l'extrémité de la massue roussâtre.

Cette jolie Argynne paraît deux fois par an : au commencement de juin et à la fin de juillet. On la trouve assez communément dans les bois des environs de Paris.

### ARGYNNE SÉLÉNÉ, *ARGYNNIS SELENE*, Fab., God.

*PAPILIO CYBELE*, Hubn. — *PAPILIO MARPHISA*, Herbst.

LE PETIT COLLIER ARGENTÉ, Eng.

Pl. xx, fig. 1.

Le dessus de cette espèce est semblable à celui du Collier argenté. Le sommet du dessous des premières ailes, l'angle interne et l'angle externe des secondes sont ferrugineux; ces dernières ailes ont une tache argentée de moins le long du bord terminal; la septième est toujours jaunâtre; mais elles offrent sept taches, dont deux sont placées sur la bande jaune du milieu, outre celle qui y est déjà; les cinq autres sont sur une même ligne transverse, derrière ladite bande.

Cette espèce est très-commune dans les bois des environs de

Paris ; elle paraît deux fois par an : au commencement de mai et en août.


## ARGYNNE HÉCATE, *ARGYNNIS HECATE*, God.

*PAPILIO HECATE*, Fab., Esp., Hubn., Och. — L'AGAVÉ, Eng.

Pl. xx, fig. 4.

La couleur de cette espèce est la même que celle des précédentes. Mais elle en diffère particulièrement par le bord terminal de chaque aile, qui est tacheté par une double rangée transverse de points noirs. Le dessous des premières ailes diffère du dessus par la sommité et la majeure partie du bord postérieur, qui sont jaunes. Le dessous des secondes ailes est fauve, avec des taches d'un jaune d'ocre, savoir : quatre bordées de noir ; dix également bordées de noir, formant une bande transverse ; cinq, orticulaires, alignées sur le milieu de la surface et suivies d'un double cordon de points noirs ; sept, dont la quatrième et la cinquième, en forme de coin et se prolon_ geant jusqu'au centre de l'aile ; enfin sept terminales et appuyées sur une ligne noire qui les sépare de la frange.

On trouve, dans le mois de juin, cette Argynne qui est très-commune aux environs de Toulon. Elle se trouve aussi en Autriche, dans le midi de l'Allemagne et de la Russie.


## ARGYNNE PETITE VIOLETTE, *ARGYNNIS DIA.*, God.

*PAPILIO DIA*, Linn. — LA PETITE VIOLETTE, Eng.

Pl. xx, fig. 2, et pl. xvi, fig. 4.

Le bord terminal du dessous des ailes supérieures de cette espèce est entrecoupé de jaune et de ferrugineux. Le dessous des inférieures est parsemé de six à sept taches argentées, parmi lesquelles on en voit de jaunâtres ; il présente aussi une bande d'un gris perle, suivie en dehors d'un cordon de six yeux, pourvus chacun d'une prunelle jaunâtre. Le dessus du corps est noirâtre, avec le dessous d'un gris pourpre. Les antennes sont brunes, avec la massue noire, et terminée par un point fauve.

On trouve communément cette espèce dans tous les bois des environs de Paris. Elle donne plusieurs fois : à la fin d'avril et au commencement de mai, ensuite en juillet et en août.

## ARGYNNE PALÈS, *ARGYNNIS PALES*, Fab., Och., God.

PAPILIONES, PALES, ARSILACHE, ISIS, Hubn. — PAPILIO ARSILACHE, Esp., Borkh.
LA PALÈS, Eng.

Pl. xx, fig. 5.

Le dessus du mâle est d'un fauve gai, avec des bandes et des taches noires. Le sommet du dessous des premières ailes est entrecoupé de ferrugineux. Le dessous des secondes ailes est ferrugineux, avec une rangée transverse de quatre taches, dont les deux intermédiaires jaunâtres, et les deux extrêmes d'un blanc un peu luisant. Il existe, non loin de là, un point blanc, qui extérieurement est enveloppé par une bande jaune, sur le côté interne de laquelle il y a deux ou trois taches d'un blanc argentin. Deux taches noires se font voir immédiatement après cette bande. De plus, on voit six points oculaires, dont le quatrième est masqué par une tache jaune qui s'étend jusqu'au bord supérieur, sur lequel sont alignées sept taches blanches orbiculaires.

Cette Argynne paraît en juin et en août; elle se trouve dans les Pyrénées et dans les Alpes.

## ARGYNNE THORÉ, *ARGYNNIS THORE*, Hubn., Boisd.

Pl. xx, fig. 6.

Le dessus de cette espèce varie beaucoup; il est tantôt presque noir, avec quelques taches fauves sur la moitié postérieure des premières ailes et sur le bord interne des inférieures; tantôt il est fauve, avec la base et l'extrémité noirâtres, et de gros points de la même couleur, alignés transversalement. Dans beaucoup d'individus, les points noirs sont confluents sur la majeure partie des ailes inférieures, et on aperçoit çà et là quelques éclaircies fauves. Les ailes supérieures sont fauves en dessous, tachetées de noir, avec le sommet lavé de jaunâtre. Les ailes inférieures sont d'un roux ferrugineux en dessous, avec quelques taches jaunâtres à la base et une bande transverse de la même couleur à peu près au milieu; au delà de cette bande, on remarque une autre bande d'un blanc violâtre un peu nacré, et sur le bord terminal une bande semblable divisée par les nervures. Le corps est noirâtre en dessus et jaunâtre en dessous.

On trouve cette espèce assez communément, au mois de juillet, dans quelques localités de la Suisse.

### ARGYNNE INO, *ARGYNNIS INO*, God.

*PAPILIO INO* et *PAPILIO CHLORIS MAS*, Esp. — *PAPILIO DYCTINNA*, Hubn.
L'INO ET LA GRANDE VIOLETTE, Eng.

Pl. xvi, fig. 2.

Plusieurs auteurs avaient confondu cette espèce avec l'Argynne Daphné. Mais si l'on étudie avec attention ses caractères, l'on verra qu'elle est constamment plus petite, et que la moitié postérieure du dessous de ses secondes ailes est toujours lavée de jaune. De plus, on aperçoit une petite bande d'un blanc violet, placée au-dessus de la rangée des points oculaires.

Cette espèce paraît en juin, et se trouve dans l'est et le nord de la France. Elle fréquente principalement les bois élevés des montagnes.

Ajoutez : les *Argynne Cyrene*, Bouelli, de Corse et de Sardaigne, *Ossianus*, Herb., de la Laponie; *Aphirape*, Hubn., de la Suède, de l'Allemagne et de la Belgique ; *Frigga* et *Freija*, Th., de la Laponie ; *Amathusia*, Fabr., et *Arsilache*, Hubn., des Alpes, et *Daphne*, Fabr., des régions sous-alpines.

## GENRE MÉLITÉE, *MELITÆA*, Fab., Och.

*ARGYNNIS*, Lat.

Les antennes, presque aussi longues que le corps, sont terminées brusquement par un bouton turbiné ou pyriforme, un peu aplati en dessous. Les palpes sont minces ; leur second article est hérissé de longs poils ; le troisième, moins velu, est très-aigu. Les yeux sont moins gros que ceux du genre précédent. L'abdomen est presque aussi long que les ailes inférieures et dont l'extrémité dépasse la gouttière abdominale dans l'état de repos. Les ailes sont entières ou à peine dentelées et jamais ornées de taches d'argent.

Les chenilles sont garnies de tubercules charnus, cunéiformes et couverts de poils courts et roides. Les chrysalides sont obtuses antérieurement, avec six rangées de points verruqueux sur le dos ; elles sont sans taches métalliques, mais de couleurs variées.

Ces espèces n'habitent que les bois ; leur vol est très-bas et rapide.

### MÉLITÉE ARTEMIS, *MELITÆA ARTEMIS*, Hubn., God.

*PAPILIO MATURNA*, Esp. — LE DAMIER, Geoff.

Pl. xxi, fig. 1.

Le dessus des quatre ailes est d'un brun noirâtre, avec des taches jaunes et des taches fauves, disposées par bandes transversales. Les trois bandes des secondes ailes atteignent la côte et le bord interne; l'intermédiaire d'entre elles est toujours d'un jaune vif ou rougeâtre, plus large que toutes les autres, et divisée dans sa longueur par six points noirs. Le dessous des premières ailes est luisant, avec des taches semblables à celles du dessus, mais moins prononcées. Le dessous des secondes ailes est fauve, avec trois bandes d'un jaune terreux, interrompues par les nervures légèrement bordées de noir. De plus, on voit une tache jaune derrière la bande ; et six points noirs faiblement entourés de jaune entre la bande du milieu et celle du bord terminal.

Cette espèce se montre ordinairement depuis les premiers jours de mai jusque vers la mi-juin; elle n'est pas rare aux environs de Paris, particulièrement dans les bois humides et exposés au nord.

### MÉLITÉE CINXIA, *MELITÆA CINXIA*, Linn., God.

*PAPILIO PILOSELLÆ*, Esp. — *PAPILIO DELIA*, Hubn. — LE DAMIER. Geoff.

Pl. xx:, fig, 2.

Le dessus de toutes les ailes est d'un brun noirâtre, couvert d'une multitude de taches fauves éparses vers la base; mais formant trois bandes transverses, dont la supérieure est composée de chevrons assez grossiers. Les secondes ailes présentent une rangée transverse de cinq points noirs. Le dessous des premières ailes est fauve, avec une ligne transverse de points foncés sur le milieu, une ligne anguleuse et des points noirs au sommet, qui est jaunâtre. Les dessous des secondes ailes est d'un jaune d'ocre, avec deux bandes fauves, dont l'an_térieure flexueuse; la postérieure correspondant à l'avant-dernière du dessus, et offrant le même nombre de points noirs.

Cette Mélitée est du nombre de celles qui paraissent deux fois par an, en mai et en août; c'est une des plus communes du genre, du moins autour de Paris, particulièrement au bois de Boulogne.

### MÉLITÉE PHŒBÉ, *MELITÆA PHOEBE*, Fab., God.

*PAPILIO CORYTHALIA*, Esp. — *MELITÆA MELANINA*, Ch. Bonap.
LE GRAND DAMIER, Eng. — LE DAMIER, Geoff.

Pl. xxi, fig. 5.

La bande du dessus des quatre ailes de cette espèce est d'un fauve jaunâtre ; l'avant-dernière bande des secondes ailes est sans points noirs ; celle qui lui correspond en dessous en est aussi dépourvue : il y a en outre deux lignes noires en zigzag.

Elle se trouve aux environs de Paris, en juin et en août. Cette espèce ne paraît qu'une fois dans le nord de la France, où elle est d'ailleurs assez rare ; mais il n'en est pas de même dans le midi, où elle a été prise communément pendant les mois de mai et d'août.

### MÉLITÉE TRIVIA, *MELITÆA TRIVIA*, Hubn., Boisd.

*PAPILIO CINXIA*, var. Herbst. — *PAPILIO ATHALIA*, Fab. — *PAPILIO IPHIGENIA*, Borkh
*ARGYNNIS DIDYMA*, var. God. — LE DAMIER, cinquième espèce, Eng.

Pl. xxi, fig. 4.

Les ailes en dessus sont à peu près de la couleur de celles de Phœbé, et leur dessin a aussi beaucoup de ressemblance avec celui de cette espèce. Le dessous des ailes supérieures est fauve. Le dessous des inférieures ressemble à celui de Didyma. Il est d'un jaune pâle avec deux bandes transverses fauves, et des points noirs à la base et sur le milieu ; mais ce qui distingue facilement cette espèce, c'est la bande fauve postérieure, qui est plus anguleuse en arrière, bordée de noir en avant, et c'est que près de la frange il y a une rangée de petites lunules noires triangulaires. La femelle a aussi la couleur du sexe correspondant de Phœbé. Les mâles varient un peu ; il y a des individus chez lesquels le noir domine plus ou moins ; il y en a d'autres qui ont les lunules du dessus plus pâles que le fond.

On trouve cette espèce, dans les mois de juin et d'août, en Autriche et dans le midi de l'Allemagne.

### MÉLITÉE DIDYMA, *MELITÆA DIDYMA*, Fab., God.

*PAPILIO CINXIA*, Hubn. — LE DAMIER, Geoff.

Pl. xxi, fig. 3.

Le mâle diffère de la femelle par son dessus, qui est d'un fauve rouge, tandis que celui de la femelle est d'un fauve plus ou moins obscur. Les deux sexes ont les quatre ailes marquées de noir, dont les antérieures sont irrégulières; les postérieures lunulées formant une ligne transverse, derrière laquelle il y a une autre ligne noire, terminale et ayant le côté interne denté. Le dessous des premières ailes diffère du dessus par le fond qui est moins intense, par le sommet et le bord postérieur, qui sont d'un jaune d'ocre assez gai et ponctué de noir. Le dessous des secondes ailes est jaunâtre, avec deux bandes fauves, dont l'antérieure est plus courte; la postérieure est arquée et bordée à son côté externe par une suite de lunules noires correspondant à celle du dessus. Le dessous du corps est jaunâtre; le dessus est noirâtre avec les anneaux inférieurs blanchâtres et l'extrémité de l'abdomen roussâtre.

Cette espèce est très-commune dans le midi de la France; on commence à la rencontrer passé la Loire; elle vole pendant les mois de juin, juillet et août.

Ajoutez : les *Melitæa Maturna*, Linn., de la France orientale; *Cynthia*, Fabr.; *Merope*, Deprunn., des Alpes suisses; *Ætheria*, Hubn., et *Arduina*, Esp., de la Russie méridionale; *Dictynna*, Esp., et *Athalia*, Bork., des environs de Paris.

- - -

# VANESSIDES, *VANESSIDÆ*, Duponch.

Massue des antennes droite, ovoïde, jamais aplatie ou creusée en cuiller. Tête plus étroite que le thorax. Ailes inférieures ayant la cellule discoïdale ouverte, et les deux bords internes réunis et profondément creusés en gouttière, pour recevoir l'abdomen, qu'elles cachent entièrement lorsqu'elles sont relevées.

Chenilles armées d'épines d'égale longueur, excepté sur le premier et le dernier anneau, qui en sont dépourvus. Chrysalides plus ou moins anguleuses, et presque toujours ornées de taches métalliques.

## GENRE VANESSE, *VANESSA*, Fab., Lat.

Les antennes, aussi longues que le corps, rigides, sont terminées par une massue allongée. Les palpes une fois plus longs que la tête, convergents, sont velus jusqu'au bout et se terminent en pointe plus ou moins aiguë. La tête est plus étroite que le thorax. Les yeux sont pubescents. Le thorax est très-robuste et aussi long que l'abdomen : celui-ci, beaucoup plus court que les ailes inférieures, est caché entièrement par la réunion des deux bords internes, formant gouttière dans l'état de repos.

Les chenilles ont la tête échancrée en cœur antérieurement, et le corps garni d'épines velues ou rameuses d'égale longueur, à l'exception cependant du premier et du dernier anneau. Les chrysalides, anguleuses, ont la partie supérieure de la tête quelquefois arrondie, mais le plus souvent terminée par deux pointes ; le dos est armé de deux rangées de tubercules plus ou moins aigus. Les chrysalides sont ordinairement ornées de taches d'or ou d'argent et quelquefois toutes dorées.

Les espèces de ce genre vivent de préférence dans le voisinage des habitations, les jardins, les promenades, les campagnes découvertes, etc., etc., et ne se trouvent qu'accidentellement dans les grands bois. La *V. Prorsa* fait cependant exception, car elle n'habite que les forêts froides et humides. Leur vol est vif, rapide, mais de courte durée.

(GRAPTA, Kirby).

## VANESSE GAMMA, *VANESSA C. ALBUM*, Linn., God.

LA GAMMA ou ROBERT LE DIABLE, Geoff.

Pl. ii, fig. 3.

Le dessus des ailes est fauve, plus foncé dans le mâle que dans la femelle. Les taches des premières ailes sont noires et au nombre de huit. Les taches des secondes ailes sont au nombre de trois, et occupent le milieu de la surface en tirant vers le bord d'en haut. Elles sont suivies d'une ligne transverse qui est noirâtre dans la femelle et ferrugineuse dans le mâle. Le dessous des quatre ailes est d'un brun obscur, parsemé d'atomes verts sur la moitié postérieure. Il existe au milieu des secondes ailes un C ou un G, caractère qui a fait donner à cette espèce le nom de Gamma. Le corps est couvert de poils verts en dessus, ainsi que la base des ailes. Les antennes sont brunes, annelées de blanc en dessous, avec la massue noirâtre et l'extrémité d'un jaune pâle.

On trouve cette espèce, qui est assez commune, en juillet et en septembre ; elle s'éloigne peu du lieu qui l'a vue naître.

## VANESSE L. BLANCHE, *VANESSA L. ALBUM*, Hubn., God.

*VANESSA TRIANGULUM*, Fab., Och. *PAPILIO EGEA*, Cram. *PAPILIO V. ALBUM*, Esp.

Pl. iii, fig. 5.

Cette Vanesse se distingue de la précédente par les caractères suivants : les taches noires du dessus de ses ailes sont plus petites, et il n'y en a ordinairement que deux vers le milieu des inférieures ; le dessous de ses ailes est finement bordé de gris et moins parsemé d'atomes verts à l'extrémité ; enfin, la tache centrale des ailes inférieures représente une L blanche, au lieu de représenter un C de cette couleur.

On trouve cette espèce, dans le midi de la France, pendant les mois d'avril, juin, juillet et septembre.

(*VANESSA*, Auct.)

## VANESSE V. BLANC. V. V. ALBUM, Fabr., Boisd., Och.

*PAPILIO L. ALBUM*, Esp. — *PAPILIO POLYCHLOROS*, Cram. — LE V. BLANC, Eng.

Pl. iii, fig. 2.

Les ailes sont d'un fauve foncé en dessus, avec la base des supérieures et une partie des inférieures plus obscures. Les supérieures ont sur le milieu quatre ou cinq taches inégales, et sur la côte trois bandes courtes transverses, noires, dont celle du sommet est séparée de la bordure par une tache blanche. Les ailes inférieures ont la côte largement noirâtre, divisée par une tache blanche à peu près semblable à celle qui existe au sommet des premières ailes. Outre cela, on aperçoit près de la bordure cinq ou six taches presque lunulées, d'un fauve jaunâtre. Les ailes sont brunes en dessous depuis la base jusqu'au delà du milieu, ensuite d'un gris jaunâtre couleur de bois, fortement ondé de brun, avec une raie marginale d'un noir bleuâtre, interrompue sur le milieu des inférieures ; on remarque un petit chevron en forme de V, d'un gris blanchâtre.

Cette espèce est assez rare ; elle habite la Russie méridionale, la Sibérie, et quelques parties de l'Autriche et de la Hongrie. On la trouve pendant le mois de juillet.

## VANESSE GRANDE TORTUE,. *VANESSA POLYCHLOROS*, Linn., God.

Pl. ii, fig. 1.

Le dessus des ailes est d'un fauve assez foncé, avec le bord postérieur noir, et offrant dans toute sa longueur deux rangées de lunules
bleues, entre lesquelles il y a une double ligne ondulée d'un jaune
obscur. Les premières ailes ont sous la côte trois bandes noires, séparées entre elles et de la bordure par du jaune d'ocre. Les secondes
ailes offrent, sur le milieu du bord antérieur, une tache noire, entourée de jaune en dehors. Le dessous des quatre ailes est d'un noir obscur. Le dessus du corps est garni de poils d'un vert roussâtre. Les
antennes sont brunes, annelées de blanc en dessous, avec la massue
noirâtre et terminée de jaune.

Cette Vanesse, qui n'est pas très-rare, se trouve en juillet et en septembre sur le chêne, l'orme, le saule et sur plusieurs arbres à fruits.

## VANESSE PETITE TORTUE, *VANESSA URTICÆ*, Linn., God.

LA PETITE TORTUE, Geoff., Eng.

Pl. ii, fig. 2.

Le dessus des quatre ailes est d'un fauve plus rouge, avec les lunules bleues de la rangée intérieure du bord terminal plus vives et
plus pleines. Les premières ailes n'ont, entre le milieu de l'angle interne, que trois points noirs, et l'inférieur d'entre eux est contigu en
dehors à un espace jaunâtre. Au sommet des mêmes ailes, il existe
une tache très-blanche. La tache noire du milieu du bord antérieur
des secondes ailes s'étend davantage sous les poils de la base ; elle n'est
pas environnée de jaunâtre en dehors. Le dessous des premières ailes
est beaucoup moins ondé de brun. Les antennes sont annelées de
blanc en dessus comme en dessous.

Cette espèce, qui n'est pas rare aux environs de Paris, vole pendant huit mois de l'année. Cependant, c'est en juillet que l'on rencontre le plus communément cette Vanesse.

## VANESSE PAON DE JOUR, *VANESSA IO*, Linn., God.

PAPILIO OCULUS PAVONIS, Linn. LE PAON DU JOUR, ou L'ŒIL DE PAON, Geoff.

Pl. 1, fig. 2.

Les ailes sont anguleuses et dentées ; le dessus est d'un fauve rou_geâtre, avec une grande tache en forme d'œil sur chacune ; celle des supérieures, rougeâtre au milieu, entourée d'un cercle jaunâtre ; celle des inférieures, noirâtre, avec un cercle gris autour, et renfermant des taches bleuâtres ; le dessous des ailes est noirâtre. Le corps est noirâtre et garni en dessus de poils presque ferrugineux. Les antennes et les quatre pattes postérieures sont à peu près semblables, comme dans le Morio.

Cette Vanesse se rencontre assez souvent dans les bois, les champs de luzerne et les plates-bandes des jardins. Les individus de la première génération volent en juillet, et ceux de la seconde en septembre. Quelques-uns de ces derniers, saisis par les premiers froids avant de s'être accouplés, passent l'hiver dans l'engourdissement et reparaissent au printemps suivant pour perpétuer leur race.

## VANESSE MORIO, *VANESSA ANTIOPA*, Linn., God.

LE MORIO, Eng.

Pl. 1, fig. 1.

Les ailes sont anguleuses, d'un noir pourpre foncé, avec une bande jaunâtre ou blanchâtre au bord postérieur, et une suite de taches bleues au dessus ; le corps est, de part et d'autre, de la même couleur que les ailes. Les antennes sont noires, mais annelées de gris en dessous jusqu'à la massue, dont la sommité est jaunâtre ; les deux pattes antérieures sont noirâtres, les quatre autres sont d'un jaune obscur.

Deux variétés de cette espèce sont connues ; la première n'a pas de points bleus aux ailes supérieures. La seconde n'en a en tout que deux, placés vis-à-vis de l'angle externe ou sommet des ailes inférieures.

Le Morio se trouve dans toute l'Europe, dans l'Asie Mineure, dans l'Amérique septentrionale. Il est absolument le même dans toutes les contrées qu'il habite. Cette espèce donne deux fois par an. Les individus de la première génération volent en juillet, et ceux de la seconde en septembre. Quelques-uns de ces derniers, saisis par le froid avant d'avoir trouvé à s'accoupler, se réfugient dans des creux d'arbres, où ils restent engourdis pendant l'hiver. La chaleur du printemps vient lés ranimer, et c'est ainsi qu'on en voit voler dès les premiers beaux jours de février. Ils diffèrent de ceux qu'on trouve en été par la couleur de la bordure de leurs ailes qui est blanche au lieu d'être jaune comme dans les autres.

(*PYRAMEIS*, Doubleday.)

## VANESSE VULCAIN, *VANESSA ATALANTA*, Linn., God.

*PAPILIO AMMIRALIS*, Linn. — LE VULCAIN, Geoff., Eng.

Pl. ı, fig. 5.

Les ailes sont dentées, un peu anguleuses; leur dessus est noir, traversé par une bande d'un beau rouge, avec des taches blanches sur les supérieures; le dessous est marbré de diverses couleurs. Le dessus du corps est noir, le dessous est d'un brun grisâtre ou jaunâtre, selon le sexe. Les antennes sont noires et annelées de blanc jusqu'à la massue : celle-ci a la sommité jaunâtre.

Engramelle donne une variété qui n'a aucun point noir sur la bande rouge des secondes ailes, et qui offre moins de taches blanches au sommet des premières.

Le Vulcain est très-commun dans toute l'Europe; il habite aussi l'Algérie et toute la partie de l'Afrique bornée par la Méditerranée; l'Asie Mineure nourrit aussi cette espèce que l'on trouve pendant huit mois de l'année.

## VANESSE BELLE DAME, *VANESSA CARDUI*, Linn., God.

*PAPILIO BELLADONA*, Linn. — LA BELLE DAME, Geoff., Eng.

Pl. ııı, fig. 1.

La base du dessus des premières ailes est d'un brun un peu obscur et sans taches; le milieu, d'un fauve tirant au rouge cerise, avec une bande noire, oblique et anguleuse; l'extrémité est tachetée de noir et de blanc. La moitié antérieure du dessus des secondes ailes est tout à fait du même brun que la base des premières; l'autre moitié est fauve, avec trois rangées de points noirs. Le dessous est marbré de gris, de jaune et de brun, avec cinq taches, en forme d'yeux, bleuâtres sur les bords. Le corps est blanchâtre en dessous, brun et garni de poils roussâtres en dessus. Les antennes sont noirâtres et annelées de blanc.

Cette espèce cosmopolite est répandue par toute la terre, et d'autant plus commune, que le pays est plus sec et plus chaud, surtout en automne.

*(ARASCHNIA, Doubleday.)*

## V. CARTE GÉOGRAPHIQUE BRUNE. *V. PRORSA*, Linn., Hubn., Och., God.

Pl. iv, fig. 2.

Le dessus des ailes est d'un brun presque noir, traversé au milieu par une bande plus ou moins blanche, et vers l'extrémité par une ligne fauve, qui est souvent double aux inférieures. La ligne des premières ailes est fortement interrompue vers le disque, et précédée en dehors d'une ligne transverse de plusieurs points, dont les uns jaunâtres, les autres blancs. Le dessous des quatre ailes est mélangé de fauve, de brun, de noir et de jaunâtre, croisé par des nervures de cette dernière couleur. Le corps est blanchâtre en dessous, noirâtre en dessus et annelé de gris sur l'abdomen. Les antennes sont noirâtres, avec l'extrémité de la massue ferrugineuse.

Cette espèce paraît ordinairement en juillet; elle se trouve à Laminière, aux environs de Versailles.

## V. CARTE GÉOGRAPHIQUE FAUVE, *V. LEVANA*, Linn., Hubn., Och., God.

(Variété du printemps.)

Pl. iv, fig. 1.

La base du dessus des ailes est d'un brun noirâtre, et légèrement entrecoupée de jaunâtre ; le reste de la surface est fauve, avec des taches noires, disposées sur les secondes en trois lignes transverses, dont l'extérieure marginale est chargée d'une série de croissants violâtres. Les premières ailes ont sur la côte trois taches d'un jaune d'ocre, et vers le milieu du bord postérieur deux points très-blancs, placés l'un au-dessous de l'autre. Le dessous de quatre ailes est le même que dans l'espèce précédente; mais la bande blanche du milieu est salie par des atomes cendrés, et les ailes supérieures offrent toujours une tache d'un violet tendre, semblable à celle des inférieures. Les antennes et le corps sont aussi comme dans l'espèce précédente.

Cette variété printanière, qui pendant longtemps a été considérée comme formant une espèce, se trouve en avril dans les mêmes lieux que la précédente. Elle habite aussi plusieurs parties de l'Allemagne, le nord et l'est de la France ; elle n'est pas rare à Ermenonville, dans la forêt de Senlis, dans les environs de Saint-Quentin et près de Sully; elle est surtout très-commune dans la forêt de Mormale, près du Quesnoy, ainsi que dans les environs de Valenciennes.

Ajoutez : *Vanessa Xanthomelas*, Esp., de l'Allemagne ; *Ichnusa*,
Bonelli, de Corse et de Sardaigne.

---

# LIBYTHÉIDES, *LIBYTHEIDÆ*, Duponch.

Massue des antennes peu distincte de la tige, qui va en grossissant
insensiblement de la base au sommet. Palpes très-longues et formant
une espèce de bec au-dessus de la tête. Pattes de la première paire de
la femelle munies de crochets, et propres à la marche comme les
quatre autres. Cellule discoïdale des ailes inférieures ouverte, et leur
gouttière anale très-prononcée.

Chenilles allongées, sans épines. Chrysalides non anguleuses, sans
taches métalliques.

## GENRE LIBYTHÉE, *LIBYTHEA*, Lat.

### HECAERGE, Och.

Les antennes, un peu moins longues que le corps, sont droites,
épaisses et cylindriques. Les palpes, deux fois aussi longs que la tête,
connivents, épais, sont plus squammeux que velus. La tête est aussi
large que le thorax : celui-ci est long et robuste. L'abdomen, très-
court, est entièrement caché par les deux bords internes des ailes inférieures qui forment une gouttière dans l'état de repos. Les ailes supérieures ont le sommet tronqué et sont profondément échancrées en
dessous ; les inférieures sont régulièrement dentées.

Les chenilles sont inermes, légèrement pubescentes, de forme allongée et cylindrique, avec la tête sphérique. Les chrysalides sont non
anguleuses, carénées sur le dos et terminées antérieurement par une
pointe mousse.

### LIBYTHÉE DU MICOCOULIER, *L. CELTIS*, Fab., God., Och., Esp.

#### Pl. iv, fig. 3.

Le dessus des ailes est d'un brun noirâtre. Les supérieures ont cinq
taches fauves, savoir : une triangulaire et longitudinale près de la

base; trois presque carrées, et dont l'intermédiaire beaucoup plus grande vers l'extrémité; la cinquième, presque ronde, est située un peu au delà du milieu de la côte. Les ailes inférieures ont vis-à-vis du sommet une bande fauve, tantôt continue, tantôt interrompue vers le haut. Le dessous des premières ailes est semblable au dessus; mais son sommet est grisâtre et plus ou moins lavé de ferrugineux. Le dessous des secondes ailes est d'un gris cendré teinté de rougeâtre, avec un peu de blanc sur le milieu de la nervure centrale. Les antennes sont entièrement noirâtres, avec la massue à peine renflée. La femelle ne diffère essentiellement du mâle qu'en ce qu'elle a les deux pattes antérieures aussi longues que les autres et les palpes moins gros.

On ne trouve cette Libythée, qui vole en juin, que dans les parties méridionales de l'Europe; elle n'est pas rare dans les départements de la France qui bordent la Méditerranée.

—

# NYMPHALIDES, *NYMPHALIDÆ*, Duponch.

Massue des antennes allongée, peu épaisse et se confondant insensiblement avec la tige. Tête généralement plus étroite que le thorax. Yeux glabres et bordés inférieurement d'une paupière blanche. Ailes inférieures ayant la cellule discoïdale ouverte et le bord interne plus ou moins profondément creusé en gouttière pour recevoir l'abdomen, qu'elles cachent entièrement dans l'état de repos.

Chenilles à peau chagrinée, tantôt avec des épines ou des tubercules épineux sur le dos, tantôt avec la tête épineuse seulement. Chrysalides plus ou moins carénées, et dont le plus grand nombre porte sur le dos une protubérance déprimée latéralement; quelques-unes sont ornées de taches métalliques.

## GENRE LIMÉNITE, *LIMENITIS*, Och., Boisd.
### *LIMENITIS* et *NEPTIS*, Fab. — *NYMPHALIS*, Lat.

Les antennes sont de la longueur du corps; leur massue est peu renflée et se confond insensiblement avec la tige. Les palpes, un peu plus longs que la tête, sont écartés et divergents au sommet, velus,

avec leur dernier article court, nu, et assez aigu. La tête est presque
de la longueur du thorax : celui-ci est peu robuste. L'abdomen est
grêle et assez long. Les ailes légèrement sinuées et dentelées, sont à
fond noir avec des bandes et des taches blanches en dessus.

Les chenilles ont la tête cordiforme et le corps garni d'épines rameuses ou de tubercules épineux. Les chrysalides sont anguleuses,
auriculées antérieurement, et portent sur le dos une protubérance
très-prononcée et comprimée latéralement.

Les insectes parfaits fréquentent de préférence les allées sombres
des grands bois, dans le voisinage des eaux ; ils planent avec beaucoup de légèreté, et aiment à se reposer sur la terre humide.

### LIMÉNITE DE L'ÉRABLE, *LIMENITIS ACERIS*, Fabr., Esp.

*PAPILIO PLAUTILLA*, Hubn. — *PAPILIO COENOBITA*, Gram.
LE SYLVAIN A DEUX BANDES BLANCHES, Eng.
*PAPILIO LEUCOTHOE*, Herb.

Pl. x, fig. 2.

Cette espèce diffère de la suivante parce que ses ailes sont plus
petites et plus étroites ; leur dessus est d'un noir brun, avec trois
bandes blanches maculaires disposées ainsi : la première est une bandelette droite, interrompue, qui se termine sur la nervure médiane
de ces mêmes ailes par une tache lancéolée ; la seconde est plus
large ; elle commence sur la côte des supérieures, et vient aboutir
presque au milieu du bord abdominal des inférieures ; la troisième
est terminale, peu prononcée sur les supérieures, se terminant sur
les inférieures au niveau de l'extrémité de l'abdomen. On remarque
souvent entre ces deux dernières bandes une raie un peu plus pâle
que le fond des ailes. Le dessous est d'un brun ferrugineux avec le
même dessin qu'en dessus ; la raie intermédiaire, qui paraît à peine en
dessus est ici blanche et bien visible, et on en remarque une semblable sur le bord terminal. Les échancrures sont lisérées de blanc.
Le dessus du corps est noirâtre ; le dessous est d'un blanc grisâtre.
La femelle est semblable au mâle.

On trouve cette espèce en juin, en Hongrie et en Russie ; on la rencontre aussi dans les Indes orientales.

### LIMÉNITE LUCILLE, *LIMENITIS LUCILLA*, Fab., Hubn., Och.

*PAPILIO CAMILLA*, Esp., Borkh., Schneid., Schr.

Pl. x, fig. 3.

Les ailes de cette espèce sont un peu dentelées; leur dessus est d'un brun noir traversé par une bande blanche maculaire, formée de taches allongées, séparées par les nervures. Les ailes supérieures offrent à leur base une raie longitudinale, blanche, interrompue. Leur dessous est d'un brun ferrugineux, avec le même dessin de la surface opposée; de plus, il offre sur le bord terminal une ou deux rangées de lunules d'un blanc grisâtre, et près de la base des inférieures quelques taches blanchâtres. La frange des échancrures est blanche. Le dessus du corps est noirâtre, le dessous est d'un blanc grisâtre. La femelle diffère du mâle en ce qu'elle est plus grande; du reste, le dessin est le même.

On rencontre cette espèce en Piémont, en Hongrie et en Styrie, pendant les mois de juin et de juillet.

### LIMÉNITE PETIT-SYLVAIN, *LIMENITIS SYBILLA*, Fab., Hubn., Och.

LE PETIT SYLVAIN, Eng. — LE DEUIL, Geoff.

Pl. ix, fig. 1, 2.

Le dessus des ailes est d'un brun presque noir, et traversé au milieu par une bande blanche; cette bande est divisée en sept taches très-rapprochées sur les ailes inférieures, et en huit sur les supérieures. Le dessous de toutes les ailes est ferrugineux, avec une bande et des taches blanches, comme en dessus, plus, une double rangée postérieure et transverse de points noirs, dont l'empreinte s'aperçoit sur la surface opposée. Ces points sont suivis aux secondes ailes de quelques taches blanches, et les mêmes ailes ont tout le bord abdominal d'un bleu cendré luisant, avec la base tachetée de noir. Le dessus du corps est d'un brun noirâtre, avec le dessous d'un gris cendré. Le dessus des antennes est noir, avec la sommité ferrugineuse; et, au contraire, le dessous est ferrugineux, avec la base noirâtre. La femelle diffère du mâle par le dessus de ses ailes qui est un peu tacheté de roux vers son origine.

Cette Liménite est étrangère à nos départements méridionaux, tandis qu'elle est très-commune dans ceux du Centre et du Nord; elle n'est pas rare en juin dans toutes les forêts des environs de Paris.

## LIMÉNITE SYLVAIN AZURÉ, *LIMENITIS CAMILLA*, Fab., Hubn., Och.

*PAPILIO LUCILLA*, Esp. — *PAPILIO RIVULARIS*, Scop.
LE SYLVAIN AZURÉ, Eng.

Pl. ix, fig. 5.

Cette espèce se distingue de la précédente par le dessus de ses ailes, qui, au lieu d'être d'un brun presque noir, est d'un bleu verdâtre chatoyant, et en ce qu'elle a au bord de derrière une ligne de points d'un bleu pâle. Le dessous est tacheté d'une rangée postérieure de points noirs, cerclés de gris cendré aux secondes ailes. Celles-ci n'ont aucune tache à la base. Il existe des femelles qui offrent des taches d'un rouge cramoisi sur la surface supérieure des quatre ailes.

Cette espèce donne deux fois par an. Les papillons de la première génération volent en mai et en juin, et ceux de la seconde en août. Mais ces époques ne sont pas tellement constantes, qu'elles ne varient suivant les localités ; car dans le département de la Lozère, où ce papillon est commun, Duponchel a remarqué qu'il commençait seulement à voler vers la mi-juin, et qu'il continuait de paraître jusqu'en août.

Cette Liménite se montre quelquefois aux environs de Paris ; elle n'est pas rare dans la forêt de Fontainebleau, et devient d'autant plus commune qu'on se rapproche davantage du Midi.


## GENRE NYPMHALE, *NYMPHALIS*, Boisd.

*LIMENITIS*, Och. — *NYMPHALIS*, Lat., God.

Les antennes sont de la longueur du corps et se forment insensiblement en une massue fusiforme. Les palpes, courts, dépassant à peine le front, sont velus, arqués, convergents par le haut, et ont le dernier article très-petit et se perdant dans les poils du précédent. La tête est plus étroite que le thorax : celui-ci, assez robuste, est presque aussi long que l'abdomen. Les ailes sont très-amples ; les supérieures sont légèrement sinuées, et les inférieures denticulées.

Les chenilles ont la partie supérieure de la tête bifurquée, et le corps chargé de tubercules de diverses formes, hérissés de poils terminés en massue. Les chrysalides, ovoïdes, ont la tête bifide et une bosse arrondie sur le milieu du dos.

### NYMPHALE GRAND SYLVAIN, *NYMPH. POPULI*, Linn., God.

LE SYLVAIN ET LE GRAND SYLVAIN, Eng.

Pl. x. fig. 1.

Le dessus des ailes de cette espèce est d'un brun noirâtre, avec une bande blanche sur le milieu ; une rangée de lunules fauves en avant du bord postérieur ; une double ligne, d'un bleu ardoisé, le long de ce même bord, lequel a les échancrures blanches. La bande des premières ailes est tortueuse, tachetée de cinq points blancs. La bande des secondes ailes a presque la forme d'un S, et elle est toujours plus large dans les femelles que dans les mâles. Le dessous des quatre ailes est d'un fauve jaunâtre, avec le bord terminal des inférieures d'un bleu cendré ; il y a près de la base des unes et des autres une tache du même bleu, et vis-à-vis de leur bord postérieur deux lignes transverses de points obscurs qui correspondent aux lunules de la surface opposée. Le corps est brun en dessus et gris en dessous. Les antennes sont noires avec l'extrémité de la massue fauve.

Cette belle espèce est propre aux contrées septentrionales et tempérées de l'Europe ; elle n'habite que les forêts de haute futaie, un peu humides, et où abondent le tremble et les peupliers blanc et noir. Elle se repose sur les bouses de vaches et les crottins de chevaux dans les grandes routes qui traversent ou qui côtoient les bois. La femelle est beaucoup plus rare, ou du moins plus difficile à découvrir, parce qu'elle se tient presque toujours sur les arbres. Elle est commune en juillet dans les forêts de la France, telles que celles de Mormale, Senlis, Compiègne et Armenvilliers. Son vol est très-rapide et très-élevé.

## GENRE APATURE, *APATURA*, Fab.

NYMPHALIS, Lat.

Les antennes, de la longueur du corps, se forment insensiblement en une massue fusiforme plus renflée que dans les deux genres précédents. Les palpes, plus longs que la tête, sont connivents vers leur extrémité, avec leur dernier article nu et très-aigu ; les deux premiers articles sont plus squammeux que velus. La tête est un peu plus étroite que le thorax : celui-ci, très-robuste, est presque aussi long que l'abdomen. Les ailes supérieures sont sinuées, les inférieures denticulées et dépourvues de queue. Les quatre ailes sont ornées de taches ocellées, avec un reflet violet très-vif dans les mâles.

Les chenilles sont en forme de limace, avec la tête surmontée de deux cornes épineuses, et deux petites pointes conniventes à la partie anale. Les chrysalides sont comprimées latéralement, avec le dos bombé, caréné, et la tête bifide.

## APATURE GRAND MARS, *APATURA IRIS*, Linn., God.

*PAPILIO IOLE*, Hubn.
LE GRAND MARS CHANGEANT ET NON CHANGEANT, Eng.

Pl. xi, fig. 1, 2.

Dans les deux sexes, le dessus de toutes les ailes est d'un brun noirâtre, avec une bande blanche, transverse, sur le milieu, et une bande grisâtre, beaucoup moins large, en avant du bord postérieur, bord dont les échancrures sont lisérées de blanc. La bande du milieu des premières ailes est tortueuse; elle se compose de six taches inégales et rapprochées trois à trois. La bande des premières ailes est oblique; elle se dilate en angle aigu vers le milieu de son côté externe. Il y a, à égale distance de la bande grisâtre du bord terminal, un œil noir, à iris fauve et à prunelle bleuâtre, suivi de deux petites taches fauves, dont l'une placée sur l'angle de la partie postérieure, l'autre sur la dent la plus voisine de cet angle. Le dessous des premières ailes est noirâtre, avec le bord terminal d'un gris pâle. Un grand œil à prunelle bleue et à iris fauve est placé vers l'angle postérieur. Le dessous des secondes ailes est cendré, relevé par une bande blanche, accompagnée d'un œil à sa partie inférieure. Le corps est d'un brun noirâtre en dessus, et d'un gris blanc en dessous. Les antennes sont noires avec l'extrémité de la massue fauve.

Cette jolie Apature paraît en juin et en juillet, et se trouve dans les bois des environs de Paris; elle n'habite jamais que les forêts humides d'une certaine étendue.

Cette espèce est tout à fait étrangère au midi de la France, où les bois sont généralement trop secs pour qu'elle puisse s'y propager.

## APATURE PETIT MARS, *APATURA ILIA*, Fab., Hubn., God.

LE MARS, Geoff.
LE PETIT MARS CHANGEANT ET LES PETIT ET GRAND MARS ORANGÉS, Eng.

Pl. xi, fig. 3.

Les ailes sont dentées, d'un brun noirâtre (à reflet violet dans le mâle), avec deux taches aux supérieures, une bande sinuée aux infé-

rieures, blanches ou orangées; les supérieures ayant de part et d'autre
une tache orangée.

Cette espèce se trouve dans les bois humides, mais plus fréquemment dans les prairies plantées de saules et de peupliers, particulièrement le long des ruisseaux et des rivières. Elle est très-commune aux
environs de Paris, et la véritable époque de son apparition est du
25 juin au 10 juillet. La variété orangée est plus commune certaines
années que celle à bandes blanches, et il est à remarquer qu'on ne
trouve que cette dernière dans le midi de la France, où Duponchel
l'a vue voler en juin et en août, ce qui ferait supposer qu'elle aurait
deux générations.


# GENRE CHARAXES, *CHARAXES*, Och.

PAPHIA, Fab., Duponch. — NYMPHALIS, Lat.

Les antennes, aussi longues que le corps, se forment insensiblement
en une massue fusiforme très-prononcée. Les palpes, aussi longs que
la tête, tendent à se rapprocher par le sommet, mais non connivents,
avec le dernier article nu, court et terminé en pointe obtuse; les
deux autres articles sont plus squammeux que velus. La tête est un
peu plus étroite que le thorax : celui-ci est très-robuste et plus long
que l'abdomen. Les ailes supérieures sont légèrement sinuées; les inférieures, denticulées, sont terminées chacune par deux queues, avant
l'angle anal.

Les chenilles en forme de limace, avec la tête surmontée de quatre
cornes, ont le dernier anneau aplati et terminé en queue de poisson.
La chrysalide est ovoïde, lisse, conique dans sa partie abdominale,
avec la tête presque obtuse et deux tubercules à la partie anale.


## CHARAXES JASIUS, *CHARAXES JASIUS*, Linn., Fab., God.

PAPILIO JASON, Cram., Herbst. — PAPILIO RHEA, Hubn.

Pl. xii, fig. 1, 2.

Le dessus des ailes est d'un brun chatoyant. Le bord terminal des
premières est longé par une bande fauve, finement lisérée de noir à
son côté externe. Les secondes ailes ont leur bord postérieur noir et
garni d'une petite frange blanche. Les deux queues sont noires et la
gouttière du bord interne est d'un gris cendré. Le dessous des quatre

ailes est ferrugineux vers la base, avec des taches d'un brun olivâtre et encadrées de blanc.

Cette jolie espèce paraît deux fois par an, en juin et en septembre. Les individus de la première époque proviennent de chenilles écloses en octobre, lesquelles passent l'hiver et ne se mettent en chrysalide qu'au mois de mai suivant. Ceux de la seconde proviennent de chenilles qui naissent en juillet et subissent toutes leurs métamorphoses dans l'espace de trois mois.

Ce beau papillon est répandu sur toutes les côtes de la Méditerranée, et se trouvent par conséquent à la fois en Europe, en Asie et dans le nord de l'Afrique. Les lieux où il se montre le plus fréquemment en France sont les environs d'Hyères, y compris les îles de ce nom, et ceux de Toulon. On les trouve aussi aux environs de Montpellier, mais très-rarement. Les paysans des rives du Bosphore l'appellent le Pacha à deux queues.

———

## SATYRIDES, *SATYRIDÆ*, Boisd.

Antennes terminées par un bouton court et pyriforme, tantôt par une massue grêle et presque fusiforme. Palpes s'élevant notablement au delà du chaperon, hérissés de poils en avant. Tête petite; yeux tantôt glabres, tantôt pubescents. Thorax peu robuste. Ailes supérieures ayant presque toujours la nervure costale, surtout la médiane et quelquefois (la sous-médiane dilatées et un peu vasculeuses à leur base. Cellule discoïdale des ailes inférieures fermée. Gouttière anale peu prononcée et laissant l'extrémité de l'abdomen à découvert lorsque les ailes sont relevées dans l'état de repos. Vol sautillant et peu soutenu.

Chenilles atténuées postérieurement et dont le dernier anneau se termine en queue bifide. Elles sont tantôt lisses, tantôt rugueuses, tantôt pubescentes. Chrysalides tantôt oblongues et un peu anguleuses, avec la tête en croissant ou bifide, et deux rangées de petits tubercules sur le dos, tantôt courtes ou arrondies, avec la tête obtuse et le dos uni; toutes sans taches métalliques.

# GENRE ARGE, *ARGE*, Esp., Boisd.

*SATYRUS*, Lat. — *HIPPARCHIA*, Fab.

Les antennes presque aussi longues que le corps, sont à tige assez forte, et se forment insensiblement, à partir du milieu de sa longueur, en une massue presque fusiforme. Les palpes sont grêles, écartées, garnies de longs poils roides et peu fournis ; le dernier article très-distinct, pointu et presque nu. Les yeux sont glabres. Les ailes sont arrondies, faiblement dentées. La nervure costale des ailes supérieures est seule faiblement dilatée à sa base, tant en dessus qu'en dessous. Le fond des ailes est blanc, avec des bandes et des taches noires.

Les chenilles sont pubescentes, avec des raies longitudinales, le corps peu allongé et la tête globuleuse. Les chrysalides sont courtes, arrondies, ventrues, non suspendues, reposant à nu sur la terre.

## ARGE LACHÉSIS, *ARGE LACHESIS*, Hubn., Och., God.

*PAPILIO NEMAUSIACA*, Esp.

Pl. xxxiii, fig. 2.

Les ailes sont d'un blanc un peu jaunâtre en dessus, avec l'origine du bord interne et toute l'extrémité de couleur noire. Le noir de l'extrémité forme une bande sinuée à son côté interne et chargée à son côté externe d'une série de taches blanches qui sont triangulaires aux ailes inférieures, arrondies et inégales aux supérieures. Ces dernières ailes ont sur leur milieu une tache noire irrégulière, se liant par un filet à la partie inférieure de la bande terminale. Cette bande offre six points oculaires bleuâtres. Le dessous des premières ailes diffère du dessus en ce que le noir y domine moins et en ce que les taches blanches sont plus grandes. Les secondes ailes sont blanches en dessous, avec une bande noirâtre centrale. Sur la tranche noire du bord terminal s'appuie une ligne en feston noire, précédée de cinq yeux bruns. Le dessus du corps est noirâtre, le dessous est blanchâtre ; les antennes sont noires, annelées de blanc, avec la massue ferrugineuse.

Cette espèce paraît en juin et se trouve dans le Languedoc et le Roussillon.

## ARGE GALATHÉE, *ARGE GALATHEA*, Linn., God.

*PAPILIO GALA XERA*, Esp. — *PAPILIO PROCIDA*, Herbst.
LE DEMI-DEUIL, Geoff.

Pl. xxxiii, fig. 1.

Les ailes sont d'un blanc jaunâtre en dessus, avec des taches et une
bande noire; elles offrent à leur partie antérieure quatre taches
blanches, sur la plus large desquelles il y a un œil noir sans prunelle.
Les secondes ailes n'ont pas d'yeux vers l'extrémité, ou bien elles en
ont tantôt trois, tantôt cinq peu prononcés. Le dessous des ailes supérieures diffère du dessus en ce que les taches sont plus grandes et
triangulaires, en ce que dans la femelle elles sont lavées d'un jaune
sale, couleur qui s'étend sur toute la côte et autour du petit œil, lequel
a ici une prunelle bleuâtre. Le dessous des ailes inférieures est blanc
dans le mâle, avec les nervures noires. Il présente aussi cinq petits
yeux noirs qui ont une prunelle bleuâtre, et un iris jaunâtre qu'entoure un cercle d'atomes noirâtres. Les antennes sont annelées de
blanc et de noir, avec la massue ferrugineuse et en fuseau.

On trouve assez communément le Demi-Deuil, au mois de juin,
dans tous les bois des environs de Paris; quant aux variétés *Galene*,
*Procida* et *Galaxera*, on les rencontre en Italie, en Piémont et dans
certaines localités du midi de la France.

## ARGE CLOTHO, *ARGE CLOTHO*, Hubn., Och., Boisd.

*PAPILIO SUWAROVIUS*, Herbst. — *ARGE RUSSIÆ*, Esp. — L'ÉCLAIR, Eng.

Pl. xxxiii, fig. 5.

Les ailes en dessus sont blanches ou d'un blanc légèrement teinté de
jaune, avec la base noirâtre. La cellule discoïdale des ailes supérieures
est traversée au milieu par une raie noire, dentée sur ses deux côtés
comme un zigzag. Le sommet est marqué d'un œil noir sans prunelle,
précédé d'une raie oblique noirâtre. Les ailes inférieures sont traversées un peu en avant le milieu par une bande noirâtre. L'extrémité
des quatre ailes présente deux lignes noires, dont la postérieure a la
naissance de la frange et l'autre en feston. Ces deux lignes renferment
entre elles des bandes de la couleur du fond, séparées l'une de l'autre
par les nervures qui sont un peu dilatées. Sur les ailes inférieures,
la ligne en feston est précédée d'une rangée de quatre à cinq yeux.
Les ailes sont d'un blanc jaunâtre en dessous, tirant un peu sur le

verdâtre. Celui des supérieures offre le même dessin qu'en dessus ; mais l'œil du sommet a une petite prunelle bleuâtre et un iris jaunâtre plus ou moins marqué. Celui des inférieures est traversé un peu avant le milieu par une bande un peu plus sombre, bordée de chaque côté par une ligne noire irrégulière, coupée par les nervures qui la partagent en douze ou treize parties. Les yeux sont jaunâtres, entourés d'un cercle noirâtre, avec le centre noir pupillé de bleuâtre. L'œil anal est plus petit et double. Le dessus du corps est grisâtre, très-velu ; le dessous est blanchâtre. Les antennes sont d'un roux ferrugineux, avec le côté interne de la massue fauve. La femelle présente les mêmes caractères que le mâle ; mais la base des ailes est ordinairement un peu plus noirâtre.

Cette espèce habite la Russie méridionale, la Hongrie, le Piémont, la Calabre et le sud de la France ; elle vole à la fin de juin et en juillet.

### ARGE PSYCHÉ, *ARGE PSYCHE*, Hubn., God.

*SATYRUS PHERUSA*, Dahl. — *PAPILIO ARGE OCCITANICA*, Esp.
*PAPILIO SYLLIUS*, Herbst., Och. — LE DEMI-DEUIL, Var., Eng.

Pl. xxxiii, fig. 4.

Le dessus des ailes est blanc, avec l'origine du bord interne et les nervures noirâtres ; à leur extrémité est une bande noire sinuée, sur laquelle sont des taches blanches à peu près semblables à celles qu'on voit dans l'espèce précédente, et sept points bleuâtres oculaires dont deux aux premières ailes, cinq aux secondes. Les premières ailes ont sur leur milieu une tache noire oblique, chargée antérieurement de deux taches blanches inégales. Le dessous des ailes supérieures diffère du dessus, en ce que le noir du sommet est remplacé par du ferrugineux. Les ailes inférieures sont blanches en dessous, avec les nervures et trois lignes transverses ferrugineuses. Le dessus du corps est noirâtre ; le dessous est blanchâtre. Les antennes sont entièrement noires.

On trouve cet Arge, en juin, dans le midi de la France et en Espagne. Quant à la variété *Pherusa*, elle a été rencontrée en Sicile.

Ajoutez : les *Arge Cleanthe*, Boisd., des environs de Digne ; *Amphitrite*, Hubn., de la Calabre et de la Sicile, et *Ines*, Hoffmans., de l'Espagne méridionale.

# GENRE ÉRÉBIE, *EREBIA*, Boisd.

*HIPPARCHIA*, Och. — *SATYRUS*, Lat.

Les antennes, de longueur variable, sont terminées par une massue ovale, oblongue, très-distincte de la tige et très-aplatie. Les palpes sont écartées, couvertes de poils serrés; le dernier article est peu distinct. La tête, un peu moins large que le thorax, est intimement unie avec lui. Les yeux sont glabres. Les ailes sont arrondies et plus ou moins velues à leur base; les nervures des ailes supérieures sont sans dilatation sensible à leur origine. Les ailes sont d'un brun noi-râtre, presque toujours traversées, près du bord terminal, par une large bande d'un roux ferrugineux, chargée de gros points noirs pupillés de blanc.

Chenilles et chrysalides peu connues.

## ÉRÉBIE LIGEA, *EREBIA LIGEA*, Linn., Fab., God.

*PAPILIO ALEXIS*, Esp., Schneid., De Geer., De Vill. — LE GRAND NÈGRE HONGROIS, Eng.

Pl. xxxvii, fig. 4.

Les ailes sont d'un brun noirâtre de part et d'autre, et elles ont parallèlement à leur bord postérieur qui est liséré de blanc aux échan-crures, une bande ferrugineuse, sur laquelle il y a des yeux noirs à prunelle blanche. Les yeux des premières ailes sont au nombre de trois ou de quatre, dont les deux antérieurs réunis; le suivant, lors-qu'il existe, est un peu en arrière des autres. Les yeux des secondes ailes sont ordinairement au nombre de trois. En dessous, la bande des ailes inférieures est moins rouge qu'en dessus, et bordée inté-rieurement par une ou plusieurs taches blanches. Le corps est d'un brun noirâtre. Le dessus des antennes est brun; le dessous est blan-châtre, avec la massue noire.

Cette espèce habite les montagnes sous-alpines du sud-est de la France, principalement dans les environs de Grenoble; elle vole en juillet.

## ÉRÉBIE EURYALE, *EREBIA EURYALE*, Esp., Hubn., God.

*PAPILIO PHILOMELA*, Hubn. — *PAPILIO ADYTE*, Hubn.

Pl. xxxvii, fig. 2.

Le dessus des ailes est d'un brun noirâtre chatoyant, avec une bande ferrugineuse. La bande des premières ailes offre ordinairement trois yeux noirs, très-petits, dont les deux antérieurs sont peu distants l'un de l'autre. La bande des secondes ailes, plus étroite que celle des premières, n'a pas d'yeux, ou bien elle en a de un à trois. Le dessous des ailes supérieures diffère du dessus en ce que le milieu est rougeâtre. Le dessous des ailes inférieures est d'un brun noirâtre dans le mâle, d'un brun cendré dans la femelle, avec une bande grise, offrant des petits yeux noirs à iris ferrugineux. La base de ces ailes est du même gris que la bande, principalement dans la femelle, et leur bord postérieur a une teinte rougeâtre. Les échancrures des quatre ailes sont d'un blanc sale de part et d'autre. Le corps est d'un brun noirâtre. Le dessus des antennes est brun; le dessous est blanchâtre, avec la massue noire.

On trouve cette espèce, au mois de juillet, dans les Alpes sous-alpines.

### ÉRÉBIE CASSIOPE, *EREBIA CASSIOPE*, Fab., Hubn., God.

*PAPILIO MELAMPUS*, Esp. — *PAPILIO ALCYONE*, Borkh.
*PAPILIO ÆTHIOPS MINOR*, De Vill. — LE NÈGRE A BANDES FAUVES, Eng.

Pl. xxxiv, fig. 5.

Les ailes sont d'un brun noirâtre chatoyant en dessus, avec une bande ferrugineuse. La bande des premières ailes présente depuis trois jusqu'à cinq points noirs consécutifs. La bande des secondes ailes est composée de deux à cinq taches orbiculaires, et marquées chacune d'un petit point noir. Le dessous des ailes supérieures ne diffère du dessus que parce que le milieu est plus ou moins ferrugineux. Les ailes inférieures du mâle sont d'un brun noirâtre en dessous, et d'un brun cendré dans la femelle; à leur extrémité, ces mêmes ailes offrent une rangée de points noirs, qu'entoure un iris rougeâtre. Le corps est de la même couleur que les ailes. Le dessus des antennes est obscur; le dessous est blanchâtre, avec la massue noire et en cuilleron.

Cette Érébie se trouve dans les Alpes, au mois de juillet.

### ÉRÉBIE PHARTE, *EREBIA PHARTE*, Och., God.

Pl. xxxv, fig. 1.

Les ailes sont d'un brun noirâtre chatoyant, et elles ont de part et d'autre une bande ferrugineuse, parallèle au bord postérieur. La bande des premières ailes est large, coupée par des nervures. La bande des secondes ailes est formée par des taches arrondies. Le dessus du corps est brun; le dessous est roussâtre. Les antennes sont annelées de brun et de blanc.

On trouve cette espèce dans les Alpes tyroliennes et la Russie méridionale; elle vole en juillet et en août.

### ÉRÉBIE MELAMPUS, *EREBIA MELAMPUS*, Esp., God.

*PAPILIO JANTHE*, Hubn. — *PAPILIO ALCYONE*, Borkh. — LE MONTAGNARD, Eng.

Pl. xxxvi, fig. 1.

Les ailes sont d'un brun noirâtre chatoyant, et elles présentent de part et d'autre une bande ferrugineuse, parallèle au bord postérieur. La bande des premières ailes est large, coupée par les nervures, et marquée à l'extrémité d'un groupe de deux points noirs. La bande des secondes ailes est formée par des taches arrondies, offrant trois points noirs également éloignés l'un de l'autre. Le corps et les antennes sont semblables aux espèces précédentes.

Cette Érébie se trouve dans les Alpes helvétiques, au mois de juillet.

### ÉRÉBIE PYRRHA, *EREBIA PYRRHA*, Hubn., Och., God.

LE PETIT NÈGRE HONGROIS, Eng. — *SATYRE MACHABÉE*, God.
*PAPILIO COECILIA*, Var., Hubn., Illig.

Pl. xxxvi, fig. 2.

Les ailes sont d'un brun noirâtre chatoyant, et les supérieures ont de part et d'autre une bande ferrugineuse, sur laquelle sont deux points noirs faisant face au sommet. Le dessus des ailes inférieures présente trois ou quatre bandes ferrugineuses, et en dessous, deux bandes fauves, dont l'antérieure est beaucoup plus courte. Le corps et les antennes sont semblables aux espèces précédentes.

On trouve cette espèce en mai et en juin, dans les montagnes alpines; la variété *Cœcilia* a été rencontrée dans le département des Hautes-Pyrénées.

### ÉRÉBIE ŒME, *EREBIA OEME*, Och., Esp., God., Boisd.

Pl. xxxvi, fig. 3.

Les quatre ailes sont d'un brun noirâtre. Les supérieures ont à leur sommité une petite tache d'un fauve ferrugineux, marquée de deux petits yeux noirs, presque toujours pupillés de blanc. Outre cela, on observe, mais très-rarement, une petite tache fauve près du bord interne. Les ailes inférieures ont ordinairement de trois à quatre petites taches fauves arrondies, marquées chacune d'un petit œil noir, faiblement pupillé de blanc. Le dessous des ailes supérieures diffère du dessus en ce que, au-dessus de la tache fauve qui supporte les yeux du sommet, il y a une éclaircie fauve plus ou moins marquée. Le dessous des inférieures est un peu moins noir que le dessus, avec les yeux un peu plus grands et plus marqués, souvent au nombre de cinq, et ordinairement sans prunelle.

La femelle est tantôt de la taille du mâle, tantôt plus grande, et quelquefois un peu plus petite. Ses quatre ailes sont plus ternes en dessus. La tache fauve du sommet des supérieures est un peu moins ferrugineuse, marquée de deux yeux un peu plus grands, et toujours suivie d'une tache fauve. Les inférieures ont ordinairement quatre ou cinq yeux bien marqués. Le milieu du dessous des supérieures est lavé de ferrugineux, de gris jaunâtre à l'extrémité et le long de la côte, et quelquefois la tache fauve du bord interne est marquée d'un petit œil. Le dessous des ailes inférieures est entièrement d'un brun grisâtre bistré, avec cinq ou six yeux entourés d'un iris jaune, et dont les deux extrêmes sont toujours plus petits. Le corps dans les deux sexes est noirâtre. Le dessus des antennes est noirâtre; le dessous est blanchâtre, avec le côté interne de la massue noirâtre.

On trouve cette espèce, à la fin de juin et dans les premiers jours de juillet, dans plusieurs localités des Alpes de la France, de la Savoie, de la Suisse et du Tyrol.

### ÉRÉBIE CETO, *EREBIA CETO*, Hubn., Och., God.

Pl. xxxv, fig. 2.

Les ailes sont d'un brun noirâtre chatoyant, et elles ont parallèlement à leur bord postérieur, en dessous comme en dessus, une série de six taches rousses ou ferrugineuses, chargées chacune d'un petit œil noir à prunelle blanche. Quelquefois cependant, l'œil de la première et de la sixième taches des ailes supérieures est nul ou à peine distinct. Le corps et les antennes sont semblables aux espèces précédentes.

On trouve cette espèce dans les Alpes helvétiques pendant le mois de juillet.

ÉRÉBIE MÉDUSE, *EREBIA MEDUSA*, Fab., Hubn., God.

*PAPILIO LIGEA*, Esp. — LE MOYEN NÈGRE A BANDES FAUVES ET LE FRANCONIEN, Eng.

Pl. xxxvi, fig. 4.

Les ailes en dessus et en dessous sont d'un brun noirâtre chatoyant, avec une bande postérieure d'un fauve rouge dans le mâle, d'un fauve jaunâtre chez la femelle. Cette bande présente des petits yeux noirs à prunelle blanche; les premières ailes en ont de trois à cinq de part et d'autre, et les secondes, trois ou quatre en dessus, de quatre à sept en dessous. Le corps est d'un brun noirâtre. Le dessus des antennes est obscur; le dessous est blanchâtre, avec la massue noire et en cuilleron.

Cette espèce est commune dans l'est de la France, principalement dans les Vosges; elle fréquente les bois un peu élevés, et vole pendant les mois de mai et de juin.

ÉRÉBIE STYGNÉ, *EREBIA STYGNE*, Och., God.

*PAPILIO PYRENE*, Hubn.

Pl. xxxv, fig. 5.

Les ailes sont d'un brun noirâtre chatoyant en dessus, avec une bande ferrugineuse, se rétrécissant à mesure qu'elle approche de l'angle interne. La bande des premières ailes présente ordinairement trois yeux, dont les deux antérieurs sont réunis. La bande des secondes ailes en a de trois à cinq, également éloignés l'un de l'autre. Ces yeux sont noirs, avec une prunelle blanche. Le dessous des ailes supérieures est à peu près semblable au dessus. Le dessous des ailes inférieures présente le même nombre d'yeux que la surface opposée; ces yeux reposent sur une bande, presque aussi brune que le fond dans le mâle, grisâtre avec le côté interne plus clair dans la femelle. Le corps et les antennes sont semblables aux espèces précédentes.

Cette espèce se trouve, en juillet, dans les montagnes alpines.

ÉRÉBIE EVIAS, *EREBIA EVIAS*, God., Lefebv., Boisd.

*PAPILIO BONELLII*, Hubn.

Pl. xxxviii, fig. 2.

Le dessus des quatre ailes est d'un brun noir, à reflet violâtre. Les supérieures ont, à l'extrémité, une bande d'un fauve ferrugineux, marquée ordinairement de cinq yeux noirs à prunelle blanche. Les ailes inférieures ont aussi vers l'extrémité une bande fauve formée de quatre à six taches carrées et marquées chacune d'un œil noir à prunelle blanche. Le dessous des supérieures est à peu près semblable au dessus. Celui des inférieures est noir, traversé près de l'extrémité par une bande grisâtre plus ou moins pâle. Cette bande est marquée d'une rangée de quatre à six petits yeux noirs, à iris ferrugineux et à prunelle blanche. La femelle est à peu près de la taille du mâle ; le dessus de ses ailes est plus terne, avec la bande et les yeux disposés de la même manière. Le dessous des supérieures est lavé d'un peu de ferrugineux sur le disque. Le dessous des inférieures est finement saupoudré de grisâtre, avec la bande transverse et la base de l'aile d'une couleur plus pâle.

On trouve cette espèce, au mois de juillet, dans les Alpes de la Suisse et les Pyrénées, ainsi que dans les Vosges.


### ÉRÉBIE ÉPISTYGNÉ, *EREBIA EPISTYGNE*, Hubn., Boisd.
*PAPILIO STYGNE*, Hubn.
Pl. xxxviii, fig. 3.

Le dessous des ailes est brun à reflet violâtre. Les supérieures ont ordinairement dans la cellule une éclaircie jaunâtre, et à l'extrémité une bande transverse d'un jaune d'ocre très-pâle. Cette bande est marquée de part et d'autre de cinq à six yeux noirs pupillés de blanc. Les ailes inférieures ont vers l'extrémité une bande d'un fauve un peu obscur, formée de cinq à six taches oblongues, marquées chacune d'un petit œil noir à prunelle blanche. Le dessous des ailes supérieures est ferrugineux, avec les nervures brunes, les bords grisâtres, et la bande du dessus d'un roux fauve terne. Celui des inférieures est d'un brun ondé, avec les nervures blanchâtres, traversé au delà du milieu par une bande grisâtre striée de brun et dentée sur son bord interne. Le dessus de la femelle ne diffère pas sensiblement de celui du mâle, seulement il est un peu plus terne. Le dessous de ses ailes supérieures offre dans la cellule une petite éclaircie jaunâtre, et la bande transverse est plus jaunâtre que dans le mâle. Le dessous de ses ailes inférieures est grisâtre strié de brun, traversé au milieu par une bande brune dentée extérieurement et sinuée intérieurement.

Cette espèce habite les montagnes arides des environs d'Aix ; elle e montre dès la fin de mars ou au commencement d'avril, dure très-

s

peu de jours, et ne reparaît plus le reste de l'année. Son vol est très-lourd, ce qui la rend facile à prendre.


### ÉRÉBIE ALECTON, *EREBIA ALECTO*, Hubn., Och., God.
*PAPILIONES : ATRATUS, GLACIALIS, TISIPHONE*, Esp. — *PAPILIO PLUTO*, Var., Esp.
Pl. xxxv, fig. 4.

Les premières ailes présentent de part et d'autre une bande ferrugineuse, plus ou moins large, offrant dans le mâle un groupe de deux petits yeux noirs à prunelle blanche, et dans la femelle trois ou quatre yeux semblables. Les secondes ailes du mâle sont sans bandes et sans taches, mais leur dessous est plus noir que leur dessus. Le dessus des secondes ailes de la femelle présente une bande ferrugineuse, sans yeux, ou avec trois yeux, et en dessous une apparence de bande plus claire que le fond et dépourvue d'yeux.

Cette espèce vole en juin, dans les Alpes de la Suisse et du Tyrol.

L'Érébie qui a été figurée planche xxxv, figure 4, est sans doute la même qu'Esper a donnée, sous le nom de Pluto, individu mâle, qui n'a aucune tache oculaire, et chez lequel la bande ferrugineuse des ailes supérieures n'est sensible qu'en dessous.


### ÉRÉBIE BLANDINE, *EREBIA BLANDINA*, Fab., God.
*PAPILIO ÆTHIOPS*, Herbst. — *PAPILIO MEDEA*, Hubn.
LE GRAND NÈGRE A BANDES FAUVES, Eng.
Pl. xxxvii. fig. 1.

Les ailes sont d'un brun noirâtre chatoyant. Les supérieures, dont le dessous ressemble au dessus, ont vers leur extrémité une bande transverse d'un rouge fauve, sur laquelle il y a tantôt trois, tantôt quatre yeux, dont les deux antérieurs sont réunis. Ces yeux sont noirs, avec la prunelle d'un blanc bleuâtre. Les ailes inférieures offrent parallèlement en dessus une bande ferrugineuse, courbe, maculaire, avec trois, et quelquefois quatre yeux semblables aux précédents. A ces yeux correspondent en dessous autant de points blancs oculaires, alignés sur une bande d'un cendré plus ou moins luisant, laquelle s'étend du bord antérieur à l'angle anal, et a les côtés sinués. Dans les femelles, il y a contre la base une autre bande cendrée. Le dessus des antennes est brun, le dessous est grisâtre, et leur massue est en fuseau.

Cette espèce habite les forêts élevées. Elle vole pendant les mois de juillet et d'août.

### ÉRÉBIE NÉORIDAS, *EREBIA NEORIDAS*, Boisd.

Pl. xxxvii, fig. 5.

Les quatre ailes sont d'un brun noirâtre luisant en dessus. Les supérieures ont à l'extrémité une bande d'un fauve ferrugineux, plus large en haut qu'en bas. Cette bande est marquée de trois yeux noirs à prunelle blanche. Les ailes inférieures ont vers l'extrémité une rangée de trois ou quatre taches fauves, portant chacune, excepté la plus externe, un œil noir pupillé de blanc. Le dessous des supérieures diffère du dessus en ce que les contours de la bande fauve sont un peu moins purs et moins réguliers, en ce que la couleur du fond est d'un brun plus roussâtre, et en ce que l'extrémité est lavée de gris violâtre. Les inférieures sont d'un brun roux cendré en dessous jusqu'au delà du milieu, et d'un gris violâtre cendré jusqu'à l'extrémité. Ces deux parties présentent çà et là quelques petites stries plus foncées, et sont partagées nettement l'une de l'autre. Les antennes sont noirâtres en dessus, blanches en dessous, avec une partie de la massue brune.

La femelle est tantôt de la taille du mâle, et tantôt un peu plus petite. La bande de ses ailes supérieures est souvent d'un fauve plus pâle. Le disque du dessous des ailes supérieures est d'un roux fauve; celui des inférieures est d'un gris jaunâtre, jusqu'au delà du milieu, et ensuite d'un gris blanchâtre.

Cette espèce, qui vole pendant les mois de juillet et d'août, se trouve aux environs de Grenoble. Elle habite aussi le département de la Lozère, particulièrement les environs de Mende et de Florac.

### ERÉBIE GOANTE, *EREBIA GOANTE*, Esp., Och., God.

*PAPILIO SCOEA*, Hubn.

Pl. xxxviii, fig. 4.

Les ailes sont d'un brun noirâtre chatoyant en dessus, avec une bande ferrugineuse, postérieure, offrant aux inférieures trois yeux également éloignés l'un de l'autre, et aux supérieures trois aussi, mais dont deux réunis en face du sommet, le troisième solitaire et plus petit. Ces yeux sont noirs et pupillés de blanc. Le dessous diffère du dessus en ce que le milieu est d'un ferrugineux foncé, et en ce que le sommet est blanchâtre. Les secondes ailes sont d'un brun grisâtre

en dessous, avec une bande obscure, et les côtés bordés par des
atomes blancs. En outre, on y voit trois yeux à prunelle blanche, et
correspondant à ceux du dessus. Les antennes sont blanchâtres en
dessous, avec la massue en cuilleron.

Se trouve en juillet, dans la Savoie, la Suisse et le Dauphiné.

### ÉRÉBIE GORGÉ, *EREBIA GORGE*, Esp., Hubn , God.

*PAPILIO ERYNNIS*, Var., Esp.

Pl. xxxvi, fig. 5.

Les ailes sont d'un brun noirâtre chatoyant en dessus, avec une
bande ferrugineuse, présentant à sa partie antérieure un double œil
noir à prunelle blanche. Les premières ailes sont ferrugineuses en dessous, avec les bords bruns et un double œil correspondant à celui du
dessus. Les secondes ailes du mâle sont d'un gris noirâtre en dessous,
d'un gris sale dans la femelle, avec trois lignes plus obscures, dont
deux vers le milieu de la surface, la troisième près du bord postérieur. Le corps est d'un brun noirâtre en dessus comme en dessous.
Le dessus des antennes est brun, le dessous est blanchâtre, avec la
massue noire et en fuseau.

Il se trouve dans les Alpes et les Pyrénées, et vole pendant les mois
de juillet et d'août.

### ÉRÉBIE MANTO, *EREBIA MANTO*, Hubn., Och., God.

*PAPILIO ERINA*, Fab. — *PAPILIONES : CASTOR, POLLUX, LAPPONA*, Esp.
LE GRAND NÈGRE BERNOIS ET LE POLLUX, Eng.

Pl. xxxix, fig. 1.

Le dessus est d'un brun noirâtre chatoyant, avec une rangée postérieure de quatre points noirs à chaque aile. Les points des premières
ailes sont placés sur une bande ferrugineuse. Les points des secondes
ailes ont un iris rougeâtre plus ou moins prononcé. Les ailes supérieures sont ferrugineuses en dessous et bordées de grisâtre, avec une
rangée de points noirs. Les ailes inférieures sont d'un gris cendré en
dessous, ordinairement plus claires dans le mâle que dans la femelle,
avec trois lignes brunes. Le corps est d'un gris cendré ; les antennes
sont brunes en dessus, blanchâtres en dessous, avec la massue roussâtre et en fuseau.

Vole en juin et juillet dans les régions élevées des Alpes et des
Pyrénées.

### ÉRÉBIE DROMUS, *EREBIA DROMUS*, Fab., God.

*PAPILIO CLEO*, Hubn. Illig. — *PAPILIO TYNDARUS*, Esp. — *PAPILIO CASSIOIDES*, Esp.

Pl. xxxix, fig. 3.

Les ailes sont d'un brun noirâtre chatoyant en dessus, avec une bande ferrugineuse qui n'atteint ni la côte, ni le bord interne. La bande des premières offre à sa partie antérieure deux yeux noirs pupillés de blanc. La bande des secondes ailes présente trois à quatre yeux semblables, également éloignés l'un de l'autre. Les ailes supérieures sont ferrugineuses en dessous, avec tout le contour d'un gris brun, et deux yeux correspondant à ceux du dessus. Les ailes inférieures sont d'un gris luisant en dessous, avec trois lignes brunes. On aperçoit dans la femelle trois ou quatre petits yeux qui sont la répétition de ceux de la surface opposée. Le dessus du corps est brun; le dessous est gris. Les antennes sont brunes en dessus, blanchâtres en dessous, avec la massue noire et en fuseau.

On trouve cette espèce en juin et en juillet, dans les Alpes. Quant à la variété *Cassioides*, elle habite la Hongrie.

Ajoutez : les *Erebia Embla*, Thunb., *Dioxippe*, Hubn., et *Disa*, Thunb., de la Laponie et de la Dalécarlie; *Arete*, Fab., des Alpes d'Autriche; *Mnestra*, Esp., des Alpes helvétiques; *Psodea*, Ochs., de la Styrie et de la Hongrie; *Afra*, Fabr., de la Russie méridionale; *Melas*, Herbst., de la Hongrie; *Lefebvrei*, Boisd., des Hautes-Pyrénées; *Parmenio*, Bœb., de la Russie et de la Styrie; *Arachne*, Fabr., des Alpes et des Pyrénées; et *Gorgone*, Boisd., des Pyrénées.


### GENRE CHIONOBAS, *CHIONOBAS*, Boisd.

*SATYRUS*, Lat. — *HYPPARCHIA*, Fab. — *EREBIA*, Dalm.

Les antennes sont plus courtes que le corps, à tige grêle et à massue longue et épaisse. Les palpes sont assez rapprochés et à dernier article court et velu. La tête est petite. Les yeux sont glabres. Les ailes sont arrondies; les supérieures sont en triangle allongé, avec la nervure costale longuement, mais faiblement dilatée; la médiane un peu plus épaisse que les autres. La frange est entrecoupée de gris et de brun.

Chenilles et chrysalides inconnues.

## CHIONOBAS AELLO, *CHIONOBAS AELLO*, Esp., Och., God., Boisd.

Pl. xxx, fig. 2.

Les ailes sont d'un gris brun jaunâtre livide jusqu'au delà du milieu, et ensuite d'un jaune fauve pâle, avec une bordure brunâtre, crénelée, surtout sur les ailes inférieures. Les ailes supérieures ont sur la nervure médiane une ombre brunâtre formant une empreinte oblique. Sur la partie jaune elles ont deux yeux, dont un au sommet beaucoup plus grand et souvent un peu pupillé, et un autre plus petit près du bord interne, quelquefois presque entièrement effacé. Les ailes inférieures sont d'une teinte plus pâle. Elles ont près de l'angle anal un œil noir à prunelle blanche, ordinairement précédé sur son côté externe d'un petit œil semblable, et quelquefois deux ou trois petits yeux dont la grandeur va toujours en diminuant en s'éloignant de l'œil anal. Les ailes supérieures sont jaunes en dessous, avec la côte et l'extrémité apicale d'une couleur cendrée, piquée de noirâtre, et les yeux comme en dessus. Les ailes inférieures sont brunâtres en dessous, avec les nervures blanches. L'œil anal est très-petit, quelquefois réduit à un petit point blanc bordé de noir, ou même tout à fait nul. Le corps est brunâtre; les antennes sont annelées de brun et de blanchâtre, avec la massue testacée. La frange des quatre ailes est d'un blanc sale, entrecoupée de noir.

La femelle diffère du mâle en ce que la nervure médiane est sans ombre, avec la base des ailes plus jaunâtre et l'extrémité des supérieures plus arrondie. Ces dernières ailes ont les deux yeux beaucoup plus grands, avec deux gros points intermédiaires. Les ailes inférieures offrent ordinairement près de l'angle anal deux yeux assez marqués, tantôt seuls, et tantôt précédés sur leur côté externe de deux autres plus petits; le dessous diffère peu de celui du mâle.

On trouve cette espèce dans les montagnes des Alpes, de la Suisse, du Tyrol et de la Savoie. Elle est assez commune, au mois de juillet, sur le sommet de Montenver, dans la localité appelée mer de Glace.

Ajoutez : les *Chionobas Norna*, Esp., de la Laponie et de la Suède; *Tarpeia*, Fabr., des bords du Volga; *Balder*, Boisd., *Bootes*, Boisd., des régions polaires; *Bore*, Hubn., de la Laponie, et *Also*, Boisd., du nord de la Sibérie.

## GENRE SATYRE, *SATYRUS*, Boisd.

*HYPPARCHIA*, Fab.

Les antennes sont moins longues que le corps, à massue de diverses formes. Les palpes sont hérissés de poils assez roides, serrés à leur base ; le dernier article est très-court, conique et plus ou moins aigu. Les ailes sont arrondies ; les ailes inférieures sont presque toujours dentées.

ÉRICICOLES, Duponch.

Nervure costale très-renflée à son origine ; la médiane seulement un peu dilatée, l'inférieure sans dilatation sensible. Antennes grêles, à massue pyriforme. Yeux glabres.

Les espèces de ce groupe sont peu nombreuses et n'habitent que les contrées où croissent de hautes bruyères.

### SATYRE ACTÉON, *SATYRUS ACTÆA*, Esp., Och., God.

*PAPILIO PODARCE*, Och. — L'ACTÉON, Eng.

Pl. xxv, fig. 1.

Les deux sexes sont d'un brun noirâtre chatoyant en dessus jetant un léger reflet violet. Dans la femelle, l'extrémité des premières ailes présente de part et d'autre deux yeux à prunelle blanche, et séparés par deux points de cette dernière couleur. Dans le mâle, il n'y a qu'un seul œil, et les deux points blancs qui l'accompagnent ne sont ordinairement visibles qu'en dessous. Les secondes ailes sont sans taches en dessus. Le dessous est piqueté de gris et traversé au delà du milieu par deux bandes blanches, dont l'antérieure est plus large et plus claire : ces bandes sont courbes en arrière, et dentées en dedans. Les antennes ont la massue en fuseau, et l'extrémité est terminée par un point jaunâtre.

Cette espèce paraît en juin et juillet ; elle est commune dans le centre et le midi de la France. La variété *Podarce* se trouve en Espagne et en Portugal.

### SATYRE CORDULA, *SATYRUS CORDULA*, Fab., Och., God.

*PAPILIO PEAS*, Hubn. — *PAPILIO BRYGE*, Och. — *PAPILIO HIPPODICE*, Hubn.

Pl. xxix, fig. 5.

Les deux sexes sont d'un brun noirâtre chatoyant en dessus, avec une bande roussâtre, postérieure, offrant aux premières ailes deux grands yeux noirs à prunelle blanche, plus deux points blancs intermédiaires ; et, vers l'angle anal des secondes, un œil beaucoup **plus** petit. Les premières ailes sont fauves en dessous dans le mâle, jaunâtres dans la femelle, avec les bords d'un gris mélangé, puis deux yeux et deux points correspondant à ceux de la surface opposée. Les secondes sont d'un cendré piqué de brun en dessous, avec deux bandes blanchâtres transverses et sinuées, dont la postérieure terminale est séparée de l'antérieure par deux points noirâtres peu distants de l'angle anal. Le corps est brunâtre ; les antennes sont brunes **en** dessus, plus claires en dessous.

Se trouve dans les régions sous-alpines, pendant les mois de juin et de juillet.

## SATYRE PHÆDRA, *SATYRUS PHÆDRA*, Linn., God.
### LE GRAND NÈGRE DES BOIS, Eng.
Pl. xxix, fig. 1.

Les ailes sont d'un brun plus ou moins noirâtre en dessus, suivant le sexe. Les premières ailes, dont le dessus ressemble au dessous, ont entre le milieu et le bord terminal deux yeux d'un noir foncé, avec une prunelle bleue et un iris très-pâle ou presque nul. Le dessus des secondes ailes est sans taches dans les femelles ; mais il offre souvent dans les mâles un point oculaire vers l'angle anal. Le dessous varie beaucoup : tantôt il est absolument comme le dessus ; tantôt il est traversé au milieu par une bande blanchâtre ; quelquefois la moitié postérieure est plus claire que l'antérieure. Dans certains individus le tout est de la même nuance de brun, avec des atomes plus foncés.

Ce Satyre se trouve dans les parties marécageuses des grandes forêts, et se repose volontiers sur les bruyères. Il vole depuis les premiers jours de juillet jusque vers le 15 août.

### RUPICOLES, Duponch.

Nervures costales et médianes comme dans le genre précédent. Antennes à tiges grêles, à massue en bouton, plus ou moins courte. Yeux glabres.

Chenilles glabres, à tête sphérique, à corps très-gros et rayé longitudinalement, se creusant une petite cavité dans la terre pour se transformer. Chrysalides courtes et ventrues, arrondies antérieurement et coniques postérieurement, reposant sur le sol sans être attachées.

Les espèces de ce groupe fréquentent de préférence les rochers et les collines arides.

## SATYRE FIDIA, *SATYRUS FIDIA*, Linn., God.

Pl. xxix, fig. 2.

Les ailes sont d'un brun noirâtre chatoyant en dessus, avec deux yeux noirs à prunelle blanche vers l'extrémité des supérieures, et une rangée courbe de cinq petits points blanchâtres vers l'extrémité des inférieures. Les yeux des premières ailes sont séparés par deux taches blanches orbiculaires. Le dessous des premières ailes a beaucoup de ressemblance avec le dessus, mais il en diffère par les yeux qui ont un iris jaunâtre, et parce qu'ils sont précédés intérieurement d'une bande blanche. On aperçoit, outre cela, trois lignes noirâtres, dont les deux antérieures ne descendent pas jusqu'au milieu de la surface, la troisième longeant le côté interne de la bande blanche que nous venons de citer. Les secondes ailes présentent du noir et du brun en dessous, et elles offrent trois lignes noires transverses. La frange de ces ailes est entièrement blanche, tandis que celle de devant est entrecoupée de brun. Le dessus du corps et des antennes est d'un brun obscur ; le dessous est blanchâtre.

Ce Satyre se trouve au mois de juillet ; il est très-commun dans le midi de la France et en Espagne.

## SATYRE ARACHNÉ, *SATYRUS FAUNA*, God.

*PAPILIO STATILINUS*, Och. — *PAPILIO ALLIONIA*, Och. — LE FAUNE, L'ARACHNÉ, Eng.

Pl. xxxviii, fig. 1.

Le mâle est d'un brun noirâtre en dessus ; la femelle est d'un brun plus clair en dessus, avec un léger reflet verdâtre. Les ailes ont à leur partie antérieure deux gros points noirs, séparés l'un de l'autre par un groupe de deux points blancs ; le bord terminal des secondes ailes est longé par une raie de quatre à cinq petits points blanchâtres, dont le postérieur oculaire est cerclé de noir. Le dessous des premières ailes est semblable au dessus ; mais les deux points noirs ont un iris jaune qu'on aperçoit du côté opposé dans la femelle ; l'antérieur d'entre eux a une prunelle très-blanche, et il est cerné par deux taches d'un gris blanc. Les secondes ailes sont cendrées en dessous, avec deux lignes noirâtres, transverses, et une bande blanchâtre également transverse. Cette bande, que suit un petit œil noir, est plus prononcée dans les individus du midi de l'Europe que dans ceux du nord. Les antennes sont blanchâtres en dessus, avec la massue en fuseau.

Ce Satyre est très-commun au mois d'août, dans les environs de Paris ; quant à la variété *Allionia*, elle habite le Piémont.


## SATYRE SYLVANDRE, *SATYRUS HERMIONE*, Linn.

*PAPILIO ALCYONE*, Hubn. — LE SYLVANDRE ET LE PETIT SYLVANDRE, Eng.
LE SILÈNE, Geoff.

Pl. xxxviii, fig. 3.

Les ailes sont d'un brun noirâtre chatoyant en dessus, avec une bande postérieure d'un blanc sale. Cette bande offre ordinairement trois yeux noirâtres à prunelle blanche. Le dessous diffère du dessus en ce que la bande des secondes ailes est parsemée d'atomes bruns, et en ce qu'elle est précédée antérieurement de deux raies noires, s'alignant avec deux raies semblables placées vers le côté des premières ailes. Les antennes sont grisâtres, avec la massue noire et en cuilleron.

On trouve cette espèce aux environs de Paris dans les mois de juillet et d'août ; quant à la variété *Alcyone*, elle se plaît dans les endroits les plus arides et les plus rocailleux du centre et du midi de la France. Elle est très-commune aux environs de Marseille. Elle habite aussi l'Italie, particulièrement les environs du lac Albano, vers la fin de juin.


## SATYRE SILÈNE, *SATYRUS CIRCE*, Fab., God.

*PAPILIO PROSERPINA*, Hubn., Och. — LE SILÈNE, Eng.

Pl. xxviii, fig. 1.

Les ailes sont d'un brun noir en dessus, avec une bande blanche, située vers le bord postérieur. Le dessous des ailes supérieures diffère du dessus en ce que l'œil de la bande a une prunelle d'un blanc bleuâtre, et en ce qu'il y a près du milieu du bord d'en haut deux taches blanches. Les ailes inférieures sont d'un brun obscur en dessous, piquées de gris, avec deux bandes blanches transverses. Le corps est grisâtre ; les antennes sont brunes, annelées de gris, avec l'extrémité de la massue fauve.

Cette espèce se montre abondamment dans le midi de la France, depuis le milieu de juin jusqu'à la fin de juillet. Elle fréquente de préférence les collines pierreuses, et se repose volontiers contre les rochers.

## SATYRE HERMITE, *SATYRUS BRISEIS*, Linn., God.

*PAPILIO PIRATA*, Hubn. — L'ERMITE, Eng.

Pl. xxviii, fig. 2.

Les ailes sont d'un brun noirâtre à reflet verdâtre, avec une bande transverse d'un blanc sale. La bande des secondes ailes est dilatée dans son milieu ; celle des premières est partagée en six ou sept taches oblongues, dont l'antérieure et la quatrième chargées chacune d'un œil noir à prunelle d'un blanc bleuâtre. L'extrémité antérieure des premières ailes est blanchâtre. Ces mêmes ailes ont leur dessous un peu moins foncé que le dessus. Le dessous des ailes inférieures est cendré à la base, avec deux taches noirâtres dans le mâle, sans taches dans la femelle. Le corps est de la couleur des ailes. Les antennes sont grisâtres, et la massue est terminée en cuilleron.

Cette espèce se trouve aux environs de Paris, dans les mois de juillet et d'août, et fréquente particulièrement les collines arides ; quant à la variété *Pirata*, elle habite le midi de la France.

## SATYRE AGRESTE, *SATYRUS SEMELE*, Linn., God.

*PAPILIO ARISTEUS*, Bonelli. — L'AGRESTE, Eng.

Pl. xxx, fig. 3.

Les ailes sont d'un brun obscur en dessus, avec une bande anguleuse et interrompue d'un jaune plus ou moins fauve. La bande des premières ailes offre, à une certaine distance l'une de l'autre, deux yeux noirs à prunelle blanche. La bande des secondes ailes est terminée inférieurement par un œil semblable. Le dessous des ailes supérieures se distingue du dessus en ce que le milieu est fauve, et en ce que la bande jaune est plus pâle. Les ailes inférieures sont cendrées en dessous, avec une bande anguleuse, blanchâtre ; cette bande est moins prononcée dans les femelles que dans les mâles ; elle se termine aussi par un petit œil. Le corps est gris. Le dessus des antennes est brun ; le dessous est gris, avec la massue en cuilleron.

Ce Satyre vole pendant les mois de juin et de juillet, et se voit encore en août dans les contrées élevées. Il est très-commun dans les parties arides des bois des environs de Paris, et paraît répandu dans presque toute l'Europe.

## SATYRE ARÉTHUSE, *SATYRUS ARETHUSA*, Fab., God.

*PAPILIO ERYTHIA*, Hubn. — SATYRE PETIT AGRESTE, Eng.

Pl. xxxiv, fig. 1.

Les ailes sont d'un brun obscur en dessus, avec une bande fauve, postérieure et maculaire, présentant vis-à-vis du sommet des premières, et près de l'angle anal des secondes, un œil noir sans prunelle. Les supérieures en dessus sont d'un gris plus ou moins vif, avec le pourtour d'un gris obscur, et un œil correspondant à celui du dessus, mais ayant ici une prunelle blanche. Les ailes inférieures en dessous sont d'un gris cendré, avec une bande blanche, transverse, précédée antérieurement d'un petit œil à prunelle blanche. Le corps est brun en dessus, gris en dessous. Les antennes sont brunâtres, avec la massue grêle et presque en fuseau.

Il y a des femelles qui ont quelquefois deux yeux sur l'une et l'autre surface des premières ailes. Il y a au contraire des mâles ou l'œil des secondes ailes manque de part et d'autre.

Ce Satyre habite les forêts élevées; il se trouve pendant le mois d'août dans l'Europe centrale et méridionale.

### HERBICOLES, Duponch.

Nervures costale et médiane dilatées à leur origine; l'inférieure sans dilatation sensible. Antennes à massue allongée, grossissant insensiblement, et confondue avec la tige. Yeux glabres.

Chenilles pubescentes, grises ou vertes, avec des raies longitudinales, et la tête globuleuse, se suspendant par la queue pour se transformer. Chrysalides peu allongées, à angles arrondis, avec la tête bifide.

Les espèces qui représentent ce groupe n'ont qu'une tache oculaire sur leurs premières ailes, ordinairement bi-pupillées. Elles sont très-communes dans les bois et les terrains incultes où croissent de hautes herbes.

## SATYRE EUDORE, *SATYRUS EUDORA*, Fab., God.

*PAPILIO JANIRULA*, Esp. — LE MISIS, Eng.

Pl. xxxii, fig. 2.

Les deux sexes sont d'un brun clair et un peu chatoyant en dessus, avec un point noir vis-à-vis du sommet des ailes supérieures du mâle, et deux points semblables alignés sur une bande fauve à l'extrémité des ailes supérieures de la femelle. Les premières ailes sont fauves en dessous, avec le pourtour brun et deux yeux noirs à prunelle blanche dans la femelle, un seul œil dans le mâle. Les secondes ailes sont brunâtres en dessous, avec une bande pâle dépourvue de taches. Le corps est brun. Le dessus des antennes est obscur ; le dessous est annelé de blanc, avec la massue grêle et roussâtre.

Se trouve en France et dans l'Allemagne méridionale pendant les mois de juin et de juillet.

### SATYRE MYRTILE, *SATYRUS JANIRA*, Linn., God.

*PAPILIO JURTINA*, Linn. — *PAPILIO HISPULLA*, Esp. — CORYDON et MYRTILE, Geoff.
LE MYRTILE, Eng.

Pl. xxxii, fig. 1.

Les ailes sont d'un brun noirâtre chatoyant en dessus. Les premières ont à leur partie antérieure un œil noir à prunelle blanche. Cet œil est petit et entouré d'un cercle roussâtre dans le mâle ; il est grand et placé sur une large bande fauve dans la femelle. Les secondes ailes sont sans taches dans le mâle ; elles offrent ordinairement chez la femelle un point fauve sur leur milieu. Les ailes supérieures sont fauves en dessous, avec les bords d'un gris jaunâtre et un œil comme du côté opposé. Ces ailes sont d'un gris jaunâtre en dessous et traversées dans leur milieu par une bande plus claire, large, sinuée antérieurement, sans taches ou avec un point ocellé dans la femelle, offrant deux points semblables dans le mâle. Le dessus des antennes est noirâtre ; le dessous est grisâtre, avec la massue grêle et en fuseau.

On trouve très-communément cette espèce pendant les mois de juin et de juillet, dans les bois et dans les prairies. Les individus qu'on trouve dans la France méridionale sont ordinairement plus grands et plus fortement colorés que ceux du nord ; on en fait une variété à laquelle on a donné le nom d'*Hispulla*.

### SATYRE AMARYLLIS, *SATYRUS TITHONIUS*, Linn., God.

*PAPILIO HERSE*, Hubn. — *PAPILIO PILOSELLÆ*, Fab. — *PAPILIO PHÆDRA*, Esp.
AMRYLLIS, Geoff.

Pl. xxxiv, fig. 2.

Les ailes sont fauves en dessus, avec le pourtour et la base d'un brun obscur. Le dessus des premières ailes ne diffère du dessous qu'en ce qu'il est traversé au milieu, dans les mâles, par une bande brune ayant de part et d'autre, vis-à-vis du sommet un œil noir à double prunelle blanche. Les secondes ailes sont sans taches en dessus dans les mâles. Dans les femelles, ce dessus offre à l'extrémité inférieure de la partie fauve deux yeux très-petits, surtout l'antérieur, et à prunelle simple. Ces mêmes ailes sont d'un gris jaunâtre en dessous, avec deux bandes transverses plus claires, dont l'antérieure très-courte, appuyée sur le milieu de la côte, et précédée de deux points blancs ocellés ; la postérieure en zigzag, atteignant les deux bords, et précédée aussi extérieurement, mais vers l'angle anal, de trois points blancs ocellés. Les antennes sont annelées de brun et de gris; leur massue est en fuseau et ferrugineuse en dessous.

On trouve très-communément cette espèce pendant les mois de juillet et d'août dans tous les environs de Paris ; on la voit voler en quantité dans les bois où croît la bruyère commune, sur laquelle elle aime à se reposer.

### SATYRE IDA, *SATYRUS IDA*, Esp., God.

*PAPILIO ACTÆA*, Lang. — L'AMARYLLIS, Var., Eng.

Pl. xxxiv, fig. 3.

Les deux sexes sont fauves en dessous, avec la base et tout le pourtour des ailes d'un brun noirâtre. Les ailes supérieures ont à leur extrémité un œil noir à double prunelle blanche. Les ailes inférieures du mâle sont sans taches, mais elles offrent souvent dans la femelle deux petits points blancs, oculaires, situés vers l'angle anal. Les premières ailes ont le dessous semblable au dessus, à l'exception que les bords sont moins bruns et l'extrémité un peu blanchâtre. Les secondes ailes sont d'un gris obscur en dessous, avec deux bandes blanchâtres, transversales. Le dessus du corps est brun, le dessous est gris. Les antennes sont annelées de blanc et de brun; elles ont la massue grêle et l'extrémité fauve.

On trouve communément ce Satyre en juillet et en août, dans les départements les plus méridionaux de la France.

### SATYRE BATHSEBA, *SATYRUS BATHSEBA*, God.

*PAPILIO BATHSEBA* et *SALOME*, Fab. — *PAPILIO PASIPHAE*, Hubn., Esp., Och.

LE TITIRE, Eng.

Pl. xxxiv, fig. 4.

Toutes les ailes sont fauves en dessus, avec la base et le pourtour d'un brun noirâtre. Les ailes supérieures ont à leur extrémité un œil à double prunelle blanche, et, sur le milieu, une bande brune qui est large dans le mâle, linéaire et moins foncée dans la femelle. Les inférieures offrent à leur bord de derrière une suite de trois ou quatre yeux noirs à simple prunelle blanche. Le dessous des premières ailes diffère du dessus en ce que la base est beaucoup plus claire et le bord postérieur entièrement longé par une ligne grise. Les secondes ailes sont d'un brun noirâtre clair en dessous et traversées au delà du milieu par une bande d'un jaune paille, suivie d'une rangée de cinq yeux, dont les deux extrêmes plus petits. Le dessus du corps est brun, avec des poils roussâtres sur le thorax et à la base de l'abdomen.

Ce Satyre est très-commun dans le midi de la France; on le trouve dans les mois de juillet et d'août; on le rencontre aussi en Espagne.

## VICICOLES, Duponch.

Nervures costale et médiane plus ou moins renflées à leur origine; l'inférieure sans dilatation sensible. Antennes visiblement annelées de blanc, et terminées par un bouton pyriforme plus ou moins long et aplati. Yeux pubescents.

Chenilles pubescentes, généralement vertes, avec les raies longitudinales plus claires et plus foncées, et la tête globuleuse; se suspendant par la queue pour se transformer. Chrysalides allongées, à angles arrondis et à tête globuleuse, avec deux rangées de tubercules sur le dos.

Les espèces de ce groupe se trouvent principalement le long des murs des habitations.

## SATYRE ARIANE, *SATYRUS MÆRA*, Linn., God.

*PAPILIO ADRASTUS*, Och. — LE SATYRE, Geoff. — LE NEMUSIEN et L'ARIANE, Eng.

Pl. xxxi, fig. 1.

Les ailes sont d'un brun obscur en dessus. Les premières ailes ont vers leur extrémité une bande fauve, chargée à sa partie supérieure de deux yeux noirs, dont l'extérieur très-petit, l'autre assez gros et pourvu d'une double prunelle blanche. Les secondes ailes ont une bande fauve, sur laquelle on aperçoit trois à quatre yeux. Le dessous des ailes inférieures ne diffère du dessus qu'en ce qu'il est généralement plus pâle. Le dessus des inférieures est d'un gris clair, avec deux lignes brunes, à la suite desquelles vient une rangée courbe de six yeux noirs, dont l'antérieur, le quatrième et le cinquième plus gros. Ces yeux ont tous une prunelle blanche, et deux iris jaunâtres qu'entoure un cercle noirâtre. Il y a en outre une ligne ondulée de cette dernière couleur le long du bord terminal des quatre ailes. Les antennes sont annelées de blanc et de noirâtre, et leur massue est en cuilleron.

Cette espèce est très-commune aux environs de Paris ; on la trouve dans les mois de mai et de juillet. On la rencontre aussi dans presque toute l'Europe, et affectionne les endroits secs et arides.

La variété *Adrastus* ne se trouve que sur les montagnes en Allemagne, en Suisse, dans le Piémont et dans quelques parties de la France.

## SATYRE MÉGÈRE, *SATYRUS MEGÆRA*, Linn., God.

LE SATYRE, Eng.

Pl. xxxi, fig. 3.

Les ailes sont d'un fauve mélangé de brun en dessus, avec un œil noir à une ou deux prunelles blanches près de l'angle des supérieures, les postérieures ont la base plus ou moins obscure, suivant le sexe, et leur extrémité offre une rangée courbe de trois à cinq yeux noirs, dont la prunelle est d'un blanc bleuâtre. Le dessous des ailes supérieures diffère du dessus en ce qu'il est plus pâle. Le dessous des inférieures est cendré, avec deux lignes brunes, entre lesquelles est une rangée courbe de six yeux noirs, entourés chacun d'un cercle obscur.

Très-commun aux environs de Paris, dans les mois de mai et de juillet ; il se trouve aussi dans presque toute l'Europe et fréquente particulièrement les endroits herbus.

## SATYRE TIRCIS, *SATYRUS ÆGERIA*, Linn., God.

*PAPILIO MEONE*, Hubn. — LE SATYRE, Eng.

Pl. xxxii, fig. 4.

Les ailes sont d'un brun obscur en dessus, avec des taches d'un jaune d'ocre. Les supérieures en ont une douzaine, sans compter un œil noir à prunelle blanche, placé à vis-à-vis du sommet. Les ailes inférieures en ont deux, avec une bande pareillement jaunâtre, offrant quatre yeux noirs, dont l'antérieur est sans prunelle, les autres avec une prunelle blanche. Le dessous des premières ailes diffère du dessus par le fond et les taches qui en sont plus pâles. Les secondes ailes sont d'un gris verdâtre en dessous, avec deux lignes brunes, à la suite desquelles sont deux taches jaunâtres, puis une rangée de cinq à six points jaunâtres entourés de brun.

Le Tircis se plaît dans les allées les plus sombres des bois et des parcs, où l'on n'en rencontre jamais qu'un ou deux à la fois. La variété *Meone*, qu'on trouve dans le midi de la France, a le dessus des quatre ailes entièrement lavé de jaune.


RAMICOLES, Duponch.

Nervure costale plus dilatée que la médiane; l'inférieure sans aucune dilatation. Antennes annelées de blanc, à massue allongée. Yeux pubescents.

Chenilles pubescentes, grises ou vertes, avec les raies longitudinales plus claires et plus foncées; ayant le corps assez ramassé, avec la tête globuleuse. Elles se transforment à la surface de la terre sans se suspendre.

Chrysalides courtes, ventrues, arrondies antérieurement et coniques postérieurement.

On ne rencontre les espèces de ce groupe que dans les parties ombragées de bois, où elles voltigent de branche en branche.


## SATYRE BACCHANTE, *SATYRUS DEJANIRA*, Linn., God.

LA BACCHANTE, Geoff.

Pl. xxxi, fig. 1.

Les ailes sont d'un brun obscur en dessus, avec une rangée courbe et transverse de cinq yeux noirs à iris jaunâtre vers le bout des premières ailes, et trois à quatre yeux semblables vers le bout des secondes. En dessous, ces yeux ont une prunelle jaunâtre. Les cinq yeux des premières ailes sont précédés d'une bande jaunâtre, transverse et flexueuse, dont l'empreinte paraît plus ou moins sur la surface opposée. Ceux des secondes ailes sont placés sur une bande blanche, large, également flexueuse; ils sont au nombre de six. Le dessus des antennes est noirâtre; le dessous est ferrugineux; leur massue est grise et en fuseau.

Ce Satyre paraît en juin et fréquente les allées ombragées des forêts. Son vol est sautillant, ce qui le rend difficile à prendre. Il est commun dans les environs de Paris, particulièrement dans les forêts de Saint-Germain en Laye et de Bondy.

### SATYRE TRISTAN, *SATYRUS HYPERANTHUS*, Linn., God.

*PAPILIO POLYMEDA*, Hubn. — LE TRISTAN, Geoff.

Pl. xxxii, fig. 3.

Les ailes sont entièrement brunes en dessus. Le dessous est plus clair, avec des yeux noirs à prunelle blanche et à iris jaunâtre. Les secondes ailes en présentent constamment cinq, dont deux groupés transversalement près du bord d'en haut, les trois autres alignés de la même manière vers l'angle anal. Les premières ailes en ont quelquefois deux, quelquefois trois, dont le dernier est toujours plus petit.

Ce Satyre vole pendant les mois de juin et juillet ; il est très-commun dans presque tous les bois de l'Europe.

#### DUMICOLES, Duponch.

Les trois nervures très-fortement renflées, et d'une manière égale à leur origine. Antennes annelées de gris et de brun, à massue allongée et pyriforme. Yeux glabres.

Chenilles assez courtes, lisses, rayées longitudinalement, avec la tête petite et globuleuse, s'attachant par la queue pour se transformer. Chrysalides courtes, arrondies, sans tubercules, avec la tête légèrement bifide.

La plupart des espèces qui représentent ce groupe ne se trouvent que dans les bois taillis, où elles voltigent sur les buissons.

### SATYRE ŒDIPE, *SATYRUS OEDIPUS*, Fab., God.

*PAPILIO MIRIS*, Fab. — *PAPILIO PYLARGE*, Hubn. — *PAPILIO GETICUS*, Esp. *PAPILIO IPHIGENUS*, Herbst.

Pl. xxxx, fig. 2.

Les deux sexes sont d'un brun noirâtre en dessus, sans taches dans les mâles, avec trois yeux à prunelle blanche aux ailes inférieures de la plupart des femelles. Le dessous est d'un jaune fauve un peu obscur chez le mâle, avec des yeux noirs à prunelle blanche et à iris d'un jaune paille. Les premières ailes en ont tantôt cinq, tantôt trois, et quelquefois elles n'en ont qu'un seul et même point du tout. Les yeux des secondes ailes sont ordinairement au nombre de six. L'extrémité des quatre ailes offre au bord postérieur une ligne argentée. Il y a des femelles dont les yeux des ailes inférieures ont un trait blanc ou une bande transverse d'un blanc luisant. Le dessus du corps est brun avec le dessous jaunâtre. Les antennes sont annelées de blanc et de noir, avec le dessous de la massue ferrugineux.

Ce Satyre se trouve dans la Hongrie, le Piémont, le Dauphiné, etc.; il donne au mois de juin.

### SATYRE MŒLIBÉE. *SATYRUS HERO*, Linn., God.

*PAPILIO SABOEUS*, Fab. — LE MŒLIBÉE, Eng.

Pl. xxxx, fig. 1.

Les ailes en dessus sont d'un brun noirâtre. Les supérieures n'ont pas de taches dans le mâle; mais chez la femelle elles ont un œil noir à iris fauve et sans prunelle. Les ailes inférieures ont vers le bout une rangée de quatre yeux semblables, ordinairement très-petits, et manquant même dans beaucoup de mâles. Elles ont en outre un arc fauve à l'extrémité du bord interne. Les quatre ailes en dessous sont moins foncées qu'en dessus. Les inférieures ont un cordon de six yeux, dont le quatrième et cinquième sont les plus grands. Ces yeux à fond noir, avec la prunelle d'un blanc vif et l'iris d'un jaune rougeâtre, sont précédés en dessous par une ligne argentée, courbe en arrière et s'appuyant sur une ligne fauve; et en dedans par une bande blanche, étroite, irrégulièrement dentée sur les côtés. Les supérieures en dessous présentent vis-à-vis du sommet un petit œil plus ou moins distinct, placé sur une bande blanchâtre, interrompue et séparée du bord terminal par une ligne argentée, moins brillante que celle des secondes ailes.

Cette espèce vole en mai et en juin. On la rencontre dans les environs de Paris, particulièrement dans les forêts d'Armainvilliers, de Senlis, etc., etc.; elle se trouve aussi en Allemagne.

### SATYRE IPHIS, *SATYRUS IPHIS*, Hubn., Och., God.

*PAPILIO HERO*, Fab. — *PAPILIO TIPHON*, — Esp. — *PAPILIO GLYCERION*, Borkh.
*PAPILIO AMYNTAS*, Poda., Mus., Græc. — *MANIOLA MANTO*, Schrank,

Pl. xxxix, fig. 4.

Les premières ailes sont d'un fauve brun en dessus chez le mâle, et d'un fauve jaunâtre chez la femelle, avec l'extrémité obscure. Leur dessous est d'un fauve plus ou moins foncé, suivant la couleur du dessus, avec le bord postérieur d'un gris verdâtre et marqué souvent en face du sommet d'un point noir oculaire, point avant lequel on voit dans les femelles une raie jaunâtre, courte et transversale. Les secondes ailes sont d'un brun noirâtre en dessous, avec un arc fauve terminal plus ou moins apparent. Leur dessous est d'un gris verdâtre, avec une rangée courbe et postérieure de six petits yeux noirs à prunelle blanche et à iris d'un jaune sale. Ces yeux sont précédés d'une bande blanche irrégulière, interrompue dans son milieu; ils sont suivis d'une ligne argentée, courbe et s'appuyant sur un arc fauve qui répond à celui de la surface opposée. Le dessus du corps est brun; le dessous est grisâtre. Les antennes sont noires et annelées de blanc.

Ce Satyre vole dans les mois de juin et de juillet. Il se trouve dans les bois de l'est de la France et de l'Allemagne; il se trouve aussi dans les Pyrénées, suivant Godart.

## SATYRE CÉPHALE, *SATYRUS ARCANIUS*, Linn., God.

*ARCANIUS*, Linn. — LE CÉPHALE, Geoff.

Pl. xxxx, fig. 3.

Les premières ailes sont fauves de part et d'autre, avec le bord terminal d'un brun noirâtre en dessus, moins foncé en dessous, où l'on voit vis-à-vis du sommet un petit œil noir à prunelle blanche et à iris jaunâtre. Les ailes inférieures sont d'un brun obscur en dessus, avec une tache jaunâtre, placée à l'angle anal. Leur dessous est roussâtre, avec la base teintée de verdâtre; le milieu traversé obliquement par une bande blanche, laquelle présente à l'origine de son côté interne un œil noir à prunelle d'un blanc vif, et sur son côté externe quatre ou cinq yeux semblables. On voit en outre une ligne argentée le long du bord postérieur. Les antennes sont annelées de blanc et de noir; leur massue est en fuseau et légèrement roussâtre en dessous.

Ce Satyre est très-commun dans tous les bois du centre de la France; mais il disparaît à trente lieues au nord de Paris, où il est remplacé par le *Satyre Héro*, de même qu'il paraît l'être par le *S. Dorus* dans nos départements méridionaux. Cependant Duponchel l'a vu voler avec ce dernier dans le département de la Lozère.

### SATYRE PHILEA, *SATYRUS PHILEA*, Hubn., God.

*PAPILIO SATYRION*, Esp., Och.

Pl. xxxx, fig. 5.

Les ailes sont d'un brun noirâtre en dessus ; le milieu des premières ailes est d'un fauve obscur dans le mâle et d'un fauve jaunâtre chez la femelle. Les ailes supérieures, suivant le sexe, sont fauves en dessous, avec l'extrémité d'un gris verdâtre, et ordinairement marquée d'un point noir oculaire qui fait face au sommet. Les ailes inférieures sont d'un brun verdâtre en dessous, avec une bande blanche postérieure, sur laquelle sont rangés six yeux noirs à prunelle blanche. Le dessus du corps est noirâtre ; le dessous est fauve. Les antennes sont annelées de blanc et de noir, avec la massue ferrugineuse.

Il existe des mâles dont le dessus des premières ailes est entièrement brun.

Ce Satyre se trouve, au mois de juillet, dans les montagnes de la Suisse et du Tyrol.

### SATYRE CORINNUS, *SATYRUS CORINNUS*. Hubn., Och., God.

*PAPILIO NORAX*, Bonelli.

Pl. xxxx, fig. 6.

Cette espèce est d'un fauve gai en dessus, avec le bord postérieur brun, et marqué à chaque aile d'un point noir cerclé de fauve. La couleur du dessous est semblable à celle du dessus des premières ailes, avec une ligne argentée, précédée en face du sommet d'un œil à prunelle blanche et à iris d'un jaune paille. Les secondes ailes sont en dessous d'un gris verdâtre à la base, d'un fauve foncé à l'extrémité, avec quatre à cinq yeux noirs à prunelle blanche. Le dessus du corps est brun, le dessous est jaunâtre. Les antennes sont noires et annelées de blanc.

Cette espèce se trouve dans plusieurs îles de la Méditerranée, particulièrement en Sardaigne et en Corse pendant le mois de mai.

## SATYRE DORUS, *SATYRUS DORUS*, Esp., Och., God.

*PAPILIO DORION*, Hubn. — *PAPILIO DORILIS*, Borkh. — *PAPILIO LIZETTA*, Cramer.
LE PALÉMON, Eng.

Pl. xl, fig. 4.

Les premières ailes du mâle sont d'un brun jaunâtre obscur en dessus, avec un point noir cerclé de fauve et placé en face du sommet; elles sont d'un jaune fauve dans la femelle, avec le bord postérieur brun, et un gros point noir, suivi quelquefois de deux autres
plus petits. Les secondes ailes des deux sexes sont d'un jaune fauve
en dessus, avec la base et le pourtour extérieur obscurs, et une ligne
de trois à quatre points noirs. Le bord terminal est presque entièrement longé par un arc fauve. Toutes les ailes, dans le mâle comme
dans la femelle, sont fauves en dessous, avec un œil noir à prunelle
blanche au sommet des supérieures; avec une bande d'un blanc
jaunâtre à l'extrémité des inférieures. Cette bande offre six yeux noirs
pupillés de blanc, et elle est bordée en dessous par une ligne argentée.
Les ailes supérieures présentent aussi une ligne argentée, et l'œil de
leur sommet est précédé intérieurement d'une ligne jaunâtre plus ou
moins large. Le dessus du corps est brun, avec le dessous jaunâtre.
Les antennes sont annelées de blanc et noir, avec la partie inférieure
de la massue fauve.

On trouve ce Satyre dans le Midi de la France, ordinairement au
mois de juillet; il se rencontre aussi en Espagne.

## SATYRE DAVUS, *SATYRUS DAVUS*, Fab., Och., God.

*PAPILIO LAIDION, PAPILIO IPHIS*, Borkh. — *PAPILIO PHILOXENUS*, Esp., Schneid.
*PAPILIO TIPHON*, Schrank. — *PAPILIO TULLIA*, Illig., Hubn. — *PAPILIO HERO*, De Geer.
LE DAPHNIS, Eng.

Pl. xxxix, fig. 2.

Ce Satyre est d'un fauve jaunâtre obscur en dessus, avec un point
oculaire noirâtre au sommet des ailes supérieures des deux sexes, et
trois ou quatre points semblables à l'extrémité des ailes inférieures
du mâle. Le dessous des premières ailes est de la couleur du dessus,
à l'exception du bord postérieur qui est d'un gris verdâtre, et du point
qui est remplacé par un œil à prunelle blanche. Les secondes ailes sont
roussâtres en dessous, avec la base verdâtre et le bord postérieur cendré. Elles offrent au milieu une bande blanchâtre, appuyée transversalement sur le bord antérieur. Puis vient ensuite une rangée de six à

sept petits points noirs à prunelle blanche et à iris jaunâtre. Le corps
est gris, avec les antennes noires, et annelées de blanc.

Il existe des individus qui ont deux yeux au sommet des ailes supérieures ; et d'autres qui n'en ont que trois sur le dessous des secondes
ailes.

On trouve très-communément ce Satyre en mai et en juillet, dans
l'est de la France.

### SATYRE PAMPHILE, *SATYRUS PAMPHILUS*, Linn., God.

*PAPILIO LYLLUS*, Esp., Och. — *PAPILIO PAMPHILA*, Hubn. — *PAPILIO PAMPHILE*, Illig.

Pl. xxxix, fig. 5.

Les ailes sont d'un fauve pâle en dessus, avec une bande noirâtre,
avant le bord terminal des quatre ailes, et un point oculaire à leur
partie antérieure. Les ailes supérieures sont encore plus pâles en dessous qu'en dessus, et le point noir du sommet a une prunelle blanche,
avec un iris d'un jaune paille. Les ailes inférieures sont d'un gris jaunâtre en dessous, avec une bande blanchâtre. Vient ensuite une rangée
de trois à six points très-blancs bordés de noir. Le corps est jaunâtre
de part et d'autre; les antennes sont noires et annelées de blanc.

Ce Satyre se trouve communément dans les prairies et les endroits herbus des bois ; il se montre pendant tout l'été. La variété *Lyllus* habite la France méridionale et l'Espagne.

# HESPÉRIDES, *HESPERIDÆ*, Lat.

Antennes courtes, terminées par une massue épaisse, souvent arquée, et ayant quelquefois un petit crochet au bout, très-écartées à
leur insertion, avec une petite aigrette de poils à leur base. Tête
forte. Thorax robuste. Abdomen très-long. Ailes généralement courtes et musculeuses. Cellule discoïdale des ailes inférieures toujours
ouverte.

Chenilles cylindriques, glabres ou pubescentes, à tête forte, globuleuse, un peu fendue, et à premier anneau plus ou moins étranglé ; vivant et se mettant ordinairement entre des feuilles roulées ou
repliées sur elles-mêmes ; quelques-unes se retirent dans l'intérieur
des tiges creuses pour y passer l'hiver. Chrysalides dont la forme varie
dans chaque genre, mais toujours contenues dans un léger réseau.

# GENRE STÉROPE, *STEROPES*, Boisd.

*HESPERIA*, Lat.

La massue des antennes est courte, ovoïde, presque droite et sans crochet au bout. Les palpes sont écartés, très-velus, avec le dernier article plus mince, très-distinct et assez aigu. La tête est aussi large que le thorax. L'abdomen est plus long que les ailes inférieures, très-grêle, surtout dans le mâle. Les ailes sont plus amples et moins épaisses que dans les genres suivants.

Les chenilles sont assez allongées, pubescentes, rayées en long, avec la tête rugueuse et demi-sphérique. Les chrysalides sont très-effilées, avec la partie abdominale cylindrico-conique. Les yeux sont saillants, et la tête est surmontée d'une pointe conique.

## STÉROPE MIROIR, *STEROPES ARACYNTHUS*, Fabr.

*PAPILIO STEROPES*, Hubn. — *ERYNNIS SPECULUM*, Schr. — LE MIROIR, Geoff.

Pl. xli, fig. 4.

Toutes les ailes sont d'un brun noirâtre en dessus, avec quelques taches jaunâtres vis-à-vis du sommet des supérieures. Le dessous des ailes supérieures ressemble au dessus, à l'exception que le bord terminal est longé par une ligne jaune crénelée. Les secondes ailes sont d'un jaune roussâtre en dessous, avec douze taches orbiculaires, blanches, bordées de noir. Le dessus du corps est noirâtre, le dessous est blanchâtre, avec trois raies noires longitudinales. Les antennes sont noires, annelées de blanc, avec la moitié de la massue fauve.

Les femelles diffèrent des mâles par un point jaunâtre, placé vers le milieu du bord antérieur des premières ailes.

On trouve cette espèce aux environs de Paris ; elle fréquente les parties marécageuses des bois, il paraît depuis le 22 juin jusque vers le 10 juillet.

## STÉROPE ÉCHIQUIER, *STEROPES PANISCUS*, God.

*HESPERIA PANISCUS*, Fab. — *PAPILIO BRONTES*, Hubn. — L'ÉCHIQUIER, Eng.

Pl. xlii, fig. 5

Toutes les ailes sont d'un brun noirâtre à reflet vineux en dessus, avec une multitude de taches fauves, dont les intérieures sont plus grandes, les extérieures formant une rangée parallèle au bord terminal. Les premières ailes sont fauves en dessous, avec des taches, et l'extrémité des nervures, noires. Les secondes ailes sont d'un brun jaunâtre en dessous, avec treize taches blanches, inégales, légèrement bordées de noir. Le corps est jaunâtre, avec le dos noirâtre. Les antennes sont noires, annelées de fauve, avec l'extrémité de la massue d'un roux foncé.

Se trouve aux environs de Paris, dans le mois de mai. Cette espèce habite les allées et les clairières des bois humides. Elle n'est pas rare dans les forêts du nord de la France.

## GENRE HESPÉRIE, *HESPERIA*, Boisd.

La massue des antennes est droite, ovoïde, et souvent terminée par une petite pointe courbée en dehors. Les palpes sont très-velus, avec le dernier article cylindrique presque nu, très-grêle et très-aigu. La tète est plus large que le thorax, quoique celui-ci soit très-robuste. L'abdomen est épais et plus long que les ailes inférieures : celles-ci sont légèrement sinueuses ou concaves près de l'angle anal ; les supérieures sont marquées le plus souvent au milieu d'un trait noir, oblique.

Les chenilles sont allongées, glabres, rayées longitudinalement, avec le cou très-mince et la tête globuleuse et un peu échancrée. Les chrysalides sont effilées et conico-cylindriques comme celles du genre précédent, terminées antérieurement par une pointe courte, et ayant une gaîne libre, prolongée en filet, pour renfermer la trompe.

### HESPÉRIE BANDE NOIRE, *HESPERIA LINEA*, God.

*HESPERIA LINEA*, Fab. — *PAPILIO THAUMAS*, Esp. — LA BANDE NOIRE, Geoff.
VARIÉTÉ DE LA BANDE NOIRE, Eng.

Pl. XLI, fig. 8.

Les deux sexes sont fauves en dessus, avec les bords et les nervures d'un brun noirâtre. Le mâle présente en outre, vers le milieu des premières ailes, une ligne noire, oblique et étroite. Ces mêmes ailes sont fauves en dessous, avec la base noirâtre et l'extrémité d'un cendré jaunâtre. Les secondes ailes sont d'un cendré jaunâtre en dessous, avec l'angle interne fauve. Le dessus du corps est roussâtre, le dessous est grisâtre. Les antennes sont noires, annelées de blanc et de jaune.

On trouve en juin et en juillet cette espèce qui est assez commune dans toutes les clairières des bois abondants en graminées; elle aime à se reposer sur les fleurs de la Vipérine.

## HESPÉRIE SYLVAIN, *HESPERIA SYLVANUS*, God.

*HESPERIA SYLVANUS*, Fab. — VARIÉTÉ DE LA BANDE NOIRE, Geoff. — LA BANDE NOIRE, Eng.

Pl. XLI, fig. 8.

Cette espèce a beaucoup de ressemblance avec la précédente, mais elle est plus grande; l'extrémité de ses antennes est crochue; le fauve du dessus de ses ailes est divisé en manière de taches par du brun noirâtre, et approche moins du bord postérieur; la ligne du milieu des ailes supérieures du mâle est plus large; les ailes inférieures des deux sexes sont d'un jaune verdâtre en dessous, avec une rangée de quatre à cinq taches d'un jaune un peu plus clair.

Cette espèce est assez commune; elle se trouve pendant les mois de mai et de juin.

## HESPÉRIE COMMA, *HESPERIA COMMA*, God.

*PAPILIO COMMA*, Linn.

Pl. XLI, fig. 6.

Cette espèce diffère, en dessus, de l'Hespérie Bande-Noire, par les mêmes caractères que l'Hespérie Sylvain. Elle diffère en dessous de cette dernière, en ce que les taches des ailes inférieures sont blanches et au nombre de neuf, dont trois groupées vers la base, les six autres formant une rangée courbe et transversale.

Cette espèce se trouve dans les bois des environs de Paris, pendant les mois de juillet et d'août. Elle est plus commune dans le midi que dans le nord de l'Europe. Elle fréquente de préférence les clairières des bois secs et montueux.

Ajoutez : les *Hesperia Lineola*, Ochs., de l'Europe centrale; *Actæon*, Esp., de la France et de l'Allemagne; *Ætna*, Boisd., de la Sicile, et *Nostradamus*, Fabr., de l'Espagne méridionale.

## GENRE SYRICHTE, *SYRICHTUS*, Boisd.

*HESPERIA*, Lat.

La massue des antennes est ovale, un peu courbée en dehors. Les palpes sont écartés, très-velus, avec le dernier article presque nu, assez long et peu aigu. Le thorax est très-robuste. La tête est un peu moins large que le thorax. L'abdomen est plus long que les ailes infé-rieures, surtout dans les mâles. Les quatre ailes sont bordées d'une frange noire entrecoupée de blanc. La côte des ailes supérieures des mâles présente à son origine une espèce de repli plus ou moins prononcé.

Les chenilles sont encore peu connues. On sait seulement que c'est parmi elles qu'il s'en trouve qui se retirent dans les tiges creuses des plantes à leur portée, pour y passer l'hiver.

### SYRICHTE FRITILLAIRE, *SYRICHTUS FRITILLUM*, God.

HESPÉRIE PLEIN-CHANT, Lat. — *HESPERIA FRITILLUM*, Fab.
*PAPILIO MALVÆ*, Linn., Esp. — *PAPILIO ALVEUS*, Hubn. — LE PLEIN-CHANT, Eng.

Pl. xli, fig. 1.

Le dessus de cette espèce est d'un brun noirâtre, avec deux rangées de taches blanches aux ailes inférieures, et une seule, très-apparente aux supérieures. Ces dernières sont parsemées en outre de plusieurs autres taches blanches. Indépendamment de cela, la frange de toutes les ailes est entrecoupée de noir et de blanc de part et d'autre. Les premières ailes en dessous sont grisâtres vers la base, noirâtres vers l'extrémité, avec la répétition des taches blanches de la surface opposée. Les secondes ailes sont d'un brun plus ou moins verdâtre en dessous, avec trois bandes blanches, transverses et maculaires, dont la postérieure est mouchetée de noir, excepté sur la deuxième tache, à partir d'en haut ; cette tache est moins longue que les autres, et obtuse à son extrémité. Le dessus du corps est d'un brun noirâtre, le dessous est grisâtre. Les antennes sont noires, annelées de gris, avec le dessous de la massue fauve.

On trouve cette espèce pendant les mois de juin et d'août, dans les endroits secs et incultes.

### SYRICHTE DU CHARDON, *SYRICHTUS ALVEOLUS*, God.

*PAPILIO MALVÆ MINOR*, Esp. — *PAPILIO ALVEOLUS. PAPILIO FRITILLUM*, Hubn.
LE TACHETÉ, Eng.

Pl. xli, fig. 2.

Le dessus de toutes les ailes est d'un brun noirâtre, avec deux à quatre bandes blanches longitudinales. Le dessous de ces dernières est verdâtre, avec la bande du milieu plus interrompue et souvent moins longue. Le dessus du corps est noirâtre avec le dessous verdâtre. Les antennes sont annelées de gris, avec la massue ferrugineuse.

Cette espèce est commune dans toute l'Europe ; elle se trouve dans les environs de Paris, pendant les mois de mai et de juin.

Ajoutez : Les *Syrichtus Sidæ*, Fabr., de l'Italie ; *Onopordi*, Ramb., de la France méridionale ; *Cirsii*, Ramb., et *Sao*, Hubn., des environs de Paris ; *Altheæ*, Hubn., de la France centrale ; *Malvæ*, Fabr., des environs de Paris, et *Lavateræ*, Esp., des régions sous-alpines. Ces trois dernières espèces appartiennent au genre *Spilothyrus*, de Duponchel.

## GENRE THANAOS, *THANAOS*, Boisd.

*HESPERIA*, Lat.

La massue des antennes est fusiforme et très-courbée en dehors. Les palpes sont écartés, très-velus, avec le dernier article plus mince et assez saillant. Le thorax est assez robuste ; la tête est aussi large que lui. L'abdomen est un peu plus court que les ailes inférieures. Les ailes sont bien entières, et n'ont pas la frange entrecoupée ; il existe un repli à la côte des supérieures dans les mâles, comme dans le genre précédent.

Les chenilles sont lisses, renflées au milieu, à tête forte et échancrée, et à cou très-mince. Les chrysalides sont presque fusiformes, avec un tubercule sur la tête et l'abdomen en cône allongé.

### THANAOS GRISETTE, *THANAOS TAGES*, God.

*PAPILIO TAGES*, Linn. — LA GRISETTE, Geof. — LE POINT D'HONGRIE, Eng.

Pl. xli, fig. 3.

Le dessus de toutes les ailes est d'un brun presque noirâtre ; le dessous est d'un brun plus clair, avec des points blanchâtres, très-petits, et disposés sur deux lignes transverses, dont l'extérieure courbe et appuyée contre la frange, l'intérieure flexueuse et moins distincte. La ligne intérieure des premières ailes est renfermée en dessus entre deux bandes d'atomes cendrés. Le corps est noirâtre en dessus ; le dessous est d'un brun clair. Les antennes sont noires et annelées de gris.

Cette espèce se trouve dans une grande partie de l'Europe, mais plus communément au midi qu'au nord ; elle n'est pas rare aux environs de Paris pendant les mois d'avril, mai, juin et juillet. Elle fréquente de préférence les bords des chemins.

---

# CHALINOPTÈRES

*CHALINOPTERA,* Blanch.

Antennes plus ou moins renflées au milieu ou avant l'extrémité, et, indépendamment de cela, tantôt prismatiques, tantôt cylindriques et tantôt pectinées ou dentées. Corps généralement très-gros relativement aux ailes, et ne présentant jamais d'étranglement entre le thorax et l'abdomen. Les six pattes propres à la marche ; les jambes postérieures armées de deux paires d'ergots. Ailes étroites, en toit horizontal ou légèrement inclinées dans le repos ; les supérieures recouvrant alors les inférieures, qui sont généralement très-courtes et retenues par un frein ou soie aux premières, dans les mâles seulement.

Vol nocturne ou crépusculaire dans un grand nombre d'espèces, diurne dans les autres.

Toutes les chenilles ont seize pattes ; les unes sont glabres, les autres demi-velues ou pubescentes. Leur métamorphose a lieu tantôt dans la terre ou à sa surface, sous quelque abri, sans former de coque ; tantôt dans l'intérieur des tiges, tantôt enfin dans une coque grossière. Leurs chrysalides sont mutiques, et généralement conico-cylindriques.

---

## SÉSIÉIDES, *SESIEIDÆ,* Duponch.

Antennes cylindriques, plus ou moins fusiformes, tantôt simples, tantôt pectinées ou dentées. Front arrondi, écailleux ; deux stemmates distincts sur le vertex. Palpes séparés du front, débordant le chape-ron, et dont les articles sont distincts. Ailes plus ou moins transparentes ou vitrées, et en toit horizontal dans le repos.

Vol diurne, par un soleil ardent.

Les chenilles sont vermiformes, décolorées, munies de fortes mâchoires et de deux plaques écailleuses, l'une sur le premier anneau et l'autre sur le dernier. Elles sont garnies en outre de poils rares, partant chacun d'un petit tubercule. Elles vivent et se transforment dans l'intérieur des végétaux. Les chrysalides ont les bords des segments abdominaux dentelés.

## GENRE THYRIS, *THYRIS*, Illig., Lat.

*SPHINX*, Fab.

Les antennes, légèrement renflées au milieu et presque filiformes, sont un peu plus épaisses dans le mâle que dans la femelle. La tête est assez large. Les yeux sont saillants. Les palpes sont velus à la base, cylindriques, et dont le dernier article, presque nu, se termine en pointe. Les ailes sont courtes, larges, dentées, avec des taches vitrées. Le thorax est globuleux. L'abdomen est conique. Les pattes sont très-longues. Les jambes postérieures sont munies de forts ergots.

Les chenilles sont assez épaisses, d'une couleur livide, ponctuées, garnies de quelques petits poils rares. Les chrysalides sont courtes, un peu renflées au milieu, avec de petites aspérités sur le bord des anneaux.

Les espèces représentant ce genre volent par un soleil ardent, et se reposent de préférence sur les fleurs de l'hièble et du sureau.

## THYRIS FÉNESTRÉE, *THYRIS FENESTRINA*, Fab., Och., God.

*SPHINX PYRALIDIFORMIS*, Hubn. — *SPHINX FENESTRELLA*. Scop. — LE PYGMÉE, Eng.

Pl. LII, fig. 1.

Le dessus et le dessous des quatre ailes sont d'un noir brun de part et d'autre, et ponctués, rayés transversalement de fauve doré, avec deux taches transversales blanches, centrales, presque transparentes, plus grandes et plus rapprochées aux secondes ailes qu'aux premières. Les ailes supérieures sont un peu denticulées. Le bord postérieur des unes et des autres est un peu anguleux, et garni d'une frange blanche inégalement entrecoupée de noir. Le corps est coloré comme les ailes, et l'abdomen a le quatrième et le dernier anneau blancs en dessous, et simplement bordés de jaunâtre en dessus. Les antennes sont noirâtres, avec le dehors roussâtre.

La femelle diffère du mâle en ce qu'elle est plus grande, et en ce que les anneaux de l'abdomen sont moins apparents, et quelquefois nuls.

Cette espèce paraît en juillet; elle habite la France, l'Italie, l'Espagne, la Suisse et l'Allemagne.

Ajoutez : *Thyris vitrina*, Boisd., de l'Espagne.


# GENRE SÉSIE, *SESIA*, Fab., Lat.

### *AGERIS*, Fab. — *TROCHILIUM*, Lasp.

Les antennes, presque cylindriques, sont plus ou moins renflées au milieu et du côté externe; elles sont toujours simples dans les femelles, et quelquefois ciliées, dentées ou pectinées du côté interne dans les mâles; elles sont souvent terminées par un petit faisceau de poils dans les deux sexes. La tête est beaucoup plus étroite que le thorax. Les yeux sont coupés en amande, et peu saillants. Les palpes comprimés, velus à leur base, sont cylindriques et presque nus dans le reste de leur longueur, pointus et recourbés à leur sommet. Le thorax est ovale, convexe, plus large que l'abdomen. Celui-ci est cylindrique, allongé, souvent terminé par une brosse, plus ou moins épaisse et quelquefois trilobée. Les pattes sont fortes et longues; les crochets du bout des tarses très-aigus et très-petits. Les ergots des jambes postérieures sont très-longs. Les ailes sont étroites, allongées; les inférieures sont toujours entièrement transparentes; les supérieures sont quelquefois plus ou moins opaques.

Les espèces représentant ce genre sont nombreuses et ont le vol vif et rapide par un soleil ardent.

Les chenilles sont de couleur livide, garnies de quelques poils rares, plus épaisses antérieurement que postérieurement, avec la tête forte et les pattes intermédiaires mamelonnées. Les chrysalides sont allongées, atténuées aux deux extrémités, et dentelées sur le bord des anneaux.

## SÉSIE PHILANTHIFORME, *SESIA PHILANTHIFORMIS*, Linn., Och., God.

*SPHINX MUSCÆFORMIS*, Esp., Lasp., Och.

Pl. LII, fig. 2.

Les premières ailes sont transparentes, avec leur extrémité cendrée ; leur dessus a les nervures, les bords, deux bandes transverses, d'un noir brun, et la côte blanchâtre en avant du sommet ; leur dessous a les bords jaunâtres. Les secondes ailes sont transparentes, avec les nervures, les bords, une petite lunule, d'un noir brun en dessus et en dessous. La frange des quatre ailes est, de part et d'autre, noire à sa base, blanchâtre à son extrémité. La tête est noirâtre, avec une raie blanche devant les yeux, le front et un collier d'un jaune foncé. Les antennes sont noires, avec le côté interne saupoudré de blanc près de l'extrémité. Le thorax est noir, avec trois lignes longitudinales d'un jaune foncé ; la poitrine est d'un noir brun, avec une tache jaunâtre sur chaque côté. L'abdomen est entièrement d'un cendré jaunâtre en dessous et d'un noir luisant en dessus, parsemé d'atomes jaunes ou blancs, avec le bord du troisième, du cinquième et du septième anneau, blanc, le bord de tous les autres jaunâtre. La barbe de la partie anale est dilatée, noirâtre au milieu, jaunâtre sur les côtés.

Le mâle présente la barbe de la partie anale comprimée, avec des poils latéraux d'un jaune pâle, jaunâtre en dessous, au milieu, et noire sur les côtés. Le côté interne des antennes est un peu pectiné, et parfois dépourvu de poussière blanche près de l'extrémité.

Cette espèce présente plusieurs variétés.

On trouve cette Sésie aux environs de Paris, dans les mois de mai et de juin.

## SÉSIE TENTHRÉDINIFORME, *SESIA TENTHREDINIFORMIS*, God.

*SESIA TENTHREDINIFORMIS*. Hubn., Lasp. — *SPHINX EMPIFORMIS*, Esp.
*SPHINX MUSCÆFORMIS*, Bork. — L'EMPIFORME, Eng. — LE SPHINX MOUCHE, Geoff.

Pl. LII, fig. 5.

Les ailes supérieures sont transparentes, avec les nervures, les bords, deux bandes transverses, noirs et sablés de jaune. Les ailes inférieures sont transparentes, avec les nervures, les bords, une petite lunule, noirs en dessus, et les nervures jaunes en dessous. Les quatre ailes ont la frange noirâtre à la base, jaunâtre à l'extrémité. La tête est noire, avec le front et un collier d'un jaune fauve, mais ceux du mâle ont le côté extérieur longé par une ligne noire. Les palpes sont fauves de part et d'autre. Les antennes sont noires, avec le dehors d'un jaune sale, et la base d'un jaune fauve. Le thorax et la poitrine sont d'un noir luisant, avec une tache sur chaque côté de celle-ci, et trois lignes longitudinales d'un jaune fauve sur celui-là. L'abdomen est d'un noir luisant, barbu, couvert d'une poussière d'un jaune fauve, avec des poils de cette couleur à la base, et le bord du troisième, du cinquième et du septième anneau, blanchâtre ou d'un jaune pâle.

Le mâle diffère de la femelle en ce que son thorax n'offre que deux lignes jaunes, et en ce que la brosse de la partie anale est jaune au milieu de part et d'autre, et le long des côtés en dessous.

On trouve cette espèce en juin, aux environs de Paris.

## SÉSIE TIPULIFORME, *SESIA TIPULIFORMIS*, Linn., Fab., God.

LE PETIT TIPULIFORME, Eng.

Pl. LII, fig. 7.

Cette espèce a beaucoup d'analogie avec la *Nomadæformis ;* elle en diffère cependant par la taille, qui est toujours plus petite ; par le dessus du premier anneau de l'abdomen, qui n'offre point de ligne transversale ; par les ailes du devant, qui ont leur sommet d'un fauve bien moins vif, et par le bout des quatre ailes, qui est d'un jaune moins foncé en dessus.

Le mâle diffère de la femelle par le dernier anneau jaune de l'abdomen qui est double, et par les antennes qui sont légèrement pectinées au côté interne.

Cette espèce fréquente les jardins et butine sur les fleurs du lilas de Perse et du seringat odorant.

On la trouve abondamment dans le Nord, au mois de juin.

## SÉSIE NOMADIFORME, *SESIA NOMADÆFORMIS*, Lasp., Och., God.

*SPHINX CONOPIFORMIS*, Esp. — *SPHINX SYRPHIFORMIS*, Hubn.

LE GRAND TIPULIFORME, Eng.

Pl. LII, fig. 4.

Les ailes supérieures sont transparentes, avec le sommet d'un fauve doré de part et d'autre. Leur dessus a les nervures, les bords, et une bande transverse, d'un noir violet ; leur dessous est d'un jaune roussâtre. Les ailes inférieures sont transparentes, avec les nervures, les

bords et une petite lunule, d'un noir violet sur chaque face. Les cils
des quatre ailes sont d'un cendré noirâtre en dessus et en dessous. La
tête est noire, avec une tache blanche devant les yeux, et un co_-
lier jaune. Les antennes sont d'un noir bleu. Le thorax et la poitrine
sont d'un noir bleu luisant, avec une tache allongée sur chaque côté
de celle-ci, et une ligne de chaque côté de celui-là, jaunes. L'abdomen est d'un noir bleu luisant, avec le bord du troisième, du cinquième
et du septième anneau, jaune. Le premier anneau offre en outre, en
dessus, une ligne jaune transversale. La barbe de la partie anale est
entièrement d'un noir bleu.

Cette espèce se trouve dans plusieurs parties de la France et autour
de Paris, dans le mois de juin.

**SÉSIE FORMICIFORME, *S. FORMICÆFORMIS*, Linn , Esp., Och., God.**

*SPHINX TENTHREDINIFORMIS*, Esp. — *SPHINX NOMADÆFORMIS*, Hubn.

L'ICHNEUMONIFORME, Eng.

Pl. LII, fig. 5.

Les ailes supérieures sont transparentes, avec le sommet d'un rouge
fauve. Leur dessus a la côte rougeâtre, avec les nervures, les bords,
une bande transverse et étroite, noirs ; leur dessous a la côte et le
bord interne fauves. Les ailes inférieures sont transparentes, avec les
nervures, les bords et une petite lunule noirs de part et d'autre. Les
quatre ailes ont la frange d'un violet noirâtre en dessus et en dessous.
La tête est d'un brun luisant, avec un trait blanc au bord interne des
yeux. Les antennes sont noires de part et d'autre. Le thorax et la poitrine sont sans aucune tache et d'un noir bleu luisant. L'abdomen est de
la même couleur que le thorax, avec le quatrième et le cinquième anneau d'un rouge fauve. La barbe de la partie anale est d'un noir
bleu, avec des poils blanchâtres sur les côtés et en dessous.

Cette Sésie a été trouvée plusieurs fois près de Paris ; elle habite
aussi l'Allemagne.

On la rencontre ordinairement dans le mois de juin.

**SÉSIE TIPHIFORME, *SESIA TIPHIÆFORMIS*, Lasp., Hubn., God.**

*SESIA CULICIFORMIS*, Fab. — *SPHINX TIPULIFORMIS*, Var., Esp.

Pl. LII, fig. 6.

Les ailes supérieures sont transparentes, avec les nervures, les bords,
une large bande transverse, d'un noir violet, et le sommet d'un fauve bril-

lant, en dessus; les nervures, les bords et le sommet sont dorés en dessous. Les ailes inférieures sont transparentes, avec les nervures et les bords d'un noir violet en dessus, d'un fauve doré en dessous, et une petite lunule noire sur chaque surface. Les quatre ailes ont la frange d'un noir violet de part et d'autre. La tête est d'un noir bleu luisant, avec une raie blanchâtre au bord interne des yeux. Les antennes sont d'un noir bleu, mais leur dessus offre, avant le sommet, une tache blanche. Le thorax et la poitrine sont d'un noir bleu luisant, avec une tache d'un rouge fauve sur chaque côté de la poitrine. L'abdomen est d'un noir bleu luisant, avec le bord du second et du quatrième anneau d'un rouge fauve en dessus, celui du quatrième et du cinquième blanc en dessous. La barbe de la partie anale est comprimée, d'un noir bleu, avec le milieu blanchâtre en dessous.

Cette espèce se trouve aux environs de Paris; elle habite auss l'Italie.

### SÉSIE MUTILLIFORME, *SESIA MUTILLÆFORMIS*, Lasp., Och., God

*SPHINX MYOPÆFORMIS*, Bork. — *SPHINX CULICIFORMIS*, Hubn.
*SPHINX CULICIFORMIS*, Var., Esp. — LE PETIT CULICIFORME. Eng.

Pl. LII, fig. 8.

Les ailes supérieures sont transparentes, avec les nervures, les bords et une large bande transverse, d'un noir bleu en dessus, tandis que le sommet, les nervures, les bords et les côtés de la bande sont d'un fauve doré en dessous. Les ailes inférieures sont transparentes, les nervures et les bords sont d'un bleu violet en dessus, d'un fauve doré en dessous, et une petite lunule noire de part et d'autre. Les quatre ailes ont la frange d'un noir violet sur l'une et l'autre surface. La tête est d'un noir bleu luisant, avec une petite raie blanche au bord interne des yeux. Les antennes sont blanchâtres. Le thorax et la poitrine sont d'un noir bleu luisant, avec une tache dorée sur chaque côté de la poitrine. La couleur de l'abdomen est la même que celle du thorax; le quatrième anneau est rouge en dessus, noir et bordé de blanc en dessous. La barbe de la partie postérieure est d'un noir bleu, sans taches.

Le mâle diffère de la femelle, en ce que l'abdomen est allongé, plus grêle, et en ce que tout le dessus du quatrième anneau et le pourtour de la partie postérieure sont blancs.

Cette espèce se trouve aux environs de Paris, pendant les mois de mai et de juin.

## SÉSIE CULICIFORME, *SESIA CULICIFORMIS*, God.

*SPHINX CULICIFORMIS*, Linn., Clerk. — *SESIA CULICIFORMIS*, Lasp.
*SPHINX STOMOXIFORMIS*, Hubn.
LE GRAND CULICIFORME et VAR. DU GRAND CULICIFORME, Eng.

Pl. LII, fig. 9.

Les ailes supérieures sont transparentes. Leur dessus a la base
rougeàtre, avec les nervures, les bords et une bande transverse d'un
noir bleu. Leur dessous a les bords d'un fauve pâle, le sommet d'un
noir violet, avec un point d'un rouge fauve sur le côté externe de la
bande transverse. Les ailes inférieures sont transparentes, avec les
nervures, les bords et une petite lunule, noirs en dessus, et la côte
d'un fauve pâle en dessous. Les quatre ailes ont la frange d'un brun
noiràtre de part et d'autre. La tête est d'un noir bleu, avec un petit trait
blanc sur le bord interne des yeux. Les antennes sont d'un noir bleu de
part et d'autre. Le thorax et la poitrine sont d'un noir bleu luisant, avec une tache rougeàtre sur chaque côté de la poitrine. La couleur de l'abdomen est la même que celle du thorax, avec le quatrième
anneau d'un rouge plus vif en dessus qu'en dessous. La brosse de la
partie anale est d'un noir bleu.

Le mâle diffère de la femelle en ce qu'il est plus petit, et en ce que
le côté interne de ses antennes est un peu pectiné.

Elle n'est pas rare aux environs de Paris pendant les mois de mai
et de juin ; elle se plaît sur les fleurs du prunellier.

## SÉSIE MELLINIFORME, *SESIA MELLINIFORMIS*, Lasp., Och., God.

Pl. LII, fig. 10.

Les ailes supérieures sont transparentes, avec les nervures, les
bords et une bande transverse, d'un noir bleu en dessus. L'extrémité
est d'une teinte dorée de part et d'autre, et il y a derrière la bande
transverse un point rougeàtre. En dessous, les bords sont fauves. Les
ailes inférieures sont transparentes, avec les nervures, le bord terminal et une très-petite lunule entièrement noirs. Les quatre ailes
ont la frange d'un noir brun sur l'une et l'autre surface. La tête est
d'un noir bleu luisant, avec un collier blanchâtre. Les yeux sont bordés de blanc. Les antennes sont d'un noir violet. Le thorax est brun
et sans taches. La couleur de la poitrine est la même que celle du
thorax, avec une tache jaune sur chacun des côtés. L'abdomen est

barbu, avec le bord du premier, du quatrième et du cinquième anneau, jaune. La barbe de la partie anale est jaune, avec quelques poils noirs sur les côtés et en dessous.

Se trouve dans le midi de la France, particulièrement dans le Languedoc, en juin.

### SÉSIE VESPIFORME, *SESIA VESPIFORMIS*, Linn., Fab., God.

*SPHINX CYNIPIFORMIS.* Hubn. — *SPHINX CYNIPIFORMIS.* — *SPHINX OESTRIFORMIS*, Esp. L'ŒSTRIFORME, Eng.

Pl. LII, fig. 11.

Les ailes supérieures sont transparentes, et les nervures de l'extrémité sont brunes de part et d'autre, avec une lunule rouge, bordée intérieurement par une ligne noire; leur dessus offre à la base un point jaune, et les bords sont d'un brun à reflet bleu. En dessous, la côte et la principale nervure sont d'un jaune roussâtre, avec le sommet fauve. Les ailes inférieures sont transparentes, avec les nervures, le bord postérieur et un petit arc situé au milieu de la côte, d'un noir brun de part et d'autre; les quatre ailes ont la frange brune en dessus et en dessous. La tête est noire, avec le front grisâtre et un collier jaune. Les antennes sont bleuâtres, avec le premier article jaunâtre en dessous; le thorax est d'un noir bleu luisant, avec deux lignes jaunes longitudinales. La couleur de la poitrine est la même que celle du thorax, avec une tache jaune sur chaque côté. L'abdomen est barbu, d'un noir bleu, avec trois anneaux également éloignés l'un de l'autre, jaunes. La barbe de la partie anale est jaune, divergente, avec le milieu vers sa base, et les côtés, très-noirs.

Le mâle diffère de la femelle, en ce qu'il est plus petit, en ce que les antennes sont un peu pectinées au côté interne, et en ce que l'anneau de la partie postérieure de l'abdomen est double.

On trouve cette Sésie au mois de juin, dans plusieurs départements de la France et aux environs de Paris.

### S. ICHNEUMONIFORME, *S. ICHNEUMONIFORMIS*, Fab., Och., God.

*SPHINX SYSTROPHÆFORMIS*, Hubn. — *SPHINX VESPIFORMIS*, Esp., Hubn. *SESIA OPHIONIFORMIS*, Duponch. — *SPHINX SCOPIGERA*, Scopol. — LE VESPIFORME, Eng.

Pl. LII, fig. 12.

Les ailes supérieures sont transparentes, avec les nervures, les bords, une bande transverse, d'un noir brun; le sommet d'un jaune roussâtre; un point d'un jaune gai à la base. La bande est marquée en dehors d'un]point jaune, et le bord interne de l'aile est de cette couleur vers son origine. Le dessous diffère du dessus, en ce qu'il est plus pâle. Les ailes inférieures sont transparentes, avec les nervures, les bords et une très-petite lunule contre le milieu de la côte, d'un noir brun en dessus et en dessous. Les quatre ailes ont leur frange d'un noir obscur de part et d'autre. La tête est brune, avec le front blanc et un collier d'un jaune foncé. Les antennes sont noirâtres à la base et à l'extrémité ; le milieu est roussâtre en dessus, ferrugineux en dessous. Le thorax est d'un noir brun luisant, avec trois lignes longitudinales fauves. L'abdomen est de la même couleur que le thorax, avec deux traits jaunes placés obliquement à la base, et six anneaux de cette couleur, visibles en dessous comme en dessus. La brosse de la partie anale est noire, avec des poils jaunes sur le milieu et sur les côtés.

Elle habite l'Italie et a été rencontrée aussi aux environs de Paris, dans le mois de juin.

## SÉSIE CHRYSIDIFORME, *SESIA CHRYSIDIFORMIS*, Esp., Och., God

*SESIA CRABRONIFORMIS*, Fab. — LE CHRYSIDIFORME, Eng.

Pl. LIII, fig. 2

Les premières ailes sont d'un rouge fauve, avec les bords noirs, et une tache contiguë à la côte de la même couleur. Les secondes ailes sont transparentes, avec les nervures, les bords, et un petit croissant contre le milieu de la côte, noirs. Ce croissant est bordé de rouge fauve. Les quatre ailes ont leur frange d'un cendré noirâtre en dessus comme en dessous. La tête est noire, avec le front jaunâtre et un collier de l'une de ces deux couleurs. Le dessus des antennes est d'un noir brun ; le dessous est plus clair, avec la base tantôt blanche, tantôt jaune. Le thorax est d'un noir bleu luisant, avec quelques poils jaunes et un point blanc près de l'origine des premières ailes. La poitrine est de la même couleur que le thorax et sans taches. L'abdomen est d'un noir bleu luisant, couvert çà et là de poils cendrés, avec le bord du cinquième et du dernier anneau blanc ou jaunâtre, seulement en dessus. La brosse de la partie anale est noire, avec le milieu d'un rouge fauve de part et d'autre. Le mâle diffère de la femelle, en ce que le côté interne de ses antennes est un peu en scie, et en ce que l'abdomen est plus grêle, avec la brosse comprimée. Quelquefois il arrive que le quatrième anneau de l'abdomen a aussi le bord blanc ou jaunâtre.

On trouve cette espèce assez communément aux environs de **Paris**, dans le mois de juin ; elle se plaît sur les fleurs des prairies.

### SÉSIE CHALCIDIFORME, *SESIA CHALCIDIFORMIS*, Hubn., God.

*SESIA PROSOPIFORMIS*, Och.

Pl. LIII, fig. 1.

Cette espèce diffère de la *Chrysidiformis*, par les palpes qui sont entièrement noirs ; par l'abdomen, qui n'a aucun anneau bordé de blanc ; par le dehors des deux cuisses antérieures qui est d'un noir bleu comme le côté opposé ; par les tarses, qui sont d'un brun violet ; par les ailes supérieures qui n'offrent pas d'espace transparent derrière la tache noire de leur milieu ; et enfin par la petite lunule qui avoisine la côte des ailes inférieures qui n'est pas bordée de rouge, du moins en dessus.

Elle habite le département de la Lozère, particulièrement les environs de Florac où elle a été découverte par Duponchel ; elle se trouve aussi en Hongrie.

### SÉSIE SCOLIEFORME, *SESIA SCOLIÆFORMIS*, Hubn., Esp., God.

Pl. LIII, fig. 3.

Les ailes supérieures sont transparentes, avec les nervures, le dessus des bords, une grande tache, le sommet, d'un noir bleu, et le dessous du bord antérieur jaunâtre. Les ailes inférieures sont transparentes, avec le bord postérieur et une lunule au milieu du supérieur, d'un noir bleu de part et d'autre ; les quatre ailes ont leur frange d'un noir violet, tant en dessus qu'en dessous. La tête est d'un noir bleu, avec une ligne blanche devant les yeux, et un collier jaunâtre. Les antennes, depuis leur naissance, sont d'un noir bleu jusqu'au delà de leur milieu, ensuite blanches jusqu'à leur extrémité. Le thorax et la poitrine sont d'un noir bleu luisant, avec une grande tache sur chaque côté de celle-ci, et deux lignes sur celui-là, jaunes. L'abdomen est d'un noir bleu luisant, avec des poils jaunes à la base et sur les côtés jusqu'au milieu. Il a en outre le bord postérieur du second et du quatrième anneau jaune en dessus, tout le quatrième et la majeure partie du cinquième de cette couleur en dessous. La brosse de la partie anale est divisée en trois, et entièrement d'un rouge fauve.

Cette Sésie se trouve autour de Paris ; elle paraît vers le milieu du printemps ; on la rencontre aussi en Allemagne.

### SÉSIE SPHÉCIFORME, *SESIA SPHECIFORMIS*, Hubn., Fab., God.

LE SPHÉCIFORME, Eng.

Pl. LIII, fig. 4.

Les premières ailes sont transparentes, avec les nervures, les bords, une large bande transverse, et le sommet d'un noir bleu. En dessous, leurs bords sont jaunâtres, et il y a un point jaune sur la partie externe de la bande transverse. Les secondes ailes sont transparentes, avec les nervures, le bord postérieur, un croissant près du milieu de la côte, d'un noir bleu cendré en dessus, et les nervures fauves en dessous. Les quatre ailes ont la frange d'un cendré obscur de part et d'autre. La tête est d'un noir bleu. Les antennes sont de la même couleur, avec leur dessus jaunâtre entre le milieu et le sommet. Le thorax et la poitrine sont d'un noir bleu luisant, avec une tache jaune sur chaque côté de celle-ci, et une ligne longitudinale de cette couleur sur chaque côté de celui-là. L'abdomen est d'un noir bleu luisant, avec un point à la base et le bord du troisième anneau en dessus, une tache latérale à la base et le bord du cinquième anneau en dessous, jaunes. La brosse de la partie anale est d'un noir bleu, et divisée en trois lobes distincts. Le mâle a quelques poils jaunes sous les brosses de la partie anale, et ses antennes ont le côté interne un peu en scie.

Se trouve dans le mois de juin; elle se plait sur plusieurs fleurs et particulièrement sur le tronc du bouleau.

### SÉSIE ASILIFORME, *SESIA ASILIFORMIS*, Fab., God.

*SPHINX TABANIFORMIS*, Naturf. — L'ASILIFORME, Eng.

Pl. LIII, fig. 5.

Les premières ailes sont opaques. Leur dessus est brun, avec les nervures et la côte bleuâtres. Leur dessous est jaunâtre, avec une lunule rousse peu distincte. Les secondes ailes sont transparentes, avec les nervures, les bords, et un petit arc près du milieu de la côte, bruns en dessus, plus clairs en dessous. Les quatre ailes ont la frange d'un brun cendré de part et d'autre. La tête est d'un noir bleu, avec un collier jaune. Le dessus des antennes est de la même couleur, avec le dessous ferrugineux. Le thorax et la poitrine sont d'un noir bleu, avec une cédille jaune sur chaque côté. L'abdomen est d'un noir bleu luisant, avec trois anneaux jaunes, également éloignés l'un de l'autre. La brosse de la partie anale est d'un noir foncé, avec deux lignes jaunes, longitudinales.

Le mâle diffère de la femelle en ce qu'il est plus petit, en ce qu'il a le côté interne des antennes denté en scie, et en ce que l'abdomen est pourvu de cinq anneaux jaunes.

Cette Sésie paraît en juin. Elle se trouve autour de Paris et butine pendant la chaleur du jour sur les fleurs du seringat odorant et du troëne commun ; on la rencontre quelquefois aussi dans les chantiers.

### SÉSIE APIFORME, *SESIA APIFORMIS*, Linn., God.

*SPHINX CRABRONIFORMIS, SPHINX TENEBRIONIFORMIS*, Hubn.
*SESIA APIFORMIS, SESIA SIRECIFORMIS*, Lasp.
LE CRABRONIFORME ET LE SIRÉCIFORME, Eng.
Pl. LIII, fig. 6.

Toutes les ailes sont transparentes, avec les nervures, les bords et une lunule sur les supérieures, d'un brun ferrugineux en dessus, plus clair en dessous, et la frange terminale d'un brun obscur de part et d'autre. Le dessous des ailes supérieures a l'origine de la côte jaune, et le dessus marqué d'un point de cette couleur. La tête est jaune, avec une tache blanche sur le côté interne des yeux, et un croissant jaune sur le côté externe. Les antennes sont noires, avec le dessous ferrugineux. Le thorax est brun, avec quatre taches jaunes dont les deux antérieures latérales, les deux postérieures médiaires, presque rondes. La poitrine est brune, sans taches. L'abdomen est jaune, avec le premier et le quatrième anneau noirs et garnis d'un duvet brun ; tous les autres sont bordés de noir, le cinquième et les deux derniers brunâtres sur le dos, les deux derniers anneaux en outre coupés par une ligne noire.

Le mâle diffère de la femelle en ce qu'il est plus petit, en ce que le côté interne des antennes est en scie, et en ce que l'abdomen est moins gros et barbu à son extrémité.

Cette espèce est remarquable par sa taille qui est la plus grande de toutes les Sésies. On la trouve aux environs de Paris ; elle se plaît sur le tronc des saules et des peupliers, depuis la fin de mai jusqu'à la mi-juillet.

Ajoutez : les *Sesia brosiformis*, Hub., du Languedoc et d'Espagne ; *Anthraciformis*, Ramb., de la Corse ; *Polistiformis*, Boisd., de la France méridionale ; *Meriæformis* et *Tengyræformis*, Ramb., de l'Andalousie ; *Euceræformis*, Ochs., de l'Italie ; *Megillæformis*, Hubn., de la France méridionale ; *Hylæiformis*, Lasp., de la France et de l'Allemagne, et la *Rhyngiæformis*, Hubn., de l'Italie et de la France méridionale.

# SPHINGIDES, *SPHINGIDÆ*, Lat.

Antennes prismatiques, presque toujours terminées par un petit crochet. Palpes obtus, collés contre le front et recouverts de poils et d'écailles très-denses, qui empêchent d'en distinguer les articles. Thorax très-robuste. Abdomen aussi large à la base que le thorax, plus ou moins allongé, le plus ordinairement cylindrico-conique, quelquefois aplati en dessous et terminé, dans ce cas, par un large faisceau de poils disposés en queue d'oiseau. Ailes de consistance très-solide, en toit incliné dans le repos, les supérieures longues et étroites, les inférieures très-courtes. Le vol est rapide et soutenu, excepté cependant dans le genre des *Smerinthus.*

Les chenilles sont glabres, plus ou moins cylindriques, et ont presque toujours une corne sur le onzième anneau. Les chrysalides sont cylindrico-coniques, rarement enveloppées d'une coque, qui, lorsqu'elle existe, est formée de parcelles de terre ou de débris de **végétaux**, liés ensemble par des fils.

## GENRE MACROGLOSSE, *MACROGLOSSA*, Och., Boisd.

*SESIA*, Fab. — *SPHINX*, Lat.

Les antennes sont droites, très-minces à leur base, presque en massue, finement striées en dessous. Le chaperon est large et proéminent. Les yeux sont ovales, peu saillants, et bordés de poils antérieurement. Les palpes contigus à leur sommet, se terminent en pointe obtuse, et débordent de beaucoup le chaperon. Le thorax est ovale, peu bombé, très-velu, avec les ptérygodes peu distinctes. L'abdomen, déprimé en dessous, moins large dans le bas que dans le haut, est terminé en queue de pigeon, avec des faisceaux de poils latéraux. Les pattes sont grêles et courtes ; les ailes sont courtes, entières, tantôt opaques, tantôt vitrées.

Le vol est extrêmement rapide et soutenu pendant le jour.

Les chenilles sont finement chagrinées, avec la tête globuleuse et une corne droite un peu couchée sur le onzième anneau. Elles se métamorphosent sur la terre, sous quelque abri, dans une coque informe composée de débris de feuilles sèches retenues par des fils. Leurs chrysalides sont allongées, cylindrico-coniques, avec l'enveloppe de la tête très-saillante.

## MACROGLOSSE FUCIFORME, *M. FUCIFORMIS*, Linn., Och., God.

*SPHINX BOMBILIFORMIS*, Och.

**LE SPHINX VERT AUX AILES TRANSPARENTES**, Geoff. — **LE GRAND SPHINX GAZÉ.** Eng.

Pl. xliv, fig. 1.

Toutes les ailes sont transparentes, avec les nervures, une bande terminale, et une tache près du milieu de la côte des supérieures, d'un ferrugineux pourpré ; outre cela, elles ont la base olivâtre en desssus, avec leur dessous jaunâtre. Le corps est d'un vert d'olive en dessus, avec les derniers anneaux bordés latéralement par des poils d'un jaune pâle ; le milieu de l'abdomen est traversé de part et d'autre par une bande du même ferrugineux que la bordure des ailes ; et la brosse, dont le dessous est aussi ferrugineux, a les côtés noirs ; les antennes sont d'un noir bleu.

Cette espèce se trouve aux environs de Paris, dans les mois de mai et de juin, et se rencontre principalement dans les jardins où abonde le chèvrefeuille.

## M. BOMBYLIFORME, *M. BOMBYLIFORMIS*, Och., Boisd., God.

*SPHINX MILESIFORMIS*, Dahl.— *SPHINX FUCIFORMIS*, Och.—**LE GRAND SPHINX GAZÉ**, Eng.

Pl. xliv, fig. 2.

Cette espèce a beaucoup de ressemblance avec le Macroglosse Fuciforme, mais elle en diffère par les caractères suivants : la bande transverse du milieu de l'abdomen est mélangée de noir et de verdâtre ; les anneaux qui suivent immédiatement cette bande ont le milieu fauve en dessus ; la brosse est noire en dessous ; la bande terminale des secondes ailes est plus étroite, d'un noir brun, ainsi que les nervures ; les premières ailes ne présentent pas de taches près du milieu de la côte, et la cellule de leur base n'est pas divisée par une nervure.

Cette espèce paraît avoir deux générations par an, comme la précédente. Les papillons qu'on voit voler en mai proviennent de chenilles écloses à l'arrière-saison, et dont les chrysalides ont passé l'hiver. Ceux qu'on voit voler en août et septembre proviennent de chenilles écloses à la fin de juin, et qui subissent toutes leurs métamorphoses en six semaines ou deux mois. Cette espèce se plaît dans les bois et n'est pas rare en mai.

**MACROGLOSSE MORO SPHINX, *M. STELLATARUM*, Linn., Fab., God.**

LE MORO SPHINX, Geoff. — LE SPHINX DU CAILLE-LAIT, Eng.

Pl. xliv, fig. 3.

Les premières ailes sont d'un brun cendré chatoyant en dessus, avec trois lignes noires, transverses, ondulées, dont les antérieures plus distinctes, renferment un point de leur couleur. Les secondes ailes sont d'un fauve jaune en dessus, avec la base obscure, et le bord postérieur ferrugineux. Toutes les ailes sont jaunâtres en dessous près du corps, ferrugineuses au milieu, et d'un brun obscur à leur extrémité. Le dessus du corps est d'un brun cendré, avec le milieu de l'abdomen marqué latéralement d'une tache jaunâtre puis d'une tache noire. Le ventre dans son milieu est grisâtre, avec les côtés noirâtres, et longés par une suite de petites brosses de poils blancs ; les antennes sont d'un brun noirâtre.

Cette espèce, répandue dans toute l'Europe et en Algérie, est très-commune aux environs de Paris, au printemps et en automne.

Ajoutez : le *Macroglossa croatica*, Esp., de la Dalmatie et de la Morée.


## GENRE PTÉROGON, *PTEROGON*, Boisd.

*SESIA*, Fab. — *SPHINX*, Lat. — *MACROGLOSSA*, Och.

Les antennes sont légèrement flexueuses, très-minces à leur base, presque claviformes, et striées en manière de râpe, ou crénelées, dans les mâles seulement. Les palpes sont velus, séparés du front, et dépassent de beaucoup le chaperon. La trompe est presque de la longueur du corps. La tête est large, les yeux sont ronds, et couverts en partie par les poils des parties latérales de la tête. Le thorax est large, épais, avec le collier et les ptérygodes bien marqués. L'abdomen est court, sub-conique, terminé par une brosse de poils, dans le mâle seulement.

Vol après le coucher du soleil.

Les chenilles sont lisses, avec la tête petite et globuleuse, et une plaque lenticulaire en place de corne sur le onzième anneau. Elles se métamorphosent à la surface de la terre, dans une coque informe composée de débris de végétaux réunis par des fils. Les chrysalides sont cylindrico-coniques.

**PTÉROGON DE L'OENOTHÈRE, *P. OENOTHERÆ*, Fab., Esp., Hubn., God.**

*SPHINX PROSERPINA*, Pall. — SPHINX DE L'ÉPILOBE, Eng.

Pl. xliv, fig. 4.

Les premières ailes sont d'un gris blanchâtre en dessus, avec l'extrémité olivâtre, et le milieu traversé par une bande courbe d'un vert sombre. Cette bande a la partie antérieure élargie, et marquée près de son côté externe d'un point noir qu'entoure un petit cercle grisâtre. Les secondes ailes sont d'un jaune foncé en dessus, avec une bande terminale qui est noire vers le sommet, olivâtre vers l'angle anal. Outre cela, le bord postérieur est liséré de blanc. Les quatre ailes sont d'un vert olivâtre en dessous, avec une bande blanche, centrale, entière aux inférieures, affaiblie vers le bord interne des supérieures. Le corps est verdâtre, avec une tache grise longitudinale sur le thorax. Les antennes sont noirâtres, avec l'extrémité blanchâtre.

La femelle diffère du mâle en ce qu'elle n'a pas de brosse à la partie postérieure de l'abdomen.

Cette espèce se rencontre rarement aux environs de Paris, mais elle se trouve assez communément dans le midi de la France, au mois de juin ; elle n'est pas rare dans les environs de Lyon, de Grenoble et surtout de Florac dans le département de la Lozère.

Ajoutez : le *Pterogon gorgoniades*, Boisd., des bords du Volga.


# GENRE DÉILÉPHILE, *DEILEPHILA*, Och., Boisd.

*SPHINX*, Fab., Lat.

Les antennes sont droites ou presque droites, de la longueur de la tête et du thorax réunis, striées comme dans le genre des *Sphinx*. Le chaperon est large et proéminent. Les yeux sont gros et saillants. Les palpes sont épais, séparés à leur extrémité, et dépassent le chaperon. La trompe est peu épaisse et moins longue que le corps. Le thorax est large, bombé, avec les ptérygodes bien distinctes. L'abdomen est cylindrico-conique, plus ou moins long, et rayé tantôt transversalement, tantôt longitudinalement et tantôt obliquement. Les pattes sont longues et minces, avec deux des quatre ergots très-longs, et les deux autres très-courts. L'angle apical des ailes supérieures et l'angle anal des ailes inférieures sont très-aigus ; le premier est légèrement falqué.

Le vol est rapide après le coucher du soleil.

Les chenilles sont lisses, ornées généralement de couleurs vives et de taches ocellées, avec la tête petite et globuleuse ; il y en a qui sont d'égale grosseur dans toute leur longueur ; d'autres, au contraire, qui ont les trois premiers anneaux plus minces que les autres, très-rétractiles, et susceptibles de s'allonger en manière de trompe. Les unes et les autres sont ordinairement pourvues d'une corne rugueuse sur le onzième anneau ; quelquefois cette corne manque, ou est remplacée par un simple tubercule. Toutes se métamorphosent à la surface du sol, dans une coque informe composée de débris de végétaux ou de molécules de terre, réunis par des fils. Les chrysalides sont cylindrico-coniques, avec une pointe anale assez prononcée.

**DÉILÉPHILE DE L'EUPHORBE**, *DEILEPHILA EUPHORBIÆ*, Linn., God.

SPHINX DU TITHYMALE, Geoff., Eng.

Pl. xliii, fig. 3.

Les premières ailes sont d'un gris rougeâtre en dessus, avec trois taches orbiculaires et une bande sinuée d'un vert olive foncé. Les secondes ailes sont d'un rouge tirant sur le rose en dessus, avec deux bandes noires, dont l'antérieure plus large et occupant la base, et la postérieure parallèle au bord terminal. Entre ces deux bandes il existe une tache blanche, arrondie et contiguë au bord interne. Les secondes ailes sont rouges en dessous, avec un point noir vers le milieu des supérieures, et quelquefois une double ligne brune sur le milieu des inférieures. Le thorax est d'un vert olive foncé, avec les bords blancs, et le milieu coupé par deux lignes rosées. L'abdomen est de la même couleur que le thorax, et a sur chaque côté cinq taches blanches transverses, dont les deux premières sont plus larges, et bordées de noir antérieurement. Le corps est d'un rouge pâle en dessous, avec des anneaux blanchâtres sur le ventre. Les antennes sont blanches en dehors et brunes en dedans.

Ce Déiléphile se trouve aux environs de Paris, dans les mois de juin et de septembre ; il éclôt un mois après sa métamorphose dans les pays méridionaux, et il en est de même aux environs de Paris, lorsque l'été est très-chaud ; ce qui explique pourquoi on retrouve quelquefois des chenilles en septembre et en octobre. Mais le plus ordinairement, la chrysalide passe l'hiver, et le papillon n'en sort qu'en juin de l'année suivante : il arrive même quelquefois qu'il ne se développe qu'au bout de deux ans. Il n'est pas rare dans le centre et le midi de la France.

## DÉILÉPHILE NICEA, *DEILEPHILA NICEA*, Och., God.

*SPHINX CYPARISSIÆ*, Hubn.
Pl. xLv, fig. 2.

Ce Sphinx a beaucoup de ressemblance avec l'*Euphorbiæ*; il en diffère cependant, en ce qu'il est d'un tiers plus grand, en ce que le dessus des ailes supérieures est plus sombre, et en ce que le dessous des quatre ailes est d'un cendré obscur à la base et à l'extrémité; le dessous du corps est grisâtre.

On trouve cette espèce en Provence et en Languedoc; elle n'est pas rare dans les environs de Montpellier; elle donne depuis le mois de juin jusqu'en septembre.

## DÉILÉPHILE DE LA GARANCE, *DEILEPHILA GALII*, Fab., Hubn., God.

SPHINX DE LA GARANCE, Eng.
Pl. xLv, fig. 2.

Les premières ailes sont d'un vert olive foncé en dessus, avec le bord postérieur cendré, et une bande jaunâtre ou blanchâtre bidentée en avant et sinuée en arrière. Les secondes ailes sont rouges en dessus, avec deux bandes noires, dont l'antérieure plus large et occupant la base, la postérieure parallèle au bord terminal. Entre ces deux bandes, il existe au bord interne de l'aile une tache blanche, arrondie, et adhérant par son côté extérieur à une tache d'un rouge brique foncé. Les quatre ailes sont nuancées de verdâtre et de gris cendré en dessous; le milieu des premières ailes présente une tache noirâtre, et un point de cette couleur à l'angle anal des secondes. Le dessous du corps est d'un rouge pâle, avec la poitrine et le ventre verdâtres; l'abdomen présente une suite de points blancs le long du dos. Les antennes du mâle sont entièrement brunes; celles de la femelle sont brunes en dedans et blanchâtres en dehors.

Cette espèce est commune, en juin, dans toute la France, mais très-rare aux environs de Paris; elle habite aussi l'Allemagne et la Suisse.

## DÉILÉPHILE DE L'HIPPOPHAÉ, *DEIL. HIPPOPHAES*, Esp., Hubn., God.

SPHINX DE L'ARGOUSIER, Prév. — PAP. D'EUR.
Pl. xLiii, fig. 1.

Les premières ailes sont d'un gris légèrement bleuâtre en dessus, avec le bord postérieur plus sombre et précédé d'une bande olive foncé. Les secondes ailes sont roses en dessus, avec deux bandes noires, dont l'antérieure plus large et couvrant la base, la postérieure parallèle au bord terminal qui est teinté de bleuâtre et garni d'une frange blanche. Entre ces deux bandes, le bord interne offre un espace blanc presque orbiculaire. Les quatre ailes en dessous sont d'un cendré obscur à la base, avec leur milieu rougeâtre et pointillé de brun, et d'un gris bleu à l'extrémité. Le dessus et le dessous du corps sont olivâtres; les côtés de l'abdomen sont blancs, avec deux bandes noires transversales.

La femelle diffère du mâle en ce que les couleurs sont moins vives.

On trouve cette espèce en juin et en septembre, dans les Alpes du Dauphiné et en Suisse.

## DÉILÉPHILE VESPERTILIO, *DEILEPHILA VESPERTILIO*, Fab., God.

LE CENDRÉ, Eng.

Pl. xliii, fig. 2.

Les premières ailes sont d'un gris bleuâtre en dessus, avec un point blanchâtre presque central, derrière lequel sont deux lignes obscures. Les secondes ailes sont d'un rouge fleur de pêcher en dessus, avec la base et le bord postérieur, noirs. Les premières ailes sont grises en dessous, avec le milieu traversé par une bande d'un rouge pâle. Le dessous des secondes ailes diffère du dessus en ce que la base et le bord postérieur sont gris au lieu d'être noirs. Le dessous du corps est d'un blanc jaunâtre; le dessus est d'un gris bleuâtre, avec les côtés de la moitié antérieure de l'abdomen blancs et coupés transversalement par deux petites bandes noires; le dessus des antennes est blanc; le dessous est ferrugineux.

Cette espèce se trouve dans les montagnes sous-alpines de la Suisse, de l'Italie et du midi de la France; elle n'est pas rare dans la France méridionale, principalement dans le département de la Lozère, où ce Déiléphile a été rencontré par Duponchel pendant les mois de juin et de septembre.

## DÉILÉPHILE LIVOURNIEN, *DEILEPHILA LINEATA*, Fab., Och., God.

*SPHINX LIVORNICA*, Hubn., Esp. *PAPILIO KOECHLINI*, Schrank. — LE LIVOURNIEN, Eng.

Pl. xlii, fig. 2.

Les ailes supérieures sont d'un brun olivâtre en dessus, avec sept nervures blanches, le bord terminal d'un cendré luisant, et une bande jaunâtre partant du sommet et aboutissant vers l'origine du bord interne. Les secondes ailes sont d'un rouge tirant sur le rose en dessus, avec une bande noire et une tache blanche au bord interne. Les quatre ailes sont d'un gris brunâtre en dessous, avec une bande claire sur le milieu, une tache noirâtre vers le centre des supérieures, et un point obscur vers l'angle anal des inférieures. Le thorax est d'un brun olivâtre, rayé de blanc; l'abdomen est olivâtre, avec six anneaux noirs ponctués de blanc bleuâtre; les côtés offrent une tache blanche derrière chacun des deux premiers anneaux; le dessous de l'abdomen est grisâtre. Les antennes sont brunes, avec l'extrémité blanchâtre.

Ce Déiléphile se trouve quelquefois aux environs de Paris; il est très-commun, en mai et en août, dans le midi de la France.

### DÉILÉPHILE DU LAURIER-ROSE, *DEILEPHILA NERII*, Fab., God.

SPHINX DU NÉRION, Eng.

Pl. XLII, fig. 1.

Les premières ailes sont diversement nuancées de vert en dessus, et elles présentent à l'origine du bord antérieur une tache blanchâtre sur laquelle il y a un gros point d'un vert olivâtre; viennent ensuite trois lignes blanchâtres, transverses et sinueuses se confondant à leur partie inférieure avec une bande rosée. Derrière cette bande est un espace violâtre, longitudinal, appuyé à son extrémité interne sur une ligne blanchâtre en zigzag. Il existe vis-à-vis du sommet une figure blanchâtre représentant un Y renversé. Les secondes ailes sont noirâtres en dessus depuis la base jusque vers le milieu, ensuite verdâtres jusqu'au bord postérieur; le bord interne est garni de poils grisâtres, et le bord postérieur est liséré de blanc. Les quatre ailes sont verdâtres en dessous, avec une ligne blanche commençant au sommet des supérieures et finissant à l'angle anal des inférieures. Le thorax est d'un vert foncé, avec un collier d'un gris lilas et une tache d'un gris verdâtre, mais plus claire sur les côtés. Le dessus de l'abdomen est vert, avec le premier et le troisième anneau blancs, le second jaunâtre. A partir du troisième anneau jusqu'à la partie anale, il y a sur chaque côté quatre bandelettes olivâtres et obliques, dont la postérieure beaucoup plus prononcée. Le dessus des antennes est blanchâtre, le dessous est ferrugineux.

On trouve ce joli Déiléphile en Italie, dans le Piémont et dans la

France méridionale, pendant les mois d'octobre et de novembre. Il a été rencontré plusieurs fois dans Paris (jardin du Luxembourg) et dans ses environs (Glacière, Fourqueux, etc.). Du reste, le Déiléphile du nérion est une espèce propre aux pays chauds où l'arbuste qui lui donne son nom croît spontanément, tels que l'Afrique, les parties méridionales de l'Asie, la Grèce, l'Espagne, etc., etc. Si on le trouve quelquefois dans d'autres contrées de l'Europe, ce n'est qu'accidentellement, et dans les jardins où le nérion se cultive en caisse; mais il est rare que, dans ce cas, il se propage de lui-même plusieurs années de suite.

### DÉILÉPHILE PHÉNIX, *DEILEPHILA CELERIO*, Linn., God.

LE PHŒNIX, Eng.

Pl. xlv, fig. 1.

Les premières ailes sont d'un brun olivâtre clair en dessus, avec deux bandes formées par la réunion de trois lignes blanchâtres; le milieu offre un point noir presque central. Les secondes ailes ont tout le tiers antérieur d'un rouge carmin tendre en dessus et sans aucune tache; le reste de la surface est d'un gris rosé, avec deux bandes noires obliques; le bord postérieur de ces ailes est liséré de blanc, ainsi que le bord interne des premières ailes. Les quatre ailes sont d'un brun grisâtre en dessous, avec le milieu jaunâtre, coupé par deux ou trois lignes obscures. Le dessus du corps est d'un même brun que le dessus des ailes supérieures, et présente le long du dos une ligne noirâtre bordée de gris. Le thorax présente quatre lignes longitudinales, dont les deux extrêmes très-blanches, les deux autres d'un jaune d'ocre pâle; l'abdomen, à compter du troisième anneau, présente de chaque côté une double série longitudinale de petits traits blancs. Les antennes sont grisâtres en dehors, brunes en dedans.

Ce Déiléphile se trouve assez communément dans nos départements méridionaux, pendant les mois de mai et septembre.

### DÉILÉPHILE DE LA VIGNE, *DEIL. ELPENOR*, Linn., Fab., God,

SPHINX DE LA VIGNE, Geoff.

Pl. xlvi, fig. 2.

Les premières ailes sont d'un rouge pourpré luisant en dessus, avec trois bandes d'un vert d'olive clair; à la base des premières ailes, on voit une petite tache noire. Le bord interne est garni de poils blancs depuis son origine jusqu'à la bande postérieure. Les secondes ailes sont d'un rose foncé en dessus, avec la base noire et le bord terminal liséré de blanc. Les quatre ailes sont roses en dessous, avec le bord d'en haut et le milieu d'un jaune olivâtre ; les supérieures ont le bord interne teinté de noirâtre. Le corps est rose, avec deux bandes longitudinales d'un vert olive sur l'abdomen, et cinq lignes divergentes de cette couleur sur le thorax ; les côtés du ventre sont longés par une double série de points jaunâtres. Les antennes sont brunes en dedans, blanches en dehors, avec la base verdâtre.

Cette espèce est répandue dans toute l'Europe, et plus commune dans le Nord que dans le Midi ; elle n'est pas rare aux environs de Paris, pendant les mois de juin et de septembre.

### DÉILÉPHILE PETIT POURCEAU, *DEIL. PORCELLUS*, Linn., Fab., God.

LE PETIT SPHINX DE LA VIGNE, Eng. — LE SPHINX A BANDES ROUGES DENTELÉES, Geoff.

Pl. xlv, fig. 3.

Les premières ailes sont d'un rose plus ou moins foncé en dessus, avec trois bandes transverses et sinuées, dont les deux antérieures d'un vert olivâtre et la postérieure jaunâtre et adhérent immédiatement à la précédente. Les secondes ailes sont noirâtres en dessus, au bord d'en haut, jaunâtres au milieu, roses à l'extrémité, avec le bord terminal entrecoupé de blanc de part et d'autre. Les quatre ailes sont roses en dessous, avec le milieu traversé par une bande jaunâtre sinuée en arrière ; la base des ailes supérieures est teintée de noirâtre. Le corps est d'un rose foncé, avec la tête, le milieu du thorax, le dos, lavés de verdâtre, et les côtés du ventre longés par deux lignes de points d'un blanc jaunâtre. Les antennes sont blanches en dehors, brunes en dedans.

Cette espèce est répandue dans une grande partie de l'Europe, mais surtout dans le nord ; on la trouve quelquefois aux environs de Paris, pendant les mois de juin et d'août.

Ajoutez : les *Deilephila Esulæ*, Boisd., de la Calabre ; *Dahlii*, Tr., de la Corse et de la Sardaigne ; *Tithymali*, Boisd., de l'Espagne méridionale ; *Zygophylli*, Hubn., de la Russie méridionale ; *Epilobii*, Dup., des environs de Lyon ; *Vespertilioides*, Boisd., des Alpes du Dauphiné ; *Cretica*, Boisd., et *Alecto*, Linn., de Constantinople et des îles de la Grèce.

## GENRE SPHINX, *SPHINX*, Fab., Lat.

Les antennes snt légèrement flexueuses, de la longueur de la tête et du thorax réunis, renflées au milieu, striées transversalement en manière de râpe, du côté interne dans les mâles, unies dans les femelles. Le chaperon est large et proéminent. Les yeux sont gros et saillants. Les palpes sont épais, réunis à leur extrémité, et débordent le chaperon. Les ailes supérieures sont entières et lancéolées ; l'angle anal des inférieures est arrondi. Le thorax est large, bombé, avec les ptérygodes très-développées. L'abdomen est long, cylindrico-conique, marqué de bandes annulaires ou transversales. Les pattes sont robustes et assez courtes.

Le vol est rapide et brusque après le coucher du soleil.

Les chenilles sont lisses, cylindriques, rayées obliquement sur les côtés. Elles ont la tête plate et ovalaire, et une corne unie, très-aiguë et courbée en arrière sur le onzième anneau. Elles se métamorphosent dans la terre, sans former une coque. Leurs chrysalides sont allongées, cylindrico-coniques, avec le fourreau de la trompe plus ou moins séparé de la poitrine, et une pointe anale très-prononcée.

### SPHINX DU PIN, *SPHINX PINASTRI*, Linn., Fab., God.

SPHINX DU PIN, Eng.

Pl. xlvi, fig. 5.

Les premières ailes sont d'un gris blanchâtre en dessus, avec trois petites lignes noires sur le disque. Le milieu du bord interne est d'un brun obscur, et il y a au sommet un trait longitudinal de cette couleur. Les secondes ailes sont sans taches et d'un brun cendré en dessus. La frange postérieure des quatre ailes est entrecoupée de blanc de part et d'autre ; leur dessous est cendré, avec l'extrémité saupoudrée de blanchâtre. Le thorax est gris, avec deux bandes noirâtres en forme de croissant. L'abdomen est annelé de blanchâtre et de noirâtre en dessus, avec une bande grise le long du dos, divisée par une ligne noire. Le dessus des antennes est blanc, le dessous est cendré ; les pattes sont grisâtres ; les anneaux du ventre sont de la même couleur.

Cette espèce a été rencontrée en juin, dans l'est et dans le nord de la France ; elle n'est pas rare dans les environs de Lyon et dans les landes de Bordeaux. L'Allemagne nourrit aussi cette espèce, où elle est commune dans les forêts de pins.

### SPHINX DU TROËNE, *SPHINX LIGUSTRI*, Linn., Fab., God.
*SPHINX SPIREÆ*, Esp. — LE SPHINX DU TROËNE, Geoff., Eng.

Pl. xlvii, fig. 2.

Les premières ailes sont d'un gris rougeâtre et comme veinées de noir en dessus, avec le milieu d'un brun obscur, surtout vers le bord interne; ce bord est garni de poils roses, et le bord postérieur est longé par deux lignes blanchâtres, flexueuses, qui se réunissent près du sommet. Les secondes ailes sont roses en dessus, avec trois bandes noires, dont l'antérieure courte et transverse; les deux autres sont parallèles au bord terminal, qui est lavé de brun et qui a, ainsi que le bord correspondant des ailes supérieures, une petite frange tirant sur le ferrugineux. Les quatre ailes sont d'un gris rougeâtre en dessous, avec une bande noire, commune, bordée de blanchâtre en arrière. Ces ailes ont le sommet saupoudré de blanc et coupé par un trait brun. Le thorax est d'un brun noir, avec le milieu grisâtre, et les côtés d'un blanc rosé. L'abdomen est annelé de noir et de rose en dessus, et présente dans son milieu une bande brunâtre, entièrement divisée par une ligne noire. Le dessus des antennes est blanc; le dessous est cendré; le corps est d'un gris blanchâtre en dessous, avec trois lignes noirâtres.

Cette espèce est répandue dans toute l'Europe; elle n'est pas rare aux environs de Paris, où on la rencontre quelquefois, communément dans les jardins, pendant les mois de juin et de septembre.

### SPHINX DU LISERON, *SPHINX CONVOLVULI*, Linn., Fab., God.
SPHINX DU LISERON, Eng. — LE SPHINX A CORNES DE BŒUF, Geoff.

Pl. xlvii, fig. 1.

Les premières ailes sont d'un gris cendré en dessus, avec deux petites veines noires sur le milieu, et un bouquet de poils de cette couleur à l'origine du bord interne. Les secondes ailes sont grisâtres en dessus, avec trois bandes noirâtres. Le bord terminal et le bord analogue des premières ailes sont garnis d'une frange blanche entre-coupée de brun. Les quatre ailes sont d'un gris cendré en dessous, avec une double bande brunâtre, plus distincte aux inférieures qu'aux supérieures. Le thorax est d'un gris cendré, avec deux chevrons noirâtres. L'abdomen est annelé de noir et de rouge en dessus, et présente le long du dos une bande grise, divisée par une ligne noire; les anneaux rouges, à l'exception du premier qui est d'un ton vineux tirant sur le rose, sont bordés de blanc antérieurement. Le dessus des antennes est blanchâtre, avec le dessous cendré. Le dessous du corps est entièrement blanchâtre, avec deux points noirs au milieu du ventre.

Cette espèce est répandue dans toutes les parties tempérées de l'Europe, et n'avance pas tant au nord que la précédente; elle se rencontre aux environs de Paris, pendant les mois de juin et de septembre.

## GENRE ACHÉRONTIE, *ACHERONTIA*, Och.

*SPHINX*, Fab. — *BRACHYGLOSSA*, Boisd.

Les antennes sont très-courtes, droites, peu renflées au milieu, finement striées transversalement du côté interne, et dont le crochet terminal est très-prononcé. La tête est large. Les yeux sont gros et saillants. Le chaperon est très-avancé. Les palpes sont épais, séparés à leur extrémité, et dépassent à peine le chaperon. La trompe est épaisse, très-courte. Le thorax est ovale, peu convexe, avec un double collier bien marqué et les ptérygodes peu distincts. L'abdomen est ovalaire, légèrement aplati, et terminé en pointe obtuse. Les pattes sont courtes, robustes, avec les crochets des tarses très-forts. Les ailes supérieures sont entières et lancéolées; l'angle anal des inférieures est arrondi.

Le vol est très-lourd, après le coucher du soleil.

Les chenilles sont lisses, rayées obliquement, avec la tête plate et ovalaire, et une corne rocailleuse et contournée sur le onzième anneau. Elles s'enfoncent profondément dans la terre pour se métamorphoser, sans former de coque. Les chrysalides sont allongées et déprimées sur la poitrine, avec une pointe anale bifurquée.

## ACHÉRONTIE TÊTE DE MORT, *ACH. ATROPOS*, Linn., Fab., God.

Pl. xlviii, fig. 1.

Les premières ailes sont d'un brun noir en dessus, saupoudrées de bleuâtre, avec trois lignes blanchâtres, transverses, courtes et ondulées; l'origine du bord interne présente une petite touffe de poils jaunes; le milieu de la surface offre un point blanchâtre, et l'extrémité des nervures est ferrugineuse. Les secondes ailes sont d'un jaune foncé en dessus, avec deux bandes noires, transverses et sinuées, dont l'antérieure est plus étroite. Les quatre ailes sont jaunes en dessous, avec

10

deux bandes communes, dont l'antérieure noire, la postérieure brune et plus large, surtout aux premières ailes dont elle couvre presque entièrement l'extrémité. Il existe, en outre, un point noir vers le milieu de la côte des secondes ailes. L'abdomen est d'un jaune foncé, avec six anneaux noirs, coupant une bande d'un bleu cendré, placée longitudinalement sur le milieu du dos. Le thorax est d'un brun noir, saupoudré de bleuâtre, avec une grande tache jaunâtre représentant la figure d'une tête de mort. Le dessus des antennes est noir ; la sommité est blanche, et le dessous est entièrement gris.

Cette espèce se trouve en Europe, quelquefois assez communément aux environs de Paris, pendant les mois de mai et de septembre. Cette Achérontie, à cause de sa grande multiplication, est un véritable fléau dans certaines contrées où l'on s'occupe spécialement de la récolte du miel. Elle est très-friande de cette substance ; et lorsqu'elle s'introduit dans une ruche pour s'en rassasier, elle y cause une telle épouvante parmi les abeilles, qu'elles prennent toutes la fuite, leurs nombreux coups d'aiguillon étant impuissants contre son épaisse fourrure.

## GENRE SMÉRINTHE, *SMERINTHUS*, Och., Lat.

*LAOTHOÉ*, Fab. — *DILINA*, Dalm.

Les antennes sont flexueuses, peu renflées au milieu, fortement dentées en scie, ou crénelées du côté interne, surtout dans les mâles. La tête est petite et enfoncée dans le thorax. Le chaperon est étroit et peu proéminent. Les yeux sont petits et peu saillants. Les palpes sont très-courts, arrondis, et n'atteignent pas le chaperon. La trompe est presque nulle ou rudimentaire. Les quatre ailes sont plus ou moins dentées ; les supérieures sont falquées, et débordées par les inférieures dans l'état de repos, les unes et les autres étant alors dans une position horizontale. Le thorax est presque globuleux, très-velu, avec le collier et les ptérygodes distincts. L'abdomen est conico-cylindrique, et à extrémité relevée dans les mâles.

Le vol est lourd, après le coucher du soleil.

Les chenilles sont rugueuses ou chagrinées, avec la tête triangulaire. Elles sont atténuées dans leur partie antérieure, et rayées obliquement de chaque côté du corps. Elles s'enfoncent dans la terre pour se métamorphoser, sans former de coque. Leurs chrysalides sont cylindrico-coniques, avec une pointe anale simple.

## SMÉRINTHE DU TILLEUL, *SMÉRINTHUS TILIÆ*, Linn., Fab., God.

*PAPILIO ULMI*, Schr. — LE SPHINX DU TILLEUL, Geoff., Eng.

Pl. xLix, fig. 1.

Les premières ailes sont couleur ventre-de-biche en dessus, avec l'extrémité olivâtre et lisérée de ferrugineux. Sur le milieu de leur surface sont placées, l'une au-dessus de l'autre, deux taches d'un vert olive foncé, et dont la supérieure est plus grande et irrégulière; l'extrémité présente une tache d'un blanc sale, longitudinale, à peu près en forme de hachette. Les secondes ailes sont d'un fauve terreux en dessus, avec une bande brune, peu prononcée, et allant de l'extrémité du bord d'en haut à l'angle anal où elle prend une teinte verdâtre. Le dessous des premières ailes est à peu près semblable au dessus, mais il est généralement plus pâle et sans taches sur le milieu. Les secondes ailes sont verdâtres en dessous, avec le milieu traversé par une large bande plus claire. Le corps est verdâtre et présente sur le thorax trois raies longitudinales d'un vert olive. Le dehors des antennes est blanchâtre, le dedans est d'un brun clair.

Ce Smérinthe varie beaucoup, surtout quant à la couleur du fond des ailes. Il présente trois ou quatre variétés assez remarquables.

Cette espèce se trouve pendant les mois de mai et de juin, sur les boulevards de Paris et des routes; elle ne donne qu'une fois par an et se plaît ordinairement sur les ormes. Elle paraît répandue dans toute l'Europe, mais principalement dans sa partie tempérée.

## SMÉRINTHE DEMI-PAON, *S. OCELLATA*, Linn., Fab., God.

*SPHINX SALICIS*, Hubn. — LE DEMI-PAON, Geoff.

Pl. xLix, fig. 2.

Les premières ailes sont tantôt d'un gris rougeâtre, tantôt d'un gris violâtre, tantôt d'un gris noisette, avec des ondes légèrement obscures, et trois espaces bruns, dont deux sur le milieu de la surface, le troisième occupant la majeure partie du bord terminal, à partir du sommet; l'extrémité offre deux points noirâtres. Les secondes ailes sont d'un rouge carmin plus ou moins vif en dessus, avec l'extrémité lavée de brun, et le milieu marqué d'un grand œil à prunelle et à iris noirs. Cet œil se lie à la partie postérieure par un croissant noirâtre. Les premières ailes sont d'un rouge carmin pâle en dessus, depuis la base jusqu'au milieu avec la côte brune. Les secondes ailes sont brunes

en dessous, et traversées dans leur milieu par deux lignes grisâtres,
un peu flexueuses. Le thorax est grisâtre, avec une bande brune, longitudinale, large. L'abdomen est grisâtre, avec les côtés plus foncés;
le dehors et le dedans des antennes sont jaunâtres.

Cette espèce se trouve communément dans une grande partie de
l'Europe; elle n'est pas rare aux environs de Paris, pendant les mois
de mai et d'août.

### SMÉRINTHE DU PEUPLIER, *SMERINTHUS POPULI*, Linn., God.

LE SPHINX A AILES DENTELÉES, Geoff. — SPHINX DU PEUPLIER, Eng.

Pl. xlix, fig. 3.

Les ailes sont tantôt d'un gris brun ou d'un gris roussâtre, tantôt
d'un gris blanc ou d'un gris lilas, avec des bandes et des raies transverses plus foncées. Les supérieures sont marquées en dessus, vers le
milieu, d'un point blanchâtre, oblong. Le dessus des inférieures présente à la base un espace ferrugineux qui est plus garni de duvet que
le reste de la surface. Les ailes sont plus pâles en dessous qu'en dessus, et les postérieures ont une tache noirâtre vers le milieu de la
côte. Le corps est à peu près de la couleur des ailes, avec les ptérygodes plus clairs; le côté externe des antennes est d'un blanc jaunâtre, le côté interne est roussâtre.

Le mâle diffère de la femelle en ce qu'il est plus foncé.

Cette espèce est répandue dans toute l'Europe, mais plus communément au nord qu'au midi; elle n'est pas rare aux environs de Paris
pendant les mois de mai et de juillet.

### SMÉRINTHE DU CHÊNE, *S. QUERCUS*, Fab., Esp., God.

Pl. xlviii, fig. 2.

Les ailes supérieures sont d'un gris jaunâtre ou chamois en dessus,
avec quatre bandes obscures, transversales, dont les antérieures
courbes, plus longues, et largement ombrées de brunâtre. Il y a près
de l'angle interne un point et une petite tache semi-lunaire, d'un
cendré noirâtre. Les ailes inférieures sont couleur noisette en dessus,
avec le milieu traversé par une bande jaunâtre, courbe, très-étroite,
se dilatant près de l'angle anal, lequel est moucheté de noirâtre. Les
quatre ailes sont d'un jaune pâle en dessous, avec deux lignes, communes et parallèles, d'un ferrugineux clair. Le corps est d'un gris

jaunâtre, avec les ptérygodes plus foncés ; le dessus des antennes est jaunâtre, le dessous est fauve.

On trouve ce Smérinthe dans le midi de la France, en mai ; on le rencontre aussi en Autriche et en Hongrie.

Ajoutez : le *Smerinthus Tremulæ*, Zetter., des environs de Moscou.

# ZYGÉNIDES, *ZYGENIDÆ*, Lat.

Antennes plus ou moins renflées au delà du milieu, tantôt simples dans les deux sexes, tantôt pectinées dans les mâles seulement, et quelquefois aussi dans les femelles. Palpes subcylindriques, dont le dernier article est toujours bien distinct, et quelquefois nu. Trompe plus ou moins longue. Tête petite, arrondie, plus étroite que le thorax. Corps plus souvent squammeux que velu. Ailes longues, étroites, en toit incliné dans le repos, et dont le sommet dépasse toujours l'abdomen, quelle que soit la longueur de celui-ci.

Vol généralement lourd, qui devient plus vif par un soleil ardent.

Les chenilles sont courtes, épaisses, velues ou pubescentes, à tête petite et rétractile sous le premier anneau. Elles n'hivernent jamais sous forme de chrysalides, et se métamorphosent toujours dans les coques attachées aux tiges ou aux branches des végétaux.

## GENRE ZYGÈNE, *ZYGÆNA*, Fab., Lat.

### ANTHROCERA, Scopoli.

Les antennes, généralement épaisses, sont très-renflées au delà du milieu, terminées en pointe obtuse, simples dans les deux sexes, et plus ou moins contournées en cornes de bélier. Les palpes sont grêles, séparés de la tête, et atteignent à peine jusqu'au chaperon ; ils sont velus à la base, nus et pointus à l'extrémité. La trompe est longue et épaisse. Le thorax est assez robuste, avec les épaulettes petites et peu adhérentes. L'abdomen est assez long, obconique. Les ailes supérieures sont longues, étroites, et cachent en entier les inférieures dans le repos.

La plupart des espèces qui représentent ce genre, sont d'un bleu ou d'un vert foncé chatoyant, avec des taches rouges sur les ailes supérieures, et le fond des ailes inférieures de la couleur des taches.

Deux seulement (*Ephialtes* et *Lavandulæ*) ont les quatre ailes de la même couleur.

Les chenilles sont courtes, pubescentes, atténuées aux deux extrémités, avec des anneaux profondément incisés, la tête petite et rétractile. Elles ont la démarche lente et paresseuse. Leurs chrysalides sont renfermées dans des coques fusiformes ou ovoïdes de la consistance du parchemin.


### ZYGÈNE MINOS, *ZYGÆNA MINOS*, Och., Boisd.

*ZYGÆNA PYTHIA*, Fab. — *ZYGÆNA SCABIOSÆ*, Fab. — SPHINX DE LA PILOSELLE, Eng.

Pl. L, fig. 1.

Les ailes supérieures sont bleuâtres, avec trois taches rouges longitudinales ; la première part de la base, et s'étend jusqu'au milieu, la seconde part aussi de la base, mais elle est plus étroite, et longe la côte jusqu'au delà du tiers de l'aile ; la troisième commence en pointe entre les deux précédentes, s'étend jusqu'auprès de l'extrémité, où elle devient sécuriforme. Les ailes inférieures sont d'un rouge vermillon de part et d'autre, avec une légère bordure d'un bleu noirâtre. Les ailes supérieures sont d'un bleu pâle en dessous, et les taches du dessus y sont aussi d'un rouge moins vif. Les antennes, l'abdomen et le thorax sont noirs, tant en dessus qu'en dessous. La frange des ailes supérieures est d'un jaune roussâtre. La femelle est ordinairement d'un vert jaunâtre, avec le collier et les épaulettes blanchâtres ; l'abdomen est d'un bleu verdâtre bronzé.

Cette espèce se trouve dans plusieurs contrées de l'Allemagne, de l'Autriche, de la Suisse et de la France, ainsi qu'en Sicile. Elle est assez commune dans certaines parties de la forêt de Fontainebleau. Elle vole en juillet.


### ZYGÈNE DE LA SCABIEUSE, *ZYGÆNA SCABIOSÆ*, Fab., Boisd.

SPHINX BÉLIER A BANDE ROUGE (Var.), Eng. — *ZYGÆNA PYTHIA*, Rossi.
*ZYGÆNA MINOS*, Schrank.

Pl. L, fig. 2.

Les premières ailes sont d'un bleu pâle, légèrement transparentes, avec trois taches rouges longitudinales et dilatées extérieurement ; celle qui est la plus proche du bord interne commence à la base et continue, en se dilatant, jusqu'aux deux tiers de l'aile ; le milieu de cette tache est quelquefois si étranglé, qu'il paraît comme interrompu ; la seconde est longitudinale, et suivie d'une autre tache qui va en se dilatant vers l'extrémité de l'aile ; la troisième est arrondie et placée au bout de l'aile. Les secondes ailes sont rouges de part et d'autre, avec le bord d'un noir bleu et assez large, principalement vers l'angle externe. Les premières ailes sont d'un bleu pâle luisant en dessous, et représente tout le dessin du dessus. Les antennes sont longues, grêles, terminées à peine en massue. Le thorax est d'un bleu noir. Le corps est grêle, d'un noir bleu obscur.

Cette espèce habite l'Autriche, la Hongrie, l'Italie, la Sicile, ainsi que la France, dans les Pyrénées, dans les Alpes du Dauphiné et de la Provence, et dans le département de la Lozère. Elle paraît vers la fin de juillet.

### ZYGÈNE POINT. *ZYGÆNA PUNCTUM*, Och., Boisd.

Pl. t., fig. 5.

Les ailes supérieures, quelquefois grisâtres, sont d'un bleu verdâtre ou noirâtre, avec quatre taches rouges, dont deux oblongues partant de la base ; une autre très-petite et punctiforme, placée entre les deux taches ci-dessus, et une dernière tache sécuriforme placée vers l'extrémité. Les ailes inférieures sont d'un rouge carmin plus ou moins vif, avec une légère bordure bleuâtre. En dessous, les ailes supérieures sont plus pâles que la surface opposée ; les taches y sont un peu plus confondues, et le point caractéristique qui existe entre les deux taches allongées de la base ne s'y distingue que difficilement. Le dessous des ailes inférieures est semblable au dessus. La frange des ailes supérieures est d'un jaune roussâtre, celle des ailes inférieures est bleuâtre ; la tête et le thorax sont garnis de poils d'un gris blanchâtre ; l'abdomen est d'un noir bleuâtre de part et d'autre ; les antennes sont assez courtes, d'un noir bleu, et terminées par une massue assez forte.

La femelle diffère du mâle, en ce que le fond des premières ailes est d'un bleu un peu jaunâtre ou grisâtre.

Cette espèce se trouve en Hongrie, en Italie, en Sicile et dans le midi de la France ; elle vole en juillet.

### ZYGÈNE SARPÉDON, *ZYGÆNA SARPEDON*, Och., Hubn , God.

#### *SPHINX TRIMACULATA*, Esp.

Pl. ɪ., fig. 4.

Les ailes supérieures sont bleues, presque transparentes, avec trois taches rouges, dont deux à la base et une vers l'extrémité ; les deux de la base sont inégales, l'inférieure est trois fois plus longue que la supérieure et interrompue ; la troisième est ordinairement orbiculaire. Ces taches sont aussi distinctes en dessus qu'en dessous ; la frange est peu apparente et jaunâtre. Les ailes inférieures dans le mâle sont du même ton que les supérieures, avec le disque d'un rose très-pâle. Dans la femelle, la couleur rose s'étend jusqu'à la bordure, qui chez elle est plus étroite ; le corps est d'un bleu noir, avec un anneau rouge sur le dessus de l'abdomen ; les antennes sont noires, très-fortes, et terminées brusquement en massue.

La femelle diffère encore du mâle par son anneau rouge, qui est beaucoup plus large.

Cette espèce habite nos départements les plus méridionaux; elle se trouve aussi en Espagne et en Portugal ; elle paraît en juillet.

### ZYGÈNE DU MÉLILOT, *ZYGÆNA MELILOTI*, Och., Boisd.

#### *SPHINX LOTI*, Hubn., Esp. — *SPHINX LONICERÆ* (Var.), Esp. — *SPHINX VICIÆ*, Borkh.

Pl. ɪ., fig. 6.

Les ailes supérieures sont étroites, lancéolées, légèrement transparentes, d'un vert bleuâtre luisant, avec cinq taches rouges, dont une est solitaire vers le bout de l'aile; les deux de la base oblongues, et les autres presque rondes. Les ailes supérieures sont d'un bleu grisâtre pâle en dessous, avec les taches aussi distinctes qu'en dessus. Les ailes inférieures sont d'un rouge rose de part et d'autre, avec une bordure d'un bleu pâle. Les antennes sont d'un noir bleu; le corps est d'un bleu verdâtre luisant. La frange des ailes supérieures est un peu jaunâtre, peu distincte ; celle des inférieures se fond avec la bordure.

Les deux sexes sont semblables entre eux.

Cette espèce se trouve dans l'est de la France , dans plusieurs contrées de l'Allemagne, en Autriche, en Russie et en Suède. Elle vole en juillet.

## ZYGÈNE EXILÉE, *ZYGÆNA EXULANS*, Och., Hubn., Boisd.

*ZYGÆNA VANADIS* (Var.), Dalm.

Pl. ɪ, fig. 5.

Les ailes supérieures sont à peine transparentes, d'un gris verdâtre luisant, avec les nervures souvent blanchâtres, dans le mâle ; celles de la femelle sont souvent bleuâtres, sans veines blanches ; mais, dans les deux sexes, la frange ainsi que le bord interne sont blancs ; de plus, elles offrent cinq taches rouges : deux oblongues à la base, dont celle de la côte moitié plus longue que l'autre, deux inégales vers le milieu, et une solitaire près de l'extrémité de l'aile. Les ailes supérieures sont d'un gris un peu jaunâtre en dessous, et les taches y sont aussi distinctes qu'en dessus. Les ailes inférieures sont d'un rouge carmin pâle de part et d'autre, avec une bordure du même ton que le fond des ailes supérieures. Le collier est d'un jaune grisâtre ; les antennes sont noires ; le corps est très-velu, surtout dans les femelles.

Cette Zygène n'habite que les plateaux des montagnes les plus élevées. On la trouve à la fin de juillet et au commencement d'août dans les Alpes de la France, de la Savoie, de la Suisse, du Tyrol et de la Laponie.

## ZYGÈNE DU TRÈFLE, *ZYGÆNA TRIFOLII*, Esp., Bork., Och.

*SPHINX OROBI*, Hubn. — SPHINX DES PRÉS, Eng. — *SPHINX PRATORUM?* Devill.

Pl. ɪ, fig. 7.

Les premières ailes sont d'un bleu foncé, avec cinq taches rouges aussi distinctes en dessus qu'en dessous. Dans quelques individus il existe, en face de la tache solitaire du bout de l'aile, un très-petit point rouge ou rudiment d'une sixième tache. Les secondes ailes sont d'un rouge carmin de part et d'autre, avec une bordure bleue ; la base de ces mêmes ailes est rayonnée par quelques poils bleus.

La femelle est semblable au mâle. Dans quelques individus, toutes les taches sont réunies en une bande irrégulière. Les antennes sont d'un bleu noir ; le corps est d'un bleu luisant.

Cette espèce se trouve dans le centre et le midi de la France, dans le mois de juillet. On la rencontre aussi dans le Piémont, la Hongrie et l'Autriche.

### ZYGÈNE DU CHÈVREFEUILLE, *Z. LONICERÆ*, Esp., Och., God.

*SPHINX GRAMINIS*, Devill. — SPHINX DES GRAMINÉES, Eng.

Pl. 1, fig. 8.

Les ailes supérieures sont d'un vert bleuâtre luisant, avec cinq taches rouges presque aussi distinctes en dessous qu'en dessus, dont deux à la base, deux au milieu et une vers le bout de la côte. Les ailes supérieures sont d'un rouge carmin de part et d'autre, avec une bordure bleuâtre, sinuée à son côté interne, et allant en décroissant de l'angle externe à l'angle anal. Outre cela, la base de ces mêmes ailes est rayonnée par des poils de la couleur du fond. Les antennes sont noires; le corps est d'un bleu foncé; quelquefois les taches des ailes supérieures sont réunies en une bande irrégulière.

Cette Zygène paraît en juin et en juillet; on la trouve dans toute l'Europe septentrionale: elle n'est pas rare, surtout dans le nord de la France.

### ZYGÈNE DE LA FILIPENDULE, *Z. FILIPENDULÆ*, Linn., Fab., God

*SPHINX CYTHISII* (Var.), Hubn.

LE SPHINX BÉLIER, Geoff. — *SPHINX CHYSANTHEMI* (Var.), Esp., Hubn.

Pl. 1, fig. 9.

Les premières ailes sont d'un vert luisant, avec un reflet un peu doré. Ces mêmes ailes présentent six taches d'un rouge carmin, disposées par couples en dessus, presque confondues en dessous; les deux taches de la base sont ovales, oblongues; les quatre autres sont arrondies et plus petites. Les secondes ailes sont d'un rouge carmin de part et d'autre, avec une bordure bleue garnie d'une légère frange un peu plus claire; la frange des premières ailes est un peu roussâtre. Le corps est d'un vert bronzé; le dessus des antennes est d'un bleu foncé, le dessous est noir.

La femelle diffère du mâle, en ce qu'elle est ordinairement plus grande.

Cette espèce se trouve dans toute l'Europe; elle est assez commune autour de Paris, depuis la fin de juin jusqu'au commencement d'août.

## ZYGÈNE TRANSALPINE, *ZYGÆNA TRANSALPINA*, Och., Boisd.

*SPHINX FILIPENDULÆ MAJOR*, Esp.

Pl. L, fig. 10.

Les premières ailes sont d'un vert bleuâtre luisant, ou d'un noir bleu, avec six taches d'un rouge carmin; les deux taches de la base sont ovales, les quatre autres sont plus ou moins arrondies. Le dessus et le dessous des secondes ailes sont d'un rouge carmin, avec une bordure d'un bleu noir, sinuée à son côté interne et garnie d'une frange un peu plus foncée, que l'on voit aussi aux premières ailes. Le dessous des premières ailes est d'un bleu noir clair, et présente les mêmes taches que le dessus. Les taches, dans quelques individus de l'un et l'autre sexe, ne sont qu'au nombre de cinq.

Cette Zygène, qui est remarquable par sa grande taille, se trouve communément en Italie, où elle remplace la *Z. Filipendulæ*. On la trouve aussi dans les environs de Montpellier. Elle vole dans le mois de juin.

## ZYGÈNE DU PEUCÉDAN, *Z. PEUCEDANI*, Och., Hubn., God.

*ZYGÆNA FILIPENDULÆ* (Var.), Fab. — SPHINX DU PEUCÉDAN, Eng.
*SPHINX VERONICÆ*, Borkh. — *SPHINX ATHAMANTHÆ* (Var.), Esp.
*ZYGÆNA ÆACUS*, Fab., Hubn., Esp. — *SPHINX ÆAQUE*, Eng.

Pl. LI, fig. 1.

Les ailes supérieures sont d'un vert bleu luisant en dessus, avec cinq ou six taches rouges disposées par paires, dont deux à la base, deux au milieu et deux ou une seule vers l'extrémité; ces taches se reproduisent en dessous, mais elles y sont plus ou moins confuses. Les ailes inférieures sont rouges de part et d'autre, avec une bordure noire sinuée à son côté interne : ces ailes ont en outre une petite frange noirâtre. Le corps est d'un vert bronzé, avec le cinquième anneau rouge en dessus et en dessous; le dessus des antennes est bleu; le dessous est noir, avec l'extrémité de la massue blanchâtre.

Cette espèce parait en juillet; elle se trouve en France, en Italie et en Allemagne.

## ZYGÈNE DE LA LAVANDE, *Z. LAVENDULÆ*, Fab., Och., God., Boisd.

*SPHINX SPICÆ*, Hubn. — SPHINX DE LA LAVANDE, Eng.

Pl. LI, fig. 2.

Les ailes supérieures sont d'un vert bleu luisant, avec cinq taches rouges bordées de noir, dont deux à la base, deux au milieu et une solitaire vers le bout ; la frange des premières ailes est blanchâtre. Les ailes inférieures sont bleuâtres en dessus, avec deux points rouges inégaux. Le dessous des ailes supérieures diffère du dessus en ce que les taches n'y sont point bordées de noir. Le dessous des ailes inférieures présente une large tache rouge qui occupe tout le disque de l'aile ; leur frange est noirâtre. Le corps est d'un vert bronzé, avec un collier blanchâtre ; le dessus des antennes est d'un bleu foncé, le dessous est noir ; la femelle est semblable au mâle.

Il y a des individus dont la base des secondes ailes est rayonnée de rouge.

Cette Zygène paraît en juillet. On la trouve assez communément dans nos départements les plus méridionaux. On la rencontre aussi en Espagne.

### ZYGÈNE RHADAMANTHE, *Z. RHADAMANTHUS*, Och., Esp., God.

Pl. ʟɪ, fig. 4.

Les premières ailes sont d'un bleu ardoisé luisant en dessus, avec six taches rouges d'égale grandeur, groupées deux à deux et bordées de noir foncé, excepté la supérieure de la base et l'inférieure de l'extrémité de l'aile. Ces mêmes taches se voient également en dessous, mais elles y sont confuses. Les secondes ailes sont rouges de part et d'autre, avec une bordure d'un bleu noir terminée par une frange brunâtre. Le corps est noir, avec des poils blanchâtres et bleuâtres sur le thorax. Les antennes sont courtes, grosses, fortement en massue et d'un bleu noir ; les deux sexes sont semblables.

On trouve cette Zygène pendant le mois de juillet ; elle est assez commune dans nos départements les plus méridionaux ; elle se trouve aussi en Espagne.

### ZYGÈNE DU SAINFOIN, *Z. ONOBRYCHIS*, Fab. Och., Boisd.

*ZYGÆNA CARNIOLICA*, Fab., Scop. — *SPHINX CAFRA*, Esp.
SPHINX DE L'ESPARCETTE, Eng. — *SPHINX MELILOTI, HEDYSARI, ASTRAGALI*, Hubn.
*ZYGÆNA CARNIOLICA*, Ross.
*SPHINX FLAVEOLA*, Esp., Hubn., Borkh. — *SPHINX SEDI*, Hubn., Borkh. — *ZYGÆNA SEDI*, Fab.

Pl. ʟɪ, fig. 5.

Les ailes supérieures sont d'un vert bleu luisant, avec six taches rouges entourées de blanc en dessous comme en dessus ; les deux premières sont oblongues ; les trois suivantes sont arrondies, et la dernière est semi-lunaire. Les ailes inférieures sont rouges de part et d'autre, avec le bord terminal d'un bleu noir garni d'une frange violette, frange qui est blanchâtre aux ailes supérieures. Le corps est d'un vert bronzé; les antennes sont noires, avec l'extrémité roussàtre; les deux sexes se ressemblent.

Cette jolie espèce présentant quatre à cinq variétés, est cause que Hubner en a fait quatre à cinq espèces.

On trouve cette Zygène vers le mois d'août. Elle habite le centre et le midi de la France; elle se trouve aussi dans les environs de Paris.

### ZYGÈNE DU LANGUEDOC, *ZYGÆNA OCCITANICA*, Och., God.

*SPHINX PHACÆ*, Hubn.

Pl. LI, fig. 6.

Cette espèce diffère de la précédente, en ce qu'elle n'a que cinq taches rouges largement bordées de blanc, en ce que la sixième tache semi-lunaire de l'extrémité des premières ailes est entièrement blanche, et en ce que l'abdomen est toujours entouré en dessus d'un large anneau rouge.

On trouve cette Zygène pendant les mois de juillet et d'août, dans les départements les plus méridionaux de la France, particulièrement dans le Languedoc; elle habite aussi l'Espagne.

### ZYGÈNE DE LA BRUYÈRE, *ZYGÆNA FAUSTA*, Fab., Och., God.

SPHINX DE LA BRUYÈRE, Eng. — SPHINX BÉLIER (Var.), Geoff.

Pl. LI, fig. 7.

Les premières ailes sont d'un bleu noir, avec cinq taches d'un rouge vermillon légèrement bordées de jaune pâle; la première tache occupe toute la base de l'aile; les trois autres sont en triangle, et se confondent ainsi que la dernière qui est transversale et semi-lunaire. Les secondes ailes sont rouges de part et d'autre, avec le bord postérieur noir et garni d'une frange brune. Les ailes supérieures sont plus pâles en dessous, et on n'aperçoit point de bordure autour des taches. Le corps est d'un bleu noir, avec un collier, un large anneau vers l'extrémité du dessus de l'abdomen, et les côtés de la partie anale, rouges; le dessus des antennes est bleu, le dessous est noir.

Cette espèce paraît au mois d'août. Elle est assez commune dans le midi et dans plusieurs départements de l'est de la France; elle se trouve aussi en Allemagne.

ZYGÈNE DE LA CORONILLE. *Z. EPHIALTES*, Fab., Och., Boisd.

*SPHINX CORONILLÆ*, Hubn., Eng., Esp. — *SPHINX TRIGONELLÆ*, Esp. *SPHINX MEDUSA*, Pall. — *SPHINX SCHÆFFERI*, Fuessl. — SPHINX DE LA LUZERNE. Eng.

Pl. LI, fig. 3.

Les premières ailes sont bleues, avec six taches, dont quatre blanches et deux rouges; les deux de la base sont rouges et un peu oblongues; les deux du milieu sont blanches et inégales, ainsi que les deux qui avoisinent le bout de l'aile. Les secondes ailes sont bleues de part et d'autre, avec une seule tache blanche. Le dessous des premières ailes diffère du dessus en ce que les deux taches basilaires y reparaissent à peine, tandis que les autres sont aussi apparentes qu'en dessus. Les antennes et le thorax sont de la même couleur que les ailes; l'abdomen est d'un bleu foncé, avec un anneau rouge.

Cette Zygène varie beaucoup, surtout quant à la couleur des taches. Elle présente deux ou trois variétés remarquables.

La première variété se distingue de celle qui est décrite ci-dessus, par les deux taches de la base des premières ailes, qui sont : la première d'un rouge vif, la seconde blanche, lavée de rouge dans son milieu, et par l'abdomen qui est annelé de rouge.

La seconde variété diffère de la première en ce que les deux taches de la base sont jaunes, en ce que l'anneau de l'abdomen est jaune et en ce que les ailes inférieures ont une petite tache punctiforme à côté de celle qui est unique dans toutes les autres.

La troisième variété diffère de la seconde, par les premières ailes qui ne présentent que cinq taches, dont les deux de la base sont jaunes et les trois autres blanches; par les secondes ailes qui n'ont qu'une seule tache, et par l'abdomen qui est entouré d'un anneau jaune.

Malgré toutes ces variétés, on en rencontre encore plusieurs autres, qui sont des variétés de variétés.

On trouve cette espèce dans les mois de juillet et d'août; elle habite l'Italie, le Piémont et le département des Basses-Alpes. On la trouve aussi dans plusieurs parties de l'Allemagne.

Ajoutez : les *Zygæna Erythrus*, Hubn., de Provence et de Sicile; *Rubicunda*, Dup., de Rome et de Naples; *Pluto*, Ochs., de l'Autriche et de l'Italie; *Brizæ*, Esp., de la Hongrie et de la Dalmatie; *Dalmatina*, Boisd., de la Dalmatie; *Balearica*, Boisd., des îles Baléares; *Contaminei*, Boisd., des Pyrénées; *Achilleæ*, Esp., de l'Europe centrale; *Janthina*, Boisd., du midi de la France; *Cynaræ*, Esp., de l'Italie et de la Hongrie; *Hippocrepidis*, Ochs., de la France centrale; *Charon*, Boisd., des Pyrénées et des Alpes; *Medicaginis*, Hubn., de l'Italie; *Stœchadis*, Boisd., des îles d'Hyères; *Oxytropis*, Boisd., de Toscane; *Faustina*, Ochs., d'Espagne; *Hilaris*, Ochs., de Provence, et *Læta*, Esp., de la Hongrie.

## GENRE SYNTOMIDE, *SYNTOMIS*, Illig., Lat.

SPHINX, Esp. — ZYGÆNA, Fab.

Les antennes grêles sont légèrement renflées au milieu, simples dans les deux sexes, et moins longues que le corps. Les palpes sont séparés du front, inclinés, très-cylindriques, velus et obtus. La trompe est épaisse, assez longue. Le thorax est peu robuste, avec les épaulettes étroites et peu adhérentes. L'abdomen est long, cylindrique, obtus dans les deux sexes. Les ailes supérieures sont longues et triangulaires; les inférieures sont très-courtes, les unes et les autres marquées de taches demi-transparentes.

Le vol est lourd par un soleil ardent.

Les chenilles sont velues et cylindriques, et se renferment dans un tissu mou pour se chrysalider. Leur chrysalide est allongée et cylindrico-conique.

## SYNTOMIDE PHÉGÉA, *SYNTOMIS PHEGEA*, Fab., Och., God.

ZYGÆNA QUERCUS, Fab. — SPHINX PHEGEA, Linn., Esp., Hubn.
SPHINX CLELIA (Var.), Esp.
SPHINX DU PISSENLIT, Eng. — SPHINX PHEGEUS, IPHIMEDEA, Esp.

Pl. 11, fig. **8**.

Les quatre ailes sont d'un bleu noirâtre de part et d'autre, avec six taches un peu transparentes aux supérieures, et deux seulement aux inférieures. Le dessous des quatre ailes est semblable au dessus. Le corps est de la couleur des ailes, avec le dessus du premier et du cinquième anneau de l'abdomen, plus deux taches sur chaque côté de la poitrine, d'un jaune d'ocre. Les antennes sont d'un brun noirâtre, depuis la base jusqu'au delà du milieu, et ensuite blanchâtres jusqu'au bout. Les pattes sont noires.

La femelle est toujours d'un tiers plus grande que le mâle ; mais son abdomen est beaucoup plus gros.

Cette espèce offre trois ou quatre variétés très-remarquables.

Cette Syntomide n'est pas rare en Italie, en Sicile et dans le royaume de Naples. On la trouve pendant les mois de juin et de juillet.

## GENRE PROCRIDE, *PROCRIS*, Fab.

SPHINX, Esp. — *ZYGÆNA*, Fab. — *ATYCHIA*, Och.

Les antennes, presque aussi longues que le corps, sont bipectinées dans les mâles, tantôt dans toute leur longueur, tantôt dans une partie seulement ; celles de la femelle sont tantôt simples, tantôt légèrement dentées. Les palpes sont grêles, séparés de la tête, presque nus, et n'atteignent pas jusqu'au chaperon. La trompe est courte. Le thorax est squammeux, avec les épaulettes très-courtes et peu adhérentes. L'abdomen est cylindrique, obtus dans les deux sexes, beaucoup plus gros et plus court dans la femelle que dans le mâle. Les ailes supérieures sont un peu plus larges, et les inférieures moins courtes que dans les Zygènes.

Les chenilles sont épaisses, ramassées, garnies de petites aigrettes de poils courts ; elles sont lentes et paresseuses dans leur marche. Leur chrysalide cylindrico-conique est renfermée dans une coque soyeuse d'un tissu léger.

## PROCRIDE DE LA STATICE, *P. STATICES*, Linn., Hubn., God.

*PROCRIS MICANS*, Frey.

SPHINX GÉRYON, Hubn. — *ATYCHIA STATICES*, Geoff. — LA TURQUOISE, Geoff.

Pl. LI, fig. 3.

Les ailes supérieures, les antennes et tout le corps sont d'un vert doré en dessus ; les mêmes ailes sont de la même couleur en dessous, et les deux surfaces des inférieures sont d'un brun cendré.

Cette espèce se trouve assez communément aux environs de Paris, entre la mi-juin et la mi-juillet, dans les parties arides des bois et sur le penchant des coteaux ; elle aime à se reposer sur la statice.

**PROCRIDE DE LA GLOBULAIRE, *P. GLOBULARIÆ*, Esp., Hubn., God.**

*SPHINX CHLOROS*, Hubn.—*SPHINX STATICES MINOR*, Naturf.—*ATYCHIA GLOBULARIÆ*, Och.

Pl. LI, fig. 10.

Les premières ailes sont d'un bleu verdâtre en dessus; le dessus des secondes ailes est d'un brun cendré; le dessous est de la même couleur. Les antennes du mâle sont pectinées jusqu'au bout.

Cette espèce se trouve en France, particulièrement aux environs de Chartres; elle paraît en juillet.


**PROCRIDE DU PRUNIER, *PROCRIS PRUNI*, Fab., God.**

SPHINX DU PRUNELLIER, Eng. — *ATYCHIA PRUNI*, Och.

Pl. LI, fig. 11.

Les ailes supérieures sont d'un vert obscur en dessus, avec la base saupoudrée de vert doré; le dessous, ainsi que les deux surfaces des inférieures sont d'un brun noirâtre; la couleur du corps est à peu près semblable à celle du dessus des premières ailes. Les antennes sont d'un blanc verdâtre, et pectinées jusqu'au bout.

On trouve cette espèce aux environs de Paris, pendant les mois de juin et de juillet.

Ajoutez : les *Procris Cognata*, Ramb., de la France méridionale; *Ampelophaga*, Hubn., de l'Italie, et *Sœpuim*, Dup., de la Lombardie.


## GENRE AGLAOPÉ, *AGLAOPE*, Lat., God.

*ZYGÆNA ET GLAUCOPIS*, Fab. — *ATYCHIA*, Och. — *PROCRIS*, Boisd.

Les antennes, bipectinées dans les deux sexes, sont presque aussi longues que le corps. Les palpes sont très-petits, séparés du front, et n'atteignent pas jusqu'au chaperon, avec le dernier article très-grêle et presque nu. La trompe est très-courte. Le thorax est très-distinct, avec les épaulettes très-petites et peu adhérentes. L'abdomen est cylindrique, court, obtus, et dépasse à peine les ailes inférieures. Les quatre ailes sont à angles arrondis, presque d'égale grandeur, et beaucoup plus larges que dans les autres Zygénides.

Les chenilles sont courtes, ramassées, garnies de petits bouquets de poils implantés sur des tubercules. Les chrysalides sont renfermées dans une coque ovoïde d'un tissu très-serré.

### AGLAOPÉ DES HAIES, *AGLAOPE INFAUSTA*, Linn , Esp., God.

AGLAOPÉ MALHEUREUSE (*Nouv. Dict. d'Hist. nat.*). — *ATYCHIA INFAUSTA*, Och.
SPHINX DES HAIES, Eng.

Pl. LI, fig. 12.

Toutes les ailes sont d'un brun tirant sur le cendré, avec l'origine de la côte et le bord interne des premières, et presque la moitié intérieure des secondes, d'un rouge carmin tendre. Le dessous est semblable au dessus. Le corps est de la même couleur que les ailes, avec un collier rouge. Les antennes sont noirâtres, bipectinées dans les deux sexes.

Ce Lépidoptère paraît en juin; on le trouve assez communément dans le midi de la France. Godart, dans son ouvrage sur les Lépidoptères de France, dit l'avoir pris en juillet, aux environs de Paris.

La chenille de cette espèce est un fléau pour les amandiers dans la France méridionale, où elle est malheureusement très-commune.

———

## LITHOSIDES, *LITHOSIDÆ*, Boisd.

Corps grêle et allongé. Ailes supérieures en sautoir, c'est-à-dire plus ou moins croisées l'une sur l'autre par leur bord interne, dans le repos; ces mêmes ailes ordinairement plus étroites que les inférieures; celles-ci plissées en éventail sous les premières; les unes et les autres enveloppant l'abdomen lorsqu'elles sont fermées.

Les chenilles ont seize pattes; elles sont garnies de petits faisceaux de poils implantés ordinairement sur des tubercules. Les chrysalides sont plus ou moins courtes, ovoïdes, à segments abdominaux inflexibles. Elles sont contenues dans des coques d'un tissu lâche et entremêlé de poils.

### GENRE NACLIE, *NACLIA*, Boisd.

*CALLIMORPHA*, Lat. — *LITHOSIA*, Och.

Les antennes sont presque aussi longues que le corps, simples dans les deux sexes. Les palpes sont droits, à dernier article conique. La trompe est distincte. Les ailes supérieures sont lancéolées; les inférieures sont très-courtes.

## NACLIE SERVANTE, *NACLIA ANCILLA*, Linn., Och., Hubn., God.

*CALLIMORPHA OBSCURA*, Lat. — *BOMBYX OBSCURA*, Fab. — LA SERVANTE, Eng.

Pl. lv, fig. 7.

Le dessus et le dessous des ailes sont d'un brun tanné pâle, avec une rangée transverse de trois points blancs un peu diaphanes, vis-à-vis du sommet des premières ailes; les secondes ailes sont entièrement sans taches dans le mâle; elles ont le milieu presque entièrement traversé dans la femelle par une bande maculaire d'un jaune d'ocre obscur. Le corps est jaunâtre; le dessus de l'abdomen est d'un jaune fauve et longé par une série dorsale de sept points noirs; le devant du thorax est d'un jaune fauve : cette couleur s'étend un peu sur la côte des premières ailes. Les antennes chez les deux sexes sont brunes et filiformes.

Cette Naclie se trouve en France, elle paraît en juillet. Elle habite les bois un peu secs, et elle se repose sur les buissons. On la rencontre aussi en Allemagne.

Ajoutez : les *Naclia Famula*, Duponch., de la Dalmatie, et *Punctata*, Fabr., de la France méridionale.


## GENRE EMYDIE, *EMYDIA*, Boisd.

*LITHOSIA*, God. — *EYPREPIA*, Och. — *EULEPIA*, Steph.

Les antennes sont pectinées dans le mâle et ciliées dans la femelle. Les palpes sont très-courts. La trompe est distincte. Le corps est grêle. Les ailes supérieures sont étroites et allongées; les inférieures sont larges et plissées sous les premières : les unes et les autres enveloppant l'abdomen dans l'état de repos.

Les chenilles sont garnies de tubercules surmontés d'aigrettes de poils courts, avec une raie double plus claire que le fond. Elles vivent de plantes graminées, et se métamorphosent dans un tissu lâche entouré de mousse. Leur chrysalide est courte, ovoïde; celle de la femelle est ventrue.


## EMYDIE CRIBLE, *EMYDIA CRIBRUM*, Linn., Esp., God.

*EYPREPIA PUNCTIGERA*, Frey. — *BOMBYX CRIBRELLUM*, Esp. — LE CRIBLE, Eng.

Pl. lv, fig. 10.

Les ailes supérieures sont d'un blanc bleuâtre en dessus, avec des points noirs, dont l'antérieur solitaire, les autres formant cinq rangées transversales. Les ailes inférieures des deux sexes sont d'un cendré plus ou moins foncé en dessus, avec la frange blanche, précédée quelquefois de points noirs placés à l'extrémité des nervures. Les quatre ailes sont d'un cendré luisant en dessous, avec la frange blanche. Le corps est blanchâtre, avec trois séries de points noirs sur le dos, et trois sur le ventre. Les antennes de la femelle sont simples; celles du mâle sont pectinées, blanches en dessus, cendrées en dessous. De plus, la partie anale du mâle est jaune.

Cette espèce qui est répandue dans toute l'Europe se trouve aux environs de Paris, pendant le mois de juillet; elle se plaît particulièrement dans les lieux secs.

### EMYDIE GRAMMICA, *EMYDIA GRAMMICA*, Linn., Och., God.

LA PHALÈNE CHOUETTE, Geoff. — L'ÉCAILLE CHOUETTE, Eng.

Pl. LIV, fig. 1.

Les ailes supérieures sont d'un gris jaunâtre en dessus, avec huit à neuf lignes longitudinales, et une petite lunule, noires; la lunule est placée entre le milieu et l'extrémité de la côte. Les ailes inférieures sont d'un jaune fauve en dessus, avec une lunule centrale, la côte et le bord postérieur, noirs. Les quatre ailes sont d'un jaune foncé en dessous, avec un arc noir vers le disque, et une série transversale de petites taches de cette couleur couvrant le bord terminal. Le thorax est d'un gris jaunâtre, avec deux points et cinq traits longitudinaux, noirs. L'abdomen est d'un jaune fauve, avec une rangée de taches noires le long du dos, et trois séries de points également noirs sur le ventre. Les antennes sont d'un brun noirâtre : celles du mâle sont pectinées, avec la tige jaunâtre.

Cette Emydie qui n'est pas rare en Europe se plaît dans les clairières des bois secs et dans les lieux arides des environs de Paris; on la trouve ordinairement pendant le mois de juillet.

## GENRE DÉJOPÉIE, *DEJOPEIA*, Curtis.

*CALLIMORPHA*, Lat. — *EUCHELIA*, Boisd.

Les antennes sont simples dans les deux sexes, un peu moins grêles dans le mâle. Les palpes débordent la tête; ils sont arqués, et à dernier article distinct et obtus. La trompe est très-longue. Les ailes supérieures sont beaucoup plus étroites que les inférieures

La chenille est semblable à celle du genre précédent, et vit principalement sur l'héliotrope d'Europe.


## DÉJOPÉIE GENTILLE, *DEJOPEIA PULCHELLA*, Linn., God.

*BOMBYX PULCHRA*, Hubn. — *PAPILIO LOTRIX*, Cram. — LA GENTILLE, Eng.

Pl. LIV, fig. 5.

Les ailes supérieures sont d'un blanc jaunâtre en dessus, avec une
grande quantité de points noirs, parmi lesquels il y a seize ou dix-
sept taches inégales d'un rouge écarlate. Les ailes inférieures sont
d'un blanc bleuâtre en dessus, avec une bande noire, transverse,
ayant le côté interne profondément échancré dans son milieu. De
plus, on remarque deux ou trois petites taches noires vers le milieu
du bord antérieur. Le dessous des quatre ailes diffère du dessus en
ce que les points noirs des ailes supérieures, à l'exception de ceux de
l'extrémité, sont remplacés par des bandes continues, et en ce que la
bande des inférieures est divisée en taches, dont les plus intermédiaires
sont en forme de points. Le corps est d'un blanc bleuâtre, avec des
taches orangées et des taches noires sur le thorax, et une série longitudinale de points noirs sur chaque côté de l'abdomen. Les antennes
sont brunes, simples chez la femelle, un peu ciliées chez le mâle.

On trouve cette espèce dans toutes les contrées méridionales de
l'Europe pendant les mois de juin, juillet et août. Elle est abondamment répandue dans le nord de l'Afrique, habite l'Asie, les îles Ma-
riannes, etc., etc.


## GENRE LITHOSIE, *LITHOSIA*, Boisd.

*CALLIMORPHA*, Lat. — *SETINA*, Schr.

Les antennes sont simples dans les deux sexes, un peu plus épaisses
dans les mâles. Les palpes sont presque nus, écartés, arqués. La
trompe est longue, plus membraneuse que cornée. L'abdomen est
allongé. Les ailes supérieures sont étroites, longues, se croisant l'une
sur l'autre par leur bord interne dans l'état de repos ; les inférieures
sont larges et passées sous les premières, les unes et les autres enveloppant l'abdomen lorsqu'elles sont fermées.

Les chenilles sont de couleurs variées, garnies de tubercules surmontés de poils le plus souvent courts et roides, quelquefois longs et

soyeux. Elles vivent toutes de lichens, et se métamorphosent dans des coques légères entremêlées de leurs poils, qu'elles filent soit dans les fentes des écorces, soit à la surface de la terre, dans de la mousse. Leurs chrysalides sont courtes, ramassées, luisantes et à segments abdominaux inflexibles.

## LITHOSIE COLLIER ROUGE, *L. RUBRICOLLIS*, Linn., Fab., Och., God.

LA VEUVE, Geoff., Eng.

Pl. LIV, fig. 5.

Cette Lithosie est noire de part et d'autre, avec un collier d'un rouge sanguin ; les trois derniers segments du dos et presque tout le ventre sont d'un jaune orangé. Les antennes sont noires, simples chez la femelle, ciliées chez le mâle.

On trouve cette espèce dans les bois des environs de Paris, au mois de juin, et dans le courant de juillet ; elle habite aussi l'Allemagne.

## LITHOSIE QUADRILLE, *L. QUADRA*, Linn., Fab., God., Och.

*NOCTUA DEPLANA*, Linn., Fab., Esp., de Vill., Petagn. — LA JAUNE A QUATRE POINTS, Eng.

Pl. LIV, fig. 8.

Le dessus des premières ailes du mâle est d'un gris cendré, avec l'extrémité luisante et plus foncée, et la base chargée de deux taches longitudinales. Le dessus des ailes inférieures est d'un jaune pâle, avec le bord antérieur d'un gris cendré. Le dessus des ailes supérieures de la femelle est d'un jaune fauve luisant, avec deux points ardoisés, dont l'un occupant le milieu de la côte, l'autre placé en face du précédent, vers le milieu du bord interne ; les ailes inférieures sont entièrement d'un jaune pâle en dessus. Le dessous des deux sexes ressemble au dessus, mais les points des ailes supérieures de la femelle sont moins prononcés. Le corps est d'un jaune fauve, avec les antennes d'un bleu ardoisé luisant. Les antennes du mâle sont ciliées, et l'extrémité anale est d'une couleur noirâtre qui s'étend sur le ventre et s'y mélange avec des atomes bleuâtres.

Cette espèce se trouve assez communément dans toute l'Europe ; elle n'est pas rare aux environs de Paris, pendant les mois de juin et de juillet. Elle habite les parcs, et surtout les grands bois. C'est en battant les jeunes pousses de chêne couvertes de lichens, qu'on peut se procurer la chenille de cette Lithosie.

### LITHOSIE GRISATRE, *LITHOSIA GRISEOLA*, Hubn., Och.

LE MANTEAU DORÉ, Eng.

Pl. LIV, fig. 7.

Le dessus des premières ailes est d'un gris luisant, avec le bord de
la partie antérieure d'un jaune clair. Le dessous des ailes inférieures
est d'un jaune pâle, avec une teinte un peu plus foncée vers la base.
Le dessous des premières ailes est gris, avec l'extrémité d'un jaune
clair et le bord de la partie antérieure d'un jaune un peu plus foncé.
Le dessous des secondes ailes est entièrement jaune. Les antennes
sont grises. Le thorax est d'un jaune clair antérieurement, et un peu
plus foncé postérieurement; l'abdomen est grisâtre, avec son extrémité jaunâtre.

Cette espèce se trouve dans plusieurs parties de la France et de
l'Allemagne. Elle n'est pas rare aux environs de Paris; elle paraît ordinairement pendant les mois de juillet et d'août.

### LITHOSIE APLATIE, *LITHOSIA COMPLANA*, Linn., Fab., God.

*BOMBYX PLUMBEOLA*, Hubn. — LE MANTEAU A TÊTE JAUNE, Geoff., Eng.

Pl. LIV, fig. 6.

Les ailes supérieures sont d'un gris satiné luisant en dessus, avec
tout le bord antérieur d'un jaune fauve. Les ailes inférieures sont
d'un jaune pâle en dessus, avec une teinte grisâtre vers le milieu de
la côte. Le dessous des quatre ailes diffère du dessus, en ce que le
bord postérieur est jaune comme la côte. Le corps est grisâtre, avec
la tête et la partie anale d'un jaune fauve. Les antennes sont grisâtres, ciliées chez le mâle, simples chez la femelle.

Cette espèce, commune dans toute l'Europe, se trouve aux environs
de Paris, pendant le mois de juillet.

### LITHOSIE JAUNE D'OCRE, *LITHOSIA LUTEOLA*, Fab., Och.

LE JAUNET, Eng.

Pl. LV, fig. 1.

Les premières ailes sont d'un jaune grisâtre en dessus, avec la
partie antérieure un peu plus claire; le dessous est grisâtre, avec leur
extrémité d'un jaune clair; les antérieures sont d'un jaune légèrement teinté de grisâtre; le dessous est d'un jaune clair, sans taches

de part et d'autre comme les ailes supérieures. Le dessus du corps est grisâtre, entièrement jaune en dessous, avec l'extrémité postérieure d'un jaune clair. Les antennes sont filiformes et d'un gris foncé.

On trouve cette espèce dans plusieurs contrées de l'Allemagne, pendant le mois de juin.

### LITHOSIE JAUNETTE, *LITHOSIA AUREOLA*, Hubn., Och., God.

*LITHOSIA UNITA*, Bork. — LE MANTEAU JAUNE, Geoff., Eng.

Pl. LV, fig. 2.

Le dessus des ailes supérieures est d'un jaune foncé; le dessous est noirâtre, avec les bords jaunes. Les ailes inférieures sont d'un jaune d'ocre pâle, et sans taches de part et d'autre comme les ailes supérieures. Le corps est gris, avec tout le thorax et la partie postérieure, jaunes. Les antennes sont d'un brun noirâtre; elles sont simples chez la femelle et ciliées chez le mâle.

La femelle diffère du mâle, en ce qu'elle est moins foncée.

Cette espèce se trouve aux environs de Paris, pendant le mois de mai.

### LITHOSIE MÉSOMELLA, *LITHOSIA MESOMELLA*, Linn., Fab., God.

*LITHOSIA EBORINA*, Fab., Och. — *BOMBYX EBORINA*, Hubn.

*NOCTUA EBOREA*, Esp. — L'ÉBORINE, Eng. — LA PHALÈNE JAUNE A QUATRE POINTS, Geoff.

Pl. LV, fig. 6.

Les premières ailes sont d'un jaune pâle en dessus, avec les bords plus foncés, et deux petits points noirs, dont l'un sur le milieu de la côte, l'autre près du milieu du bord interne. Les secondes ailes sont d'un gris noirâtre en dessus, avec une veine longitudinale et le bord postérieur d'un jaune pâle. Les premières ailes sont noirâtres en dessous, avec les bords d'un jaune fauve. Les secondes ailes sont d'un jaune pâle et sans aucune tache en dessous. Le corps est d'un gris noirâtre, avec le devant du thorax et la partie postérieure d'un jaune fauve. Les antennes sont jaunâtres, simples chez la femelle, et ciliées chez le mâle.

On trouve cette Lithosie aux environs de Paris, particulièrement dans les bois, pendant le mois de juin.

Ajoutez : les *Lithosia Complanula*, Duponch., de la France et de l'Allemagne ; *Caniola*, Ochs., de l'Italie et de la France méridionale ; *Lacteola*, Boisd., de la Corse; *Depressa*, Esp., de la France occidentale; *Helveola*, Hubn., de la France et de la Suisse ; *Unita*, Hubn., de l'Italie et de la France; *Gilveola*, Ochs., de l'est de la France; *Vitellina*, Boisd., de la France et de l'Autriche; *Muscerda*, Hubn., de la France et de l'Allemagne, et *Mesogona*, God., de l'île de Corse.

# GENRE CALLIGÉNIE, *CALLIGENIA*, Duponch.

*CALLIMORPHA*, God. — *LITHOSIA*, Boisd.

Les antennes sont longues et filiformes dans les deux sexes, un peu plus épaisses dans le mâle. Les palpes sont droits, écartés, à dernier article long, grêle et très-aigu. La trompe est très-allongée. Les ailes supérieures sont elliptiques, non croisées l'une sur l'autre, mais formant un toit aigu dans le repos.

La chenille diffère de celles des Lithosies, en ce qu'elle est très-courte; du reste, comme elles, elle vit de lichens.

### CALLIGÉNIE ROSETTE, *CALLIGENIA ROSEA*, Fab., Och., God., Lat.

*BOMBYX RUBICUNDA*, Hubn.
*PHALÆNA MINIATA GEOMETRICA*, Forst. — LA ROSETTE, Geoff., Eng.

Pl. LV, fig. 3.

Le dessus des premières ailes est d'un rouge minium, plus vif sur les bords que sur le disque, avec trois lignes noires, transversales, dont l'antérieure en Z e n'atteignant pas le bord interne, l'intermédiaire très-flexueuse et affaiblie vers ce même bord, la postérieure courbe et formée par une série de sept points noirâtres. La côte offre en outre à son origine deux points, et près de son milieu un chevron longitudinal, noirâtres. Ces caractères sont moins distincts en dessous, mais, du reste, le fond y est le même qu'en dessus. Les secondes ailes sont un peu transparentes, d'un rouge minium pâle et sans taches de part et d'autre. Le thorax et la tête sont de la couleur des premières ailes; les yeux sont noirs. L'abdomen est d'un jaune terne, lavé de brun en dessous. Les antennes sont jaunâtres, ciliées chez le mâle, filiformes chez la femelle.

On trouve sur les buissons cette Calligénie, au mois de juin, dans les environs de Paris.

# GENRE SÉTINE, *SETINA*, Steph.

*LITHOSIA*, Och. — *CALLIMORPHA*, Lat.

Les antennes sont ciliées dans le mâle et simples dans la femelle. Les palpes sont très-courts et sans articles distincts. La trompe est rudimentaire. Les ailes supérieures sont presque aussi larges que les inférieures, et se croisent à peine par leur bord interne, lorsqu'elles couvrent celles-ci dans l'état de repos. Les ailes de la femelle sont moins développées, et peu propres au vol.

Chenille semblable à celles des Lithosies, et se nourrissant, comme elles, de lichens.

## SÉTINE ARROSÉE, *SETINA IRROREA*, Linn., Och., God.

*TINEA IRRORELLA*, Linn. — *BOMBYX IRROREA*, Esp.
*NOCTUA IRROREA*, Esp. — *LITHOSIA IRRORATA*, Fab. — LA ROSÉE, Eng.

Pl. LIV, fig. 4.

Le dessus des ailes supérieures est d'un jaune fauve, avec trois séries transverses de petits points noirs. Le dessous est noirâtre, avec les bords jaunes, et des points noirs correspondant à ceux de la surface opposée. Les ailes inférieures sont d'un jaune pâle en dessous comme en dessus; elles sont quelquefois sans taches, et quelquefois elles présentent une ou deux taches près de l'angle du sommet. Le corps est noir, avec le bas des épaulettes, le devant et le milieu du thorax, la partie postérieure, d'un jaune fauve. Les antennes, chez les deux sexes, sont noires, ciliées de gris jaunâtre chez le mâle.

Cette espèce se trouve aux environs de Paris, particulièrement dans les bois secs; elle paraît en juillet, et est généralement plus petite aux environs de Paris que dans les contrées qui avoisinent les montagnes alpines.

## SÉTINE JAUNE D'OR, *SETINA AURITA*, God., Esp., Och.

*LITHOSIA COMPLUTA*, Hubn. — LE MANTEAU TACHETÉ, Eng.

Pl. LV, fig. 4.

Les quatre ailes sont d'un jaune fauve doré en dessus, avec trois séries transversales de points noirs sur les supérieures, et une seule à l'extrémité des inférieures. Le dessous diffère du dessus en ce que les points des deux séries antérieures des premières ailes sont moins prononcés. Le corps est noirâtre, avec le bord inférieur des épaulettes, le milieu, le devant du thorax et la partie postérieure, du même jaune que les ailes. Les antennes sont ciliées chez le mâle, filiformes chez la femelle ; elles sont jaunes en dessus et noires en dessous dans les deux sexes. Les ailes inférieures ne présentent quelquefois que trois points noirs, placés vers l'angle externe.

Cette espèce se trouve dans les Alpes, en Suisse et en France, pendant le mois de juillet.

## SÉTINE RAMEUSE, *SETINA RAMOSA*, Fab., Och.. God.

*LITHOSIA IMBUTA*, Hubn. — *NOCTUA AURITA*, Esp. — LE MANTEAU TACHETÉ, Eng.

Pl. LV, fig. 5.

Les ailes supérieures sont d'un jaune fauve en dessus, avec trois lignes noires, longitudinales, dont la supérieure bifide, l'intermédiaire trifide, l'inférieure simple. Ces trois lignes partent de la base de l'aile, et elles vont presque aboutir à une série terminale de points noirs, inégaux. Les ailes inférieures sont d'un jaune fauve en dessus, avec une série de points noirs, inégaux. Le dessous diffère du dessus en ce que les lignes rameuses des ailes supérieures y sont beaucoup moins apparentes. Le corps est noirâtre, avec le bord inférieur des épaulettes, le milieu et le devant du thorax, et la partie anale, d'un jaune fauve. Le dessus des antennes est jaune ; le dessous est noir dans les deux sexes ; elles sont ciliées chez le mâle, filiformes chez la femelle.

La femelle diffère du mâle en ce qu'elle est moins foncée. Les ailes inférieures n'ont quelquefois que trois points marginaux au lieu de six ; ceux qui avoisinent l'angle de la partie anale manquent tout à fait.

On trouve cette espèce dans les Alpes, en Suisse et en France, pendant le mois de juillet.

Ajoutez : les *Setina Roscida*, Fabr., de la Suisse, des Vosges et du Jura ; *Flavicans*, Dup., des environs de Digne ; *Kuhlwenii*, Tr., de la Saxe, et *Aurata*, Ménétr., du Caucase.

## GENRE NUDARIE, *NUDARIA*, Steph.

*CALLIMORPHA*, Lat. — *LITHOSIA*, Och.

Les antennes sont ciliées dans les mâles et simples dans la femelle. Les palpes sont peu velus, à dernier article court et obtus. La trompe est nulle. Les ailes sont larges, arrondies, peu chargées d'écailles et à demi transparentes.

Les chenilles sont de couleur obscure, garnies de longs poils soyeux implantés sur des tubercules. Elles vivent de lichens, et font entrer leurs poils dans la construction de leurs coques d'un tissu lâche. Leur chrysalide est courte, bombée sur le dos et déprimée sur les côtés.

### NUDARIE MONDAINE, *NUDARIA MUNDANA*. Och., God.

*PHALÆNA ATTACUS MUNDANA*, Linn. — *PHALÆNA TORTRIX MUNDANA*, de Géer.
*BOMBYX MUNDA*, Fab. — *BOMBYX NUDA, BOMBYX HEMEROBIA*, Hubn.

Pl. LV, fig. 8.

Les ailes de cette espèce sont arrondies, d'un gris clair et presque transparentes. Les premières ailes présentent sur le milieu deux lignes brunes, transversales, entre lesquelles on aperçoit un point central également brun. On voit aussi une ombre obscure vis-à-vis du sommet. Les secondes ailes sont sans taches de part et d'autre. Le corps et les antennes sont grisâtres.

La femelle diffère du mâle en ce qu'elle est plus transparente, ce qui fait que les lignes brunes de ses premières ailes sont moins prononcées.

Cette espèce se trouve en France, particulièrement aux environs de Paris, pendant le mois de juillet. Elle se plaît ordinairement dans les lieux humides et obscurs; l'Allemagne nourrit aussi cette espèce.

### NUDARIE GRIS-SOURIS, *NUDARIA MURINA*, Esp., Och., God.

*BOMBYX VESTITA*, Hubn.

Pl. LV, fig. 9.

Les ailes sont arrondies; les premières ailes sont d'un gris incarnat de part et d'autre, avec deux points basilaires, un point central et deux lignes de taches, d'un brun noirâtre; les deux lignes sont flexueuses, et elles descendent de la côte au bord interne en embrassant le point central. Les secondes ailes sont blanchâtres, sans taches en dessus comme en dessous. Le corps et les antennes sont de la couleur des premières ailes; le dessus de l'abdomen est un peu plus clair; les mâles ont ordinairement leurs antennes un peu ciliées.

Cette espèce, qui paraît en juillet, se trouve aux environs de Paris. Les écailles de ses ailes sont fort peu adhérentes et disparaissent presque entièrement quand cette Nudarie a volé, ce qui lui donne un aspect luisant; tandis que dans l'état de fraîcheur, elles sont aussi mates que celles des autres Lithosides analogues.

Ajoutez : la *Nudaria Senex*, Hubn., des environs de Paris.

----

# CHÉLONIDES, *CHELONIDÆ*, Boisd.

Corps robuste. Tête beaucoup plus étroite que le thorax. Ailes supérieures aussi larges que les inférieures ; les premières en toit plus ou moins incliné, et couvrant entièrement les secondes dans le repos : les unes et les autres généralement ornées de couleurs vives et tranchées.

Les chenilles ont seize pattes ; elles sont généralement hérissées de poils plus ou moins longs et plus ou moins nombreux, implantés sur des tubercules. Elles se transforment dans des coques de soie d'un tissu mince, qu'elles fortifient de leurs poils. Les chrysalides sont cylindrico-coniques.

## GENRE EUCHÉLIE, *EUCHELIA*, Boisd.

*CALLIMORPHA*, Lat. — *DEJOPEIA*, Curt.

Les antennes sont courtes et simples dans les deux sexes ; celles du mâle sont un peu moins grêles. Les palpes sont très-courts, velus, à dernier article obtus. La trompe n'est pas visible. Le corps est entièrement lisse. Les ailes supérieures sont presque triangulaires.

La chenille n'a que quelques poils isolés qui partent immédiatement de l'épiderme. La chrysalide cylindrico-conique, est contenue dans une coque d'un tissu léger et transparent.

### EUCHÉLIE DU SÉNEÇON, *EUCHELIA JOCOBEÆ*, Linn., Fab., God.

*CALLIMORPHA SENECIONIS*, Lat.
LE PHALÈNE CARMIN DU SÉNEÇON, Geoff. — LE CARMIN, Eng.

Pl. LIV, fig. 2.

Les ailes supérieures sont d'un noir grisâtre de part et d'autre, avec deux lignes et deux gros points d'un rouge carmin. Le dessus et le dessous des ailes inférieures sont d'un rouge carmin, avec tout le bord antérieur et la frange du bord postérieur d'un noir grisâtre. Le corps est entièrement noir. Les antennes sont noires, filiformes dans les deux sexes.

On trouve quelquefois des variétés chez lesquelles les parties rouges des quatre ailes sont remplacées par du jaune orangé.

Cette espèce se rencontre assez communément aux environs de Paris, depuis le mois de juillet jusqu'en octobre. Elle a le vol lourd, et part aussitôt qu'elle entend du bruit.

## GENRE CALLIMORPHE, *CALLIMORPHA*, Boisd.

*EYPREPIA*, Och. — *HYPERCAMPA*, Steph.

Les antennes sont longues et simples dans les deux sexes ; celles du mâle sont un peu moins grêles. Les palpes sont écartés, peu velus, pointus, un peu plus longs que la tête. La trompe est très-développée. Le corps est peu robuste. La tête et le thorax sont squammeux. L'abdomen est lisse, cylindrique. Les ailes sont grandes relativement au corps.

Les chenilles sont ornées de couleurs variées et hérissées de poils courts. Leur transformation a lieu dans un léger réseau qu'elles filent quelquefois en commun. Leurs chrysalides sont cylindrico-coniques, avec l'extrémité anale garnie de petits crochets.

## CALLIMORPHE DOMINULA, *C. DOMINULA*, Linn., Och.

*BOMBYX DOMINA*, Hubn. — *BOMBYX ALPINA*, Acerbi. — L'ÉCAILLE MARBRÉE (var.), Geoff.
L'ÉCAIALLE MARBRÉE DE ROUGE, Eng. — *NOCTUA DONNA* (var.), Esp.

Pl. LVI, fig. 1.

Les ailes supérieures sont d'un vert noir brillant, avec une douzaine de taches inégales, dont une oblongue et constamment jaune, près de l'origine du bord interne ; deux orbiculaires, en partie blanches et en partie jaunes, vers le milieu de la côte ; les autres sont blanches et éparses sur la région du bord postérieur. Le dessous des ailes diffère du dessus en ce que les cinq taches antérieures sont toujours jaunes. Les ailes inférieures sont d'un rouge cramoisi de part et d'autre, avec trois taches noires irrégulières, dont la supérieure occupe le sommet et est chargée d'une lunule et d'un point rouges. Le thorax est du même vert que les ailes supérieures, avec deux traits jaunes, longitudinaux et presque parallèles. Le dessus de l'abdomen est cramoisi, avec une ligne dorsale et la partie anale noires; le dessous est d'un vert luisant foncé, et sans aucune tache; la poitrine est noire, avec une tache tantôt jaune, tantôt rougeâtre près de la base des ailes supérieures. Les antennes sont filiformes dans les deux sexes.

Cette Callimorphe présente deux variétés qui se distinguent des individus ordinaires par la couleur de l'abdomen et par celle des ailes inférieures. Chez l'une, le fond des ailes et le dessus de l'abdomen sont d'un jaune d'ocre foncé; chez l'autre, l'abdomen est entièrement d'un vert noir, et les ailes inférieures sont d'un brun obscur.

Cette espèce, qui aime les lieux humides et marécageux, se trouve dans une grande partie de l'Europe. Elle n'est pas rare aux environs de Paris, pendant le mois de juillet.

### CALLIMORPHE HÉRA, *CALLIMORPHA HERA*, Linn.

*PHALÆNA PLANTAGINIS*, Scop.

LA PHALÈNE CHINÉE, Geoff., Eng. — *BOMBYX COLONA*, Hubn. — *NOCTUA CLYMENE*, Esp.

Pl. lix, fig. 1.

Les ailes supérieures sont d'un noir glacé de vert en dessus, avec deux traits basilaires et deux bandes obliques d'un jaune paille; la bande postérieure représente un Y, dont la queue est marquée de trois à quatre points inégaux; de plus, la frange du bord terminal est entrecoupée de jaune vers le sommet. Les ailes inférieures sont d'un rouge écarlate en dessous, avec la frange jaunâtre et quatre taches noires. Le dessous des premières ailes est rouge, depuis la base jusqu'au milieu, avec deux bandes semblables à celles du dessus, mais plus foncées et séparées par des taches noires contiguës. Il est d'un jaune roussâtre à l'extrémité, avec quatre taches blanches, dont l'antérieure solitaire; les trois autres sont alignées transversalement vis-à-vis du sommet. Le dessous des secondes ailes est d'un rouge pâle, avec une seule tache noire répondant à la tache uniforme de la surface opposée. Le thorax est d'un noir verdâtre, avec deux lignes longitudinales d'un jaune paille. Le dessus de l'abdomen est d'un jaune rougeâtre, avec quatre rangées longitudinales de points noirs. Les antennes sont d'un brun noirâtre, et elles sont filiformes chez les deux sexes.

Cette espèce se trouve aux environs de Paris, en juin et en août. Elle vole rapidement en plein soleil, et elle butine sur les fleurs des chardons et de l'eupatoire commun. On la rencontre dans toute la France.

Ajoutez : la *Callimorpha Donna*, Esp., de l'Italie.

## GENRE EUTHÉMONIE, *EUTHEMONIA*, Steph.

*NEMEOPHILA*, Boisd. — *EYPREPIA*, Och.

Les antennes du mâle sont étroitement pectinées; celles de la femelle sont presque filiformes ou finement dentelées. Les palpes dépassent un peu la tête, sont peu velus, terminés en pointe. La trompe est très-courte. Le thorax est velu. Le corps de la femelle est beaucoup plus gros que celui du mâle, en même temps que les ailes sont plus courtes et moins développées.

La chenille est garnie de bouquets de poils courts, dont ceux de ses derniers anneaux sont plus longs. Elle est d'un brun obscur, avec une ligne dorsale jaune et des stigmates blancs. Elle se transforme dans une coque lâche et spacieuse, en une chrysalide oblongue et conico-cylindrique, avec une pointe anale légèrement ciliée.

EUTHÉMONIE ROUSSETTE, *EUTHEMONIA RUSSULA*, Linn., Fab.

*BOMBYX SANNIO*, Linn. — *PHALÆNA VULPINARIA*, Linn.
LA BORDURE ENSANGLANTÉE, Geoff. — L'ÉCAILLE A BORDURE ENSANGLANTÉE, Eng.

Pl. LVI, fig. 2.

Le dessus des premières ailes du mâle est d'un jaune roussâtre, avec les bords et une tache centrale d'un rose rouge. Cette tache est plus ou moins entremêlée de brun. Le dessus des secondes ailes est d'un jaune pâle, avec la base, la tache centrale et la bande postérieure, noirâtres; les bords sont rouges comme du côté opposé. Les secondes ailes sont jaunes en dessous, quelquefois sans taches, quelquefois avec un point brunâtre sur le milieu. Le corps est jaune, avec le thorax plus foncé. Les antennes sont pectinées, avec la tige rose.

La femelle diffère du mâle en ce qu'elle est d'un jaune bien plus roux, en ce que les secondes ailes sont noirâtres à la base, en ce que le dessus de son abdomen est annelé de noir et de brun; et en ce que ses antennes sont presque filiformes.

Cette espèce est commune dans tous les bois des environs de Paris, pendant les mois de juin et d'août, ce qui ferait supposer qu'elle donne deux fois par an. Elle se tient dans les bruyères et dans les herbages élevés. Le bruit de la marche suffit pour lui faire quitter sa retraite; mais elle se repose presque toujours à peu de distance du oint de départ.

## GENRE CHÉLONIE, *CHELONIA*, Boisd.

*EYPREPIA*, Och. — *ARCTIA*, Steph.

Les antennes sont plus ou moins pectinées dans le mâle, et seulement en scie et même quelquefois filiformes dans la femelle. Les palpes sont moitié velus et moitié squammeux, réunis en forme de bec. La trompe est courte ou rudimentaire. Le corps est épais. La tête et le thorax sont velus ou laineux. Les ailes supérieures sont plus ou moins larges.

Les chenilles sont très-velues, c'est-à-dire garnies de poils plus ou moins longs, implantés en faisceaux divergents, sur des tubercules d'une couleur plus claire que le fond. Leur transformation a lieu dans des coques spacieuses d'un tissu lâche. Leurs chrysalides sont conico-cylindriques, avec l'extrémité anale bilobée et garnie de petites épines.

## CHÉLONIE DU PLANTAIN, *CHELONIA PLANTAGINIS*, Linn., Och., God.

*CHELONIA CAUCASICA*, Ménétr. — *PHALÆNA ALPICOLA*, Scop.
*PHALÆNA HOSPITA* (var.), Wien-Ver.
L'ÉCAILLE NOIRE A BANDES JAUNES, L'ÉCAILLE NOIRE A BANDES BLANCHES, Eng.

Pl. LVI, fig, 5.

Les premières ailes sont d'un noir foncé en dessus, avec trois bandes et une tache médiaire d'un jaune blanchâtre. Les secondes ailes sont d'un jaune d'ocre foncé dans le mâle, avec quatre à cinq taches discoïdales et une bande postérieure sinuée, noires. Dans la femelle, le dessus est noir, avec une lunule centrale et une bande postérieure d'un rouge fauve; la bande est large, et chargée ordinairement de quatre taches noires. Le dessous diffère du dessus en ce que les bandes supérieures des ailes du mâle sont plus jaunes, et en ce que les ailes inférieures de la femelle ont la côte rouge vers leur origine. Le thorax est noir, avec un collier tantôt rouge, tantôt orangé, suivant le sexe. L'abdomen du mâle est d'un jaune foncé, avec le dos noir; chez la femelle, il est noir, avec une bande rouge crénelée de chaque côté. Les antennes sont noires, mais celles du mâle ont la tige jaunâtre et les barbes plus longues.

Dans la basse Autriche et en Russie, le mâle a fréquemment le fond des ailes inférieures blanc, comme la variété à laquelle on a donné le nom d'*Hospita*. Son corps passe aussi blanc; quant au collier et à la partie anale, ils restent toujours d'un jaune orangé. Il est aussi à remarquer que dans les femelles la bande des ailes inférieures est jaune.

Cette espèce se trouve, au mois de juin, dans toute la France, et n'habite que les contrées froides et les pays de montagnes. Elle est commune en Savoie et dans le département du Nord.

### CHÉLONIE CIVIQUE, *CHELONIA CIVICA*, Linn., Fab., God.

*BOMBYX AULICA* (var.), Esp. — *BOMBYX CURIALIS*, Borkh. — L'ÉCAILLE BRUNE, Geoff.

Pl. LVIII, fig. 1.

Les premières ailes sont d'un brun café en dessus, avec une dizaine de taches jaunes, dont trois alignées longitudinalement près de la côte, quatre alignées de même près du bord interne, et trois beaucoup plus petites, formant un arc transversal vis-à-vis du sommet. Les secondes ailes sont d'un rouge carmin pâle en dessus, lavées de jaunâtre vers la base, avec deux bandes transverses et une lunule centrale, noires. Dans certains individus, la bande antérieure est plus large que dans d'autres, et la postérieure, ordinairement interrompue dans son milieu, est quelquefois tachetée de rouge près du sommet de l'aile. Le dessous des quatre ailes diffère du dessus en ce qu'il est plus pâle, et en ce que la côte des supérieures est rouge. Le thorax est brun, avec la base des épaulettes brune. L'abdomen est d'un jaune plus ou moins fauve, selon le sexe, avec trois séries de taches noires. Les antennes sont brunes; celles du mâle sont pectinées, avec la tige roussâtre.

Cette Chélonie se trouve aux environs de Paris, dans le mois de juin. Elle habite aussi l'Espagne, l'Italie et l'Autriche.

### CHÉLONIE FERMIÈRE, *CHELONIA VILLICA*, Linn., Och., God.

L'ÉCAILLE MARBRÉE, Geoff.

Pl. LVIII, fig. 2.

Les premières ailes sont d'un noir foncé et velouté en dessus, avec huit taches d'un blanc jaunâtre; la tache de la base est toujours à peu près en forme de cœur, et celle de l'extrémité est surmontée d'un ou deux points de sa couleur. Les secondes ailes sont d'un jaune foncé en dessus, avec cinq à sept taches noires. Le dessous des quatre ailes diffère du dessus en ce que le bord antérieur est cramoisi. Le thorax est noir, avec une tache jaunâtre à l'origine des épaulettes. Le dessus de l'abdomen est jaune, d'un rouge carmin vers son extrémité, avec trois séries longitudinales de points noirs ; en dessous, il est d'un noir brun. Les antennes sont noires ; elles sont pectinées chez le mâle, filiformes chez la femelle.

On trouve assez communément cette Chélonie au mois de juin, dans les bois et dans les parcs des environs de Paris. Elle est abondamment répandue dans toute l'Europe. Chez les individus qui proviennent du Midi, les taches blanches des ailes supérieures sont plus fortement teintées de jaune.

## CHÉLONIE FASCIÉE, *CHELONIA FASCIATA*, Esp., Och., God.
*BOMBYX TIGRINA*, Devill. — *BOMBYX GRATIOSA*, Hubn.
Pl. lvii, fig. 1.

Les premières ailes sont d'un blanc jaunâtre en dessus, avec des taches et des bandes transversales d'un noir velouté chatoyant en bleu. Les secondes ailes sont d'un jaune fauve en dessus, avec le pourtour écarlate et sept taches noires, dont les quatre antérieures plus petites et groupées deux à deux sur le disque. Le dessous des quatre ailes diffère du dessus en ce que l'origine de la côte des supérieures est lavée de rouge. Le thorax est d'un noir foncé, avec un collier blanc. Le dessus de l'abdomen est rouge, avec une rangée longitudinale de points dorsaux et la partie postérieure noirs ; le dessous est noir, avec le bord des anneaux rouge. Les antennes du mâle sont pectinées ; celles de la femelle sont ciliées et très-noires dans les deux sexes.

Cette Chélonie se trouve, au mois de juin, dans les départements les plus méridionaux de la France, principalement dans les environs de Montpellier. Elle a été rencontrée aussi dans le département de la Lozère.

## CHÉLONIE POURPRÉE, *CHELONIA PURPUREA*, Linn., Och., God.
L'ÉCAILLE MOUCHETÉE, Geoff., Eng.
Pl. lvi, fig. 4.

Les premières ailes sont d'un jaune d'ocre en dessus, avec une multitude de points et de taches d'un brun noirâtre plus ou moins foncé. Les secondes ailes du dessus du mâle sont roses, d'un rouge

cerise chez la femelle, avec la frange des bords postérieur et interne
jaune, et six à sept taches noires éparses et orbiculaires, pour la plupart. Les premières ailes ont leur dessous d'un jaune lavé de rouge
et marqué d'une dizaine de taches noires. Le dessous des secondes
ailes diffère du dessus en ce qu'il y a plus de jaune que de rouge. Le
corps est d'un jaune d'ocre, avec le ventre rougeâtre et le dos longé
par trois séries de taches noires, dont les intermédiaires plus grandes.
Les antennes sont jaunes, pectinées chez le mâle, filiformes chez la
femelle.

On trouve cette espèce, qui présente plusieurs variétés, aux environs
de Paris, dans le mois de juin et d'août. Elle est commune dans toute
l'Europe, et n'est pas rare aux environs de Chartres.

### CHÉLONIE PUDIQUE, *CHELONIA PUDICA*, Esp., Hubn., God.

*NOCTUA TESSELLATA*, Devill. — L'ÉCAILLE NOIRE A TACHES BLANCHES, Eng.

Pl. LIX, fig. 2.

Les premières ailes sont d'un brun légèrement incarnat en dessus,
avec une multitude de taches noires triangulaires. Le dessus des secondes ailes est incarnat dans la femelle, avec des taches d'un noir
brun sur la côte et en avant du bord postérieur; il est d'un gris perle
dans le mâle, avec le bord postérieur quelquefois nu, quelquefois précédé de quelques points noirâtres. Le dessous des quatre ailes diffère
du dessus en ce qu'il est toujours un peu plus pâle. Le thorax est
noir, avec un collier et deux bandelettes longitudinales d'un blanc
incarnat. Le dessus de l'abdomen est rose, avec une rangée de taches
dorsales et la partie postérieure noires; le dessous est d'un noir brun,
avec le bord des anneaux jaunâtre. Les antennes sont noirâtres, ciliées dans le mâle, presque filiformes dans la femelle.

Cette espèce est très-commune dans le midi de la France, particulièrement aux environs de Marseille, pendant les mois de mai et de
juin. Elle habite aussi les environs de Nice. Cette Chélonie paraît répandue sur tout le littoral de la Méditerranée.

### CHÉLONIE CAJA, *CHELONIA CAJA*, Linn., Och., God.

L'ÉCAILLE MARTRE, Geoff., Eng.

Pl. LVII, fig. 2.

Les premières ailes sont d'un brun café en dessus, avec des bandes
blanches sinueuses, et dont les deux postérieures se croisent en X.

De plus, on voit au milieu de la côte deux taches blanches, transverses, finissant en pointe. Les secondes ailes sont d'un rouge brique en dessus, avec six à sept taches bleues, bordées de noir et légèrement entourées de jaune. Le dessous des quatre ailes diffère du dessus en ce qu'il est plus pâle, en ce que les bandes des supérieures ont une teinte rougeâtre, surtout vers la base, et en ce que les taches des inférieures sont entièrement d'un brun café. Le thorax est d'un brun café, avec un collier rouge. L'abdomen est d'un rouge brique, avec une rangée de cinq à six taches noires sur le dos et des bandes brunes transverses sur le ventre. Les antennes sont blanches, et elles ont les barbes brunes.

Cette espèce varie beaucoup ; elle paraît en juin, puis en août. On la trouve dans le centre et dans tout le nord de l'Europe.

### CHÉLONIE HÉBÉ, *CHELONIA HEBE*, Linn., Och., God.
L'ÉCAILLE COULEUR DD ROSE, Geoff. — L'ÉCAILLE ROSE, Eng.
Pl. LVII, fig. 5.

Les premières ailes sont d'un noir velouté en dessus, avec cinq bandes blanches, transverses, dont la troisième souvent plus étroite, et les deux postérieures adhérentes par leur milieu. Ces bandes sont toujours bordées de roux. Les secondes ailes du mâle sont roses en dessus ; chez la femelle, elles sont d'un beau rouge carmin, avec une bande transverse, deux taches postérieures et la frange du bord terminal, noires. Chez le mâle, la bande ne descend pas au delà du disque, tandis qu'elle se prolonge chez la femelle jusqu'à la partie postérieure. Le dessous des quatre ailes diffère du dessus en ce qu'il est un peu moins foncé, et en ce que les bandes supérieures sont lavées de rouge, principalement vers la base. Le corps est noir, avec deux colliers rouges et six bandes transverses également rouges sur chaque côté de l'abdomen. Les antennes sont noires et pectinées ; celles du mâle ont les barbes plus longues.

Cette espèce varie beaucoup ; elle se trouve dans une grande partie de l'Europe méridionale et tempérée ; elle n'est pas rare aux environs de Paris, pendant les mois de mai et de juin.

Ajoutez : les *Chelonia Quenselii*, Payk., et *Lapponica*, Thunb., de la Laponie ; *Aulica*, Linn., de l'Autriche et de la Hongrie ; *Dejeanii*, God., des Pyrénées-Orientales ; *Matronula*, Linn., des Vosges et de la Suisse ; *Latreillei*, God., des Pyrénées-Orientales ; *Flavia,*

Esp., de la Suisse; *Casta*, Fabr., de la Hongrie; *Simplonica*, Boisd., du Valais, et *Zoraida*, Grasl., de l'Espagne méridionale.


# GENRE ARCTIE, *ARCTIA*, Boisd.

### *EYPREPIA*, Och. — *PHRAGMATOBIA* et *SPILOSOMA*, Steph.

Les antennes sont pectinées ou ciliées dans les mâles, presque filiformes dans les femelles. Les palpes sont très-écartés de la tête,
inclinés, velus, et à dernier article nu et très-distinct dans la plupart des espèces. La trompe est nulle ou invisible.

Les chenilles ne diffèrent de celles du genre précédent que parce
que leurs poils sont plus courts et plus roides; elles ont aussi la
même manière de vivre et de se transformer.


## ARCTIE FULIGINEUSE, *ARCTIA FULIGINOSA*, Linn., God.

### L'ÉCAILLE CRAMOISIE, Eng.

#### Pl. LVIII, fig. 5.

Le dessus des premières ailes est fuligineux ou d'un brun enfumé,
avec le milieu transparent, et marqué vers la côte d'un double point
noir; le dessous diffère du dessus en ce qu'il est plus pâle, et en ce
qu'il est lavé de rouge à l'origine du bord d'en haut. Les secondes
ailes sont d'un rouge cramoisi de part et d'autre, avec des taches
noires, dont deux plus petites situées à l'extrémité de la cellule discoïdale, les autres formant une bande parallèle au bord postérieur.
Le thorax est fuligineux; le dessus de l'abdomen est d'un rouge cramoisi, avec trois séries longitudinales de taches noires. Le dessous
des antennes est blanc, le dedans est brunâtre; elles sont filiformes
chez la femelle, légèrement ciliées chez le mâle.

Il y a des individus dont les ailes inférieures sont grisâtres, avec
le bord cramoisi et sans bande noire.

Se trouve autour de Paris, pendant les mois de juin et de septembre.


## ARCTIE DEUIL, *ARCTIA LUCTIFERA*, Fab., Och., God.

### LE DEUIL, Eng.

#### Pl. LIX, fig. 5.

Les quatre ailes de cette espèce sont d'un noir deuil de part et
d'autre, avec l'angle anal des secondes d'un jaune d'ocre. Le corps

est de la couleur des ailes; l'abdomen est d'un jaune fauve et longé
par trois séries de taches noires en dessus. Les antennes du mâle sont
légèrement pectinées; elles sont filiformes chez la femelle, et noires
dans les deux sexes.

On trouve cette espèce dans la France méridionale et en Suisse,
pendant le mois de juillet.

## ARCTIE LUBRICIPÈDE, *ARCTIA LUBRICIPEDA*, Fabr., God.

*CHELONIA LUXERII* (var.), God. — LA PHALÈNE LIÈVRE, Eng.

Pl. LIX, fig. 5.

Les quatre ailes sont d'un jaune pâle, tant en dessus qu'en dessous, avec des points noirs; les points des premières ailes sont au
nombre de douze ou de quatorze; les points des secondes ailes varient
de un à sept, mais il y en a toujours davantage chez la femelle. Le
thorax est d'un jaune pâle; l'abdomen est d'un jaune fauve, avec
cinq rangs longitudinaux de points noirs. Les antennes sont grises,
avec la tige noire.

Cette espèce, commune dans toute la France, se trouve aux environs de Paris, pendant les mois de mai et de juin.

## ARCTIE DE LA MENTHE, *ARCTIA MENTHASTRI*, Fab., Hubn., God.

*BOMBYX LUBRICIPEDA*, Linn.

*CHELONIA WALKERII* (var.), Curt. — LA PHALÈNE TIGRE, Geoff.

Pl. LIX, fig. 4.

Les quatre ailes sont blanches de part et d'autre, avec trente à
trente-huit points noirs aux premières, et un à six aux secondes; ces
points sont ordinairement moins prononcés en dessous qu'en dessus.
Le corps est blanc, avec cinq rangées longitudinales de points noirs,
et le dos des cinq anneaux intermédiaires de l'abdomen d'un jaune
fauve. Le côté externe des antennes est blanc, le côté interne est noirâtre. Elles sont pectinées chez le mâle, presque filiformes chez la
femelle.

On trouve cette espèce dans l'Europe boréale; elle n'est pas rare
aux environs de Paris, pendant le mois de juin.

### ARCTIE MENDIANTE, *ARCTIA MENDICA*, Linn., Och., God.

LA MENDIANTE, Eng.

Pl. LVIII, fig. 4.

Toutes les ailes sont d'un gris souris chez le mâle, d'un blanc un peu transparent chez la femelle, avec quelques points noirs épars. Le corps est grisâtre, avec cinq rangées longitudinales de points noirs sur l'abdomen. Les antennes sont grises et pectinées dans le mâle, noires et filiformes chez la femelle.

Cette espèce se trouve aux environs de Paris, pendant les mois de mai et de juin.

Ajoutez : les *Arctia Rivularis*, Ménétr., de la Russie méridionale ; *Urticæ*, Esp., du nord de la France ; *Luctuosa*, Hubn., de la Sicile et de la Turquie, et *Sordida*, Hubn., de l'Italie, de la Suisse et de la Provence.

---

## LIPARIDES, *LIPARIDÆ*, Boisd.

—

### GENRE LIPARIS, *LIPARIS*, Och.

*BOMBYX*, Auct. — *PSILURA* et *PORTHESIA*, Steph.

Les antennes sont très-pectinées dans les mâles, et dentelées ou en scie dans les femelles. Les palpes sont très-petits et très-rapprochés. La trompe est nulle. Le corps de la femelle est beaucoup plus gros que celui du mâle, et garni, dans plusieurs espèces, d'une sorte de bourre soyeuse qui s'en détache, et sert à couvrir les œufs à mesure qu'ils sont pondus.

Les chenilles sont légèrement aplaties, munies de tubercules surmontées de poils roides et rayonnants, et dont ceux des côtés sont ordinairement plus longs. Les chrysalides, également garnies de poils, sont enveloppées d'un réseau imparfait qui les laisse quelquefois à nu.

## LIPARIS MOINE, *LIPARIS MONACHA*, Linn., Fab.

LE ZIGZAG A VENTRE ROUGE, Eng. — *BOMBYX EREMITA*, Hubn.

Pl. LX, fig. 3.

Dans les deux sexes, les premières ailes sont d'un blanc grisâtre en dessus, avec des points et quatre lignes transverses en zigzag, noirs ; les points sont au nombre de seize, dont sept sont à la base, un entre les deux lignes antérieures, et huit le long du bord terminal. Les secondes ailes sont d'un gris pâle cendré en dessus, avec l'extrémité blanchâtre et divisée transversalement par une bande plus ou moins obscure, derrière laquelle il y a une série de points noirs, placée sur la frange. Les quatre ailes sont blanchâtres en dessous, avec deux bandes transverses ondulées et des points marginaux d'un brun noirâtre ; la côte des premières ailes est jaune et marquée de trois gros points noirs, successifs. Le thorax est blanc, avec le front jaunâtre et trois taches noires, dont la postérieure est en forme de cœur. L'abdomen est de couleur rose, avec la base blanchâtre et les incisions noires. Les antennes du mâle sont cendrées, avec la tige blanchâtre aux extrémités et noirâtre dans son milieu. Les antennes de la femelle sont entièrement noires ; sa partie anale se termine par un oviducte de couleur jaunâtre, corné.

Cette espèce se trouve assez communément aux environs de Paris, pendant les mois de juillet et d'août.

## LIPARIS CUL BRUN, *LIPARIS CHRYSORRHOEA*, Linn., Fab.

*BOMBYX AURIFLUA*, Esp.

L'ARCTIE QUEUE D'OR, Lat. — LA PHALÈNE BLANCHE A CUL BRUN, Geoff., Eng.

Pl. LX, fig. 2.

Les ailes sont d'un blanc luisant en dessus, tantôt sans taches, tantôt avec un ou deux points noirâtres vers le bord interne des supérieures. La couleur du dessous est la même que celle du dessus, avec la côte des premières ailes ombrée de noirâtre chez le mâle. Le corps est blanchâtre, avec les quatre anneaux postérieurs du dos d'un brun obscur, et la partie anale garnie de poils d'un fauve ferrugineux.

Cette espèce est commune dans toute l'Europe et aux environs de Paris, pendant le mois de juillet.

### LIPARIS CUL DORÉ, *LIPARIS AURIFUA*, Fab., God., Hubn.

LA PHALÈNE BLANCHE A CUL JAUNE, Eng.

Pl. LXXIV, fig. 4.

Entièrement d'un blanc brillant, avec le bord antérieur de ses premières ailes arqué; le dessus du thorax est tout blanc, avec la partie anale d'un jaune doré. Les barbes des antennes sont grisâtres.

On trouve cette espèce aux environs de Paris, pendant le mois de juillet.

(*LEUCOMA*, Steph.)

### LIPARIS V NOIR, *LIPARIS V NIGRUM*, Fab., Esp.

*BOMBYX NIVOSA*. Hubn. — LE V. NOIR, Eng.

Pl. LX, fig. 1.

Cette espèce est d'un blanc verdâtre luisant, avec un arc, ou un V à l'extrémité de la cellule discoïdale des ailes supérieures; la teinte verdâtre est si tendre qu'elle disparaît au bout de quelque temps. Le corps est verdâtre, avec le dos de l'abdomen crêté et les deux premières paires de pattes tachetées de noir. Les antennes sont d'un jaune roussâtre, avec la tige de couleur blanche; elles sont beaucoup plus larges chez le mâle que dans la femelle.

Ce Liparis est très-commun aux environs de Paris, pendant le mois de juillet.

Ajoutez : les *Liparis Detrita*, Esp., du nord de l'Allemagne; *Rubex*, Fabr., de la France et de l'Autriche; *Dispar*, Linn., de l'Europe centrale; *Atlantica*, Ramb., de l'Espagne méridionale et de la Sardaigne, et *Salicis*, Linn., de l'Europe.

### GENRE ORGYIE, *ORGYIA*, Steph.

BOMBYX, Auct.

Les antennes sont courtes, plumeuses ou largement pectinées dans les mâles, dentées dans les femelles. Les palpes sont velus, assez longs, débordant le chaperon. La trompe est nulle. Le corps est grêle, avec les ailes larges et propres au vol dans les mâles. Le corps est très-gros, avec les ailes entières, presque nulles ou rudimentaires dans les femelles.

Les chenilles sont garnies de poils disposés, les uns sur le dos, en
forme de brosses, les autres en forme de pinceaux aux deux extrémités du corps, dont deux placés latéralement sur le cou et dirigés
en avant, et le troisième sur le onzième anneau et dirigé en arrière.
Leurs chrysalides, plus ou moins ventrues, sont velues et renfermées
dans des coques d'un tissu lâche entremêlé de poils.

(*DASYCHIRA*, Stéph.)

### ORGYIE PUDIBONDE, *ORGYIA PUDIBUNDA*, Linn., Fab., Esp.

*BOMBYX JUGLANDIS*, Hubn. — LA PATTE ÉTENDUE, Geoff.

Pl. LX, fig. 6.

Les premières ailes sont d'un gris blanc en dessus, avec quatre
lignes transverses et une série de points marginaux d'un brun noirâtre. Les secondes ailes sont blanchâtres en dessus, avec une bande
brunâtre, faisant suite à la ligne postérieure des ailes de devant. Les
quatre ailes ont leur dessous de la même couleur que le dessus des
inférieures, avec un point central et une bande postérieure, noirâtres.
Le corps est d'un gris blanchâtre, avec les antennes rousses. Les antennes du mâle sont plus pectinées que celles de la femelle; le dessus
de ses premières ailes présente une large bande discoïdale d'atomes
obscurs.

Cette espèce, très-commune dans une grande partie de l'Europe,
se trouve aux environs de Paris, pendant le mois de mai.

(*ORGYIA*, Auct.)

### ORGYIE GONOSTIGMA, *ORGYIA GONOSTIGMA*, Fab., Esp.

LA SOUCIEUSE, Eng.

Pl. LX, fig. 4.

Le dessus des premières ailes du mâle est d'un brun obscur, avec
trois taches orbiculaires et trois lignes flexueuses transversales d'un
brun marron, puis deux lunules blanches, dont l'une au sommet,
l'autre à l'angle interne de l'aile; les taches orbiculaires sont cerclées de gris, et la lunule du sommet est précédée d'une double tache
oblongue d'un jaune roussâtre. Les secondes ailes sont d'un noir
brun en dessus, avec des poils cendrés à la base. Les quatre ailes présentent une frange blanchâtre entrecoupée de noir. Les premières
ailes sont noirâtres en dessous, avec l'extrémité d'un fauve sale, le

sommet précédé d'une lunule blanche, et la frange entrecoupée de noirâtre ; le dessous des secondes ailes est à peu près semblable au dessus. Les antennes sont d'un brun obscur, avec la tige un peu plus pâle.

La femelle est dépourvue d'ailes ; son corps est très-gros, d'un cendré obscur, avec les pattes et les antennes d'un brun jaunâtre.

Cette espèce se trouve dans les pépinières et les bois des environs de Paris ; elle éclôt pour la première fois à la fin de mai et au commencement de juin, et pour la seconde, vers la fin d'août ou en septembre.

(COLOCASIA, Och.)

### ORGYIE DU COUDRIER, *ORGYIA CORYLI*, Linn., Fab., Esp.

PHALÈNE DU NOISETIER, Eng.

Pl. LX, fig. 5.

Les premières ailes sont d'un brun roux en dessus, depuis le thorax jusqu'au milieu de l'aile, et d'un gris bleuâtre pour le reste ; la frange est entrecoupée de gris et de brun. Les secondes ailes sont d'un gris roussâtre en dessus, avec la frange également entrecoupée de gris et de brun. Les quatre ailes présentent en dessous la même nuance que le dessus des secondes ailes. La tête est grise, ainsi que le thorax, qui est traversé, dans sa longueur, par trois lignes d'un brun noir ; l'abdomen est d'un gris roussâtre.

Le mâle diffère de la femelle en ce que ses antennes sont pectinées au lieu d'être filiformes, comme cela a lieu chez la femelle.

Cette espèce se trouve aux environs de Paris, pendant les mois de mai et de juillet. Elle donne deux fois l'année, savoir : en avril et en juillet. Les individus de la première époque proviennent de chenilles qu'on trouve en septembre et qui passent l'hiver en chrysalide. Ceux de la seconde sont le produit de chenilles qui éclosent en mai, et subissent toutes leurs métamorphoses dans l'espace de deux mois et demi.

Ajoutez : les *Orgyia Abietis*, Esp., de l'Allemagne méridionale ; *Fascelina*, Linn., des environs de Paris ; *Selenetica*, Esp., de l'Allemagne ; *Antiqua*, Linn., des environs de Paris ; *Ericæ*, Germ., de la Saxe ; *Rupestris*, Ramb., de la Corse ; *Trigotephras*, Boisd., de la Provence ; *Corsica*, Boisd., de la Corse et de la Sicile ; *Auro-limbata*, Devill., des Pyrénées ; *Dubia*, Hubn., de l'Espagne méridionale, et *Geographica*, Fabr., de la France méridionale.

# LASIOCAMPIDES, *LASIOCAMPIDÆ*, Duponch.

—

## GENRE LASIOCAMPE, *LASIOCAMPA*, Och.

*BOMBYX*, Auct. — *GASTROPACHA*, Och.

Les antennes sont pectinées dans le mâle, dentées et en scie dans la femelle. Les palpes sont réunis et prolongés en une sorte de bec plus ou moins avancé, tantôt incliné, tantôt droit et dépassant la tête. Les ailes sont plus ou moins dentelées, en toit dans le repos ; les supérieures sont débordées alors latéralement par les inférieures.

Les chenilles présentent deux espèces d'entailles qui s'ouvrent et se ferment à la volonté de l'animal : elles sont placées sur le deuxième et le troisième anneau ; elles sont munies aussi d'appendices charnus placés de chaque côté du corps au-dessus des pattes, et d'une espèce de caroncule plus ou moins longue et dirigée en arrière sur le pénultième anneau. Leur transformation a lieu dans un cocon ovale, mou et saupoudré de blanchâtre à l'intérieur.

## LASIOCAMPE FEUILLE DU CHÊNE, *L. QUERCIFOLIA*, Linn., God.

*GASTROPACHA ULMIFOLIA*, Dahl.

LA FEUILLE MORTE, Geoff., Eng. — *GASTROPACHA ALNIFOLIA*, Och.

Pl. LXI, fig. 5.

Les ailes dans les deux sexes sont d'un ferrugineux plus ou moins foncé en dessus, glacées de violâtre à l'extrémité, avec trois lignes noirâtres, transverses, ondulées et continues, dont l'antérieure plus courte aux secondes ailes, et séparée de la suivante sur les premières par un point central également noirâtre. Ces mêmes ailes sont d'un ferrugineux chatoyant en violet en dessous, avec deux bandes noirâtres, courbes et transverses, dont la postérieure est souvent moins distincte. Le corps est de la même couleur que les ailes.

On trouve cette espèce en Europe et aux environs de Paris, pendant le mois de juillet.

### L. FEUILLE DU PEUPLIER, *L. POPULIFOLIA*, Fab., Hubn., God.

LA FEUILLE DU PEUPLIER, Eng.

Pl. LXI, fig. 2.

Les quatre ailes sont d'un jaune fauve en dessus (cette couleur est ordinairement plus foncée dans le mâle que dans la femelle), avec l'extrémité glacée de gris violâtre, et trois lignes noirâtres, transverses et ondulées. Le dessous diffère du dessus en ce qu'il est plus pâle et légèrement teinté de violet. Le corps, toutes les parties des pattes, sont de la même couleur que le fond des ailes. Le thorax est divisé longitudinalement dans son milieu par une ligne plus ou moins obscure.

On trouve cette espèce dans une grande partie de l'Europe, et elle n'est pas rare aux environs de Paris, pendant le mois de juin. L'Allemagne nourrit aussi cette Lasiocampe.

### (*ODONESTIS*, Germ.)

### LASIOCAMPE BUVEUSE, *LASIOCAMPA POTATORIA*, Linn., God., Fab.

LA BUVEUSE, Eng.

Pl. LXXIV, fig. 5.

Les ailes du mâle sont d'un brun tanné et légèrement violâtre en dessus, avec une ligne ferrugineuse descendant obliquement du sommet au milieu du bord interne. Les premières ailes ont l'origine de ce même bord et le disque d'un jaune fauve, et elles présentent vers le milieu de la côte deux points blancs, dont l'inférieur plus gros et souillé de jaunâtre, le supérieur manquant quelquefois. De plus, on aperçoit deux lignes obscures et flexueuses, dont l'antérieure placée transversalement près de la base, la postérieure parallèle au bord terminal, bord dont la frange est jaunâtre à toutes les ailes, mais plus distinctement entrecoupée de brun aux supérieures qu'aux inférieures. Les quatre ailes sont d'un jaune obscur en dessus, avec une ligne ferrugineuse correspondant à celle de la surface opposée. Le corps est jaunâtre, avec le devant du thorax plus foncé ; la tige des antennes est blanchâtre, avec les barbes d'un brun grisâtre.

La femelle diffère du mâle en ce que toutes les parties de son corps, ainsi que les deux surfaces de ses quatre ailes, sont d'un jaune paille, et en ce que la ligne ferrugineuse du dessus de ses ailes inférieures se dilate plus ou moins en manière de bande. Quelquefois on rencoutre des individus qui ont le fond d'un blanc jaunàtre, et d'autres chez lesquels il est presque du même ton que les mâles.

Cette espèce se trouve dans une grande partie de l'Europe, et n'est pas rare aux environs de Paris, pendant les mois de juin et de juillet.

Ajoutez : les *Lasiocampa Lineosa*, Dev., de la France méridionale ; *Otus*, Drury, de la Dalmatie et de la Turquie ; *Lobulina*, Hubn., de l'Allemagne ; *Pruni*, Linn., des environs de Paris ; *Betulifolia*, Fabr., de la France et de l'Allemagne ; *Ilicifolia*, Linn., de la France orientale, et *Suberifolia*, Ramb., de la France méridionale et de l'Espagne.

## BOMBYCIDES, *BOMBYCIDÆ*, Duponch.

### GENRE BOMBYCE, *BOMBYX*, Linn.

Les antennes sont largement pectinées ou plumeuses dans les mâles, plus ou moins dentées en scie ou plus ou moins pectinées dans les femelles. Les palpes sont courts, velus, obtus, quelquefois connivents. La trompe est nulle. Le thorax est robuste, large et garni de poils. L'abdomen dans les mâles est terminé par une touffe de poils plus ou moins abondants. Chez les femelles, il est très-gros, cylindrique, et terminé dans quelques-unes par des poils qui recouvrent la bourre soyeuse dont son extrémité est garnie. Les ailes sont larges et aussi velues que squammeuses.

Les chenilles sont longues, cylindriques, quelquefois obèses, et toujours plus ou moins velues ; elles se transforment dans une coque lâche, fusiforme, quelquefois très-solide, presque ovale ; il y en a aussi qui se transforment dans une toile commune, et chacune, néanmoins, dans une coque particulière.

(*CLISIOCAMPA*, Steph.)

**BOMBYCE NEUSTRIEN, *BOMBYX NEUSTRIA*, Linn., Fab., God.**

LA LIVRÉE, Geoff., Esp.

Pl. LXIII, fig. 3.

Cette espèce est d'un ferrugineux pâle, surtout chez la femelle, avec deux lignes blanchâtres, transverses, un peu arquées sur le milieu des ailes supérieures, et une moins apparente sur le milieu des inférieures ; le dessous diffère du dessus par ses ailes supérieures qui n'ont qu'une seule ligne blanchâtre. Le corps est de la même couleur que les ailes ; le devant du thorax est ferrugineux ; la tige des antennes est jaunâtre, avec les barbes brunes.

Ce Bombyce présente plusieurs variétés qui offrent toutes une frange blanche irrégulièrement entrecoupée de brun.

Cette espèce est abondamment répandue dans toute l'Europe, et particulièrement aux environs de Paris, pendant le mois de juillet.

### BOMBYCE CASTRENSE, *BOMBYX CASTRENSIS*, Linn., Fab., God.

LA LIVRÉE DES PRÉS, Eng.

Pl. LXIII, fig. 2.

Le dessus des ailes supérieures du mâle est tantôt d'un jaune d'ocre, avec trois raies transverses ferrugineuses ; tantôt au contraire ferrugineux, avec deux raies transverses et le bord postérieur d'un jaune d'ocre. Dans l'un et l'autre cas, la raie qui avoisine la base est arquée en dehors. Les ailes inférieures sont d'un ferrugineux sombre en dessus, avec leur milieu traversé par une ligne plus claire. Les quatre ailes sont ferrugineuses en dessous, avec une ligne commune, plus l'origine de la côte et le bord terminal des inférieures, jaunâtres. Le corps est d'un jaune terne ; le dessus de l'abdomen et le bout des antennes sont brunâtres.

La femelle, de part et d'autre, est d'un ferrugineux tendre, avec deux raies courbes d'un jaune d'ocre sur le dessus des ailes supérieures, une ligne pâle sur le dessus des inférieures et sur le dessous des quatre ailes. Tout le corps est de la même couleur que les ailes, avec le dessus des antennes jaunâtre. La frange est jaunâtre et irrégulièrement entrecoupée de ferrugineux dans les deux sexes.

Cette espèce se trouve communément aux environs de Paris, pendant le mois de juillet.

(*TRICHIURA*, Steph.)

### BOMBYCE DE L'AUBÉPINE, *BOMBYX CRATÆGI*, Linn., God., Esp.

*BOMBYX MALI, BOMBYX AVELLANÆ*, Borkh. — LA QUEUE FOURCHUE, Eng.

Pl. LXII, fig. 4.

Chez le mâle, les premières ailes sont d'un gris blanc en dessus, d'un gris cendré chez la femelle, et elles sont traversées dans leur milieu par une bande obscure que renferment deux lignes noires, dont l'antérieure est courbe et la postérieure anguleuse. De plus, on aperçoit vers l'extrémité une ligne brune, transverse, derrière laquelle est une rangée de huit points noirs qui entrecoupent la frange dans toute sa longueur. Les secondes ailes sont grises en dessus, avec une ligne centrale et le tiers postérieur brunâtres. Les quatre ailes sont d'un gris plus ou moins clair en dessous, suivant le sexe, avec une ligne brunâtre, commune et centrale. Le thorax est de la même couleur que les ailes supérieures; la couleur de l'abdomen est semblable à celle des inférieures; la tige des antennes est blanchâtre; les barbes sont cendrées.

Ce Bombyce se trouve aux environs de Paris, pendant le mois de septembre.

(CNETHOCAMPA, Steph.)

### B. PROCESSIONNAIRE, *B. PROCESSIONEA*, Linn., Fab., Esp., Hubn.

LA PROCESSIONNAIRE, Reaum. — LE PROCESSIONNAIRE DU CHÊNE, Eng.

Pl. LXIII, fig. 1.

Le dessus des ailes supérieures du mâle est d'un gris blanc, avec trois lignes transverses et sinuées, une liture également transverse près du bout de la côte, et une lunule centrale, d'un brun noirâtre; les ailes inférieures sont d'un blanc grisâtre en dessous, et traversées au delà de leur milieu par une raie brune arquée. Le dessus des quatre ailes est d'un gris cendré pâle chez la femelle; les supérieures présentent à la base une ombre, au milieu une petite lunule, et vers l'extrémité une raie transverse, un peu plus obscure que le fond; la frange des deux sexes est entrecoupée de brun, et le dessous est d'un gris nu. Le thorax est gris, avec la partie antérieure noirâtre chez le mâle, d'une couleur tannée chez la femelle; l'abdomen est jaunâtre, avec les incisions cendrées. Les antennes sont brunâtres, avec la tige jaunâtre.

Se trouve aux environs de Paris, pendant le mois de juillet.

(ERIOGASTER, Germ.)

### BOMBYCE LAINEUX, *BOMBYX LANESTRIS*, Linn., Fab., God.

LA LAINEUSE DU CERISIER, Eng.

Pl. LXIII, fig. 4.

Les ailes sont d'un ferrugineux pâle un peu transparent en dessus, avec une ligne blanche, transverse, presque centrale, flexueuse aux

supérieures, courbe et plus large aux inférieures ; les premières ailes
sont saupoudrées de blanchâtre à l'extrémité ; elles présentent deux
gros points blancs, dont l'un est à la base, l'autre vers le milieu de la
côte ; le bord antérieur des secondes ailes est blanc, excepté à son origine. Le dessous diffère du dessus par l'absence du point de la base
des ailes supérieures. Le corps est de la même couleur que les ailes ;
la partie supérieure est noire chez la femelle. Les antennes sont
brunes, avec la tige blanchâtre.

On trouve cette espèce aux environs de Paris, pendant les mois de
mai et septembre.

(BOMBYX, Boisd.)

### BOMBYCE DE LA RONCE, BOMBYX RUBI, Linn., Fab., God.

LA POLYPHAGE, Eng.

Pl. LXII, fig. 3.

Les premières ailes du mâle sont d'un brun tanné en dessus, avec
deux lignes blanchâtres, transverses et centrales, dont l'antérieure
faiblement sinuée, la postérieure un peu courbe en arrière : outre
cela, il existe une raie flexueuse d'atomes grisâtres ; les secondes ailes
sont d'un brun tanné en dessus, avec la frange blanchâtre. Le dessus
de la femelle diffère de celui du mâle par ses ailes supérieures qui sont
lavées de gris, et par ses ailes inférieures qui sont un peu plus pâles.
Les quatre ailes du mâle sont entièrement d'un brun jaunâtre, tandis
que celles de la femelle sont d'un brun grisâtre. Le corps dans les deux
sexes est de la même couleur que le dessus des ailes supérieures ; la
tige des antennes est blanchâtre, et les barbes sont d'un brun tanné.

Cette espèce se trouve, au mois de mai, dans les environs de Paris.
Le mâle vole en plein jour, et avec une extrême rapidité. La femelle
se tient dans l'herbe ou dans les buissons.

### BOMBYCE DU CHÊNE, BOMBYX QUERCUS, Linn., Fab., Esp., God.

LE MINIME A BANDE, Geoff.

Pl. LXII, fig. 2.

Les quatre ailes du mâle sont ferrugineuses, avec une bande commune et arquée, ainsi que la frange du bord terminal des inférieures,
d'un jaune fauve. Cette bande est un peu plus pâle en dessous qu'en
dessus ; quelquefois elle se confond dans la frange des secondes ailes ;
l'extrémité des premières ailes est saupoudrée de grisâtre entre les ner-

vures, et leur dessus offre vers le milieu un point blanc cerclé de noir ; le corps en dessus et en dessous est ferrugineux, avec la *tige* des antennes jaunâtre.

La femelle est ordinairement d'un beau jaune paille, avec une bande plus claire, précédée sur le dessus des premières ailes d'un point central blanc, autour duquel il y a un cercle jaunâtre. Tout le corps est entièrement de la couleur des ailes, avec les barbes des antennes ferrugineuses.

On trouve quelquefois des individus femelles qui sont d'un jaune terne ou presque blanchâtre, et chez lesquels la bande transverse est à peine visible. Il en est d'autres qui se rapprochent des mâles par la couleur brune de leurs ailes.

Ce Bombyce est assez commun dans les environs de Paris, pendant le mois de juillet.

### BOMBYCE DU TRÈFLE, *BOMBYX TRIFOLII*, Fab., Esp. God., Hubn.

*BOMBYX MEDICAGINIS*, Borkh.

LE PETIT MINIME A BANDE, Eng. — *GASTROPACHA MEDICAGINIS*, Och.

Pl. LXII, fig. 1.

Les ailes dans les deux sexes sont d'un brun pâle en dessus, avec une bande blanchâtre, transverse, postérieure, un peu moins apparente aux secondes ailes qu'aux premières. Vers le milieu des premières ailes, il existe un point blanc, plus gros et plus apparent dans les mâles que dans les femelles. Le dessous diffère du dessus en ce qu'il est plus pâle. Le corps est de la même couleur que les ailes. Les antennes sont blanchâtres et les barbes d'un brun clair.

Cette espèce, qui se trouve aux environs de Paris, est beaucoup moins commune que la précédente, et ne s'avance pas autant vers le Nord. Les individus du Midi sont généralement plus grands.

Ajoutez : les *Bombyx Franconica*, Fabr., de l'Allemagne et du midi de la France ; *Loti*, Hubn., du midi de l'Espagne ; *Ilicis*, Ramb., de l'Espagne méridionale ; *Solitaris*, Kind., de la Turquie d'Europe ; *Pityocampa*, Fabr., du midi de l'Europe ; *Neogena*, Fisch., de la Russie et de l'Espagne méridionale ; *Everia*, Fabr., et *Catax*, Linn., de la France et de l'Allemagne ; *Populi*, Linn., de l'Europe ; *Dumeti*, Linn., de la France centrale ; *Taraxaci*, Esp., de l'est de la France et de l'Allemagne ; *Spartii*, Hubn., de l'Europe méridionale, et *Cocles*, Hubn., de la Sicile.

## ATTACIDES, *ATTACIDÆ*, Duponch.

—

## GENRE ATTACUS, *ATTACUS*, Linn., Fab.

*SATURNIA*, Schrank.

Les antennes sont pectinées dans les deux sexes, mais à dents ou barbes beaucoup plus longues dans les mâles que dans les femelles. Les palpes sont courts et très-velus. Le thorax est laineux, avec un collier de la couleur de la côte des ailes supérieures. Chacune des quatre ailes est ornée d'une tache ocellée dont la pupille, diaphane, est traversée par une petite nervure.

Les chenilles ont la tête petite et globuleuse, les anneaux bien séparés, avec des tubercules élevés de chacun desquels partent, en rayonnant, un petit nombre de poils roides et de longueur inégale. Leu.s chrysalides courtes, ovoïdes, ont l'extrémité anale garnie d'un petit faisceau de poils roides, et sont contenues dans des coques en forme de poire, d'un tissu épais et comme feutré.

### ATTACUS GRAND PAON, *A. PAVONIA MAJOR*. Linn., Fab., God.

*SATURNIA PYRI*, Borkh. — LE GRAND PAON, Geoff., Eng.

Pl. LXV, fig. 1.

Les ailes sont d'un gris plus ou moins nébuleux en dessus, avec l'extrémité d'un brun noirâtre, et terminée par une large bordure d'un brun jaunâtre. Vers le milieu de chaque aile, dans un cercle noir, on voit un œil également de la même couleur, ayant la prunelle transparente, l'iris d'un fauve obscur et embrassé du côté du corps par un arc blanc, lequel est entouré lui-même par un demi-cercle d'un rouge pourpre. Ces yeux sont entourés de deux lignes obliques, rougeâtres, dont la postérieure est très-anguleuse; l'antérieure en forme d'S aux secondes ailes. De plus, la base supérieure des premières ailes présente un espace noirâtre, un rang transversal de deux ou trois arcs cramoisis et convexes en dehors, dont le supérieur embrasse dans sa convexité un groupe d'atomes rosés et contigus à une petite tache noire, disposée longitudinalement sur la côte, et près de la naissance de la ligne anguleuse. Le dessous diffère du dessus en ce qu'il est généralement plus clair, et en ce qu'il n'y a point d'espace noirâtre à la base des supérieures. Le corps est entièrement brun, avec tout le devant du thorax d'un blanc roussâtre, et les anneaux de l'abdomen d'un gris cendré. Les antennes sont jaunâtres.

Le mâle diffère de la femelle par son corps, qui est beaucoup moins gros, et par ses antennes, qui sont plus pectinées.

Le grand Paon se trouve très-communément aux environs de Paris, pendant le mois de mai ; mais on ne le rencontre plus à dix lieues au nord de cette capitale. Les individus qui habitent la France méridionale sont en général plus grands, et plus vivement colorés que ceux des environs de Paris.

**ATTACUS PETIT PAON,** *ATTACUS PAVONIA MINOR*, Linn., God.

*SATURNIA CARPINI*, Borkh. — LE PETIT PAON, Geoff. — LE PETIT PAON DE NUIT, Eng.

Pl. LXIV, fig. 1, 2.

Une grande différence existe chez les deux sexes, mais sous le rapport du dessin ils sont semblables. Les antennes du mâle sont larges et d'un brun tanné ; les premières ailes sont d'un brun nébuleux en dessus, piquées de rougeâtre dans leur milieu ; le dessous est jaunâtre. Les secondes ailes sont fauves en dessus, d'un rouge vineux en dessous, avec une bordure blanche intérieurement, obscure extérieurement, et un œil central semblable à celui qu'on voit dans le Moyen Paon. Les premières ailes présentent, outre cela, une tache cramoisie, sur laquelle est un chevron blanc, convexe en dehors et embrassant un gros point blanc ; l'œil central est entouré de blanc sur les deux surfaces des ailes supérieures, et seulement sur le dessous des inférieures, et se trouve, comme dans l'espèce précédente, enfermé entre deux lignes obliques. Le corps est brunâtre ; les anneaux de l'abdomen sont un peu plus clairs en dessus et d'un gris blanchâtre en dessous.

La femelle est d'un gris cendré plus ou moins foncé ; elle a beaucoup de ressemblance avec le Moyen Paon, mais elle en diffère par ses antennes, qui sont plus étroites et dont tous les articles sont dentés de chaque côté ; par ses ailes supérieures, dont le côté interne de la bordure est à peine sinué ; par la ligne oblique de sa base, qui est brisée, et par la ligne anguleuse de leur extrémité, qui aboutit toujours vis-à-vis du milieu de l'œil des inférieures ; outre cela, les anneaux de l'abdomen sont ordinairement un peu plus blanchâtres. La bordure des secondes ailes est lavée de rouge dans les mâles, et quelquefois aussi chez les femelles.

On rencontre cette espèce pendant les mois d'avril et de mai ; elle est répandue dans toute l'Europe, et paraît aussi commune au nord qu'au midi.

Ajoutez : les *Attacus Pavonia media*, Fabr., de la Hongrie et de l'Autriche, et *Cæcigena*, Hubn., de la Dalmatie.

---

## ENDROMIDES, *ENDROMIDÆ*, Boisd.

---

### GENRE AGLIA, *AGLIA*, Och.

*BOMBYX*, Auct.

Les antennes sont en panache dans le mâle et simplement pectinées dans la femelle. Les palpes sont écartés, peu velus, courbés vers la terre, et à dernier article bien distinct. La trompe est nulle. Les ailes sont larges et ornées chacune d'une tache ocellée, dont la pupille, en forme de T, est demi-transparente.

Les chenilles sont ornées d'épines dans leur jeune âge, et de-viennent mutiques après la troisième mue, avec la peau chagrinée et les anneaux très-renflés. Leur chrysalide est courte, avec l'extrémité anale garnie de petites pointes crochues. Elle est contenue dans une coque informe composée de mousse et de feuilles sèches retenues par quelques fils.

### AGLIA TAU, *AGLIA TAU*, Linn., Esp., God.

LA HACHETTE, Eng.

Pl. LXIV, fig. 3.

Les ailes sont d'un jaune fauve en dessus, plus foncé dans le mâle que chez la femelle; l'œil des premières ailes est moins chatoyant que celui des secondes ; il est entouré de deux bandelettes d'un jaune plus intense que le fond. On aperçoit entre cet œil et le bord posté-rieur une ligne noire, courbe, toujours plus large aux ailes inférieures qu'aux supérieures, et derrière laquelle sont des atomes obscurs. Le dessous des premières ailes dans les deux sexes diffère du dessus en ce que le sommet présente une tache blanchâtre presque en forme de hache, et en ce que la ligne de l'extrémité est convertie en une ligne grisâtre. Les secondes ailes sont d'un gris brunâtre en dessous, plus claires au sommet, ainsi qu'à l'origine des bords antérieur et interne, avec deux lignes blanchâtres, parallèles au bord postérieur, et une bande ferrugineuse, au centre de laquelle il y a un T blanc qui n'est que la répétition de la prunelle de l'œil du dessus. Le dessus du corps est de la même couleur que les ailes; le dessous est grisâtre, avec les bords des anneaux blancs. Les antennes sont ferrugineuses, larges et pectinées dans le mâle, à peine dentées dans la femelle.

On trouve quelquefois des femelles qui sont d'un jaune obscur, d'autres, au contraire, qui sont comme étiolées, et d'un jaune tirant sur le gris, surtout à la base et au sommet des ailes supérieures.

Le Tau se trouve aux environs de Paris, particulièrement dans la forêt de Saint-Germain, pendant les mois d'avril et de mai.


## GENRE ENDROMIS, *ENDROMIS*, Och.

Les antennes sont pectinées et terminées en pointe obtuse dans les deux sexes; la pectination de la femelle est moitié moins large que celle du mâle. Les palpes sont très-petits et très-velus, sans articles distincts. La trompe est nulle. Le thorax est laineux, avec l'abdomen garni de poils. Les ailes supérieures sont allongées, à sommet très-aigu; les inférieures sont courtes.

Les chenilles ont la peau lisse, et leur corps, qui va en s'amincissant de la queue à la tête, s'élève en pyramide sur le pénultième segment. La chrysalide est chagrinée, avec la partie postérieure terminée par une pointe conique et recourbée; elle est contenue dans une légère coque de soie, consolidée par des brins de mousse ou de feuilles sèches.


### ENDROMIS VERSICOLORE, *E. VERSICOLORA*, Linn., Fab., God.

LE VERSICOLOR, Eng.

Pl. LXIII, fig. 5.

Le dessus des premières ailes du mâle est ferrugineux, avec deux lignes noirâtres, centrales, transverses, dont l'antérieure courbe et bordée de blanc à son côté interne, la postérieure anguleuse et bordée de la même couleur à son côté externe. L'espace qui sépare ces deux lignes est lavé de blanc par places, et l'on aperçoit un croissant noirâtre situé à l'extrémité de la cellule discoïdale. Les secondes ailes sont d'un jaune brun en dessus, traversées dans leur milieu par une ligne noirâtre en forme d'S, après laquelle viennent deux taches brunes placées obliquement l'une au-dessus de l'autre, puis deux petites taches blanches occupant le sommet. Le dessous diffère du dessus, en ce qu'il est généralement plus pâle ; en ce que les ailes inférieures ont deux lignes transverses et un croissant intermédiaire noirs, et en ce que leur bord antérieur est blanc à son origine. Le corps est d'un jaune brun, velu, avec le devant du thorax et le bord des épaulettes blancs. Les antennes sont noires.

La femelle diffère du mâle par ses ailes supérieures, qui sont d'un ferrugineux terne, par les inférieures, qui sont d'un blanc sale, et par le dessus de son abdomen, qui est d'un gris cendré.

Cette espèce, répandue dans beaucoup de contrées de l'Europe, mais plutôt en remontant vers le Nord que vers le Midi, se trouve aux environs de Paris, pendant les mois de mars et d'avril.

## HÉPIALIDES, *HEPIALIDÆ*, Lat.

### GENRE ZEUZÈRE, *ZEUZERA*, Lat.

*COSSUS*, Fab., Och.

Les antennes ont leur moitié inférieure largement pectinée dans le mâle et cotonneuse dans la femelle, et la supérieure filiforme ou très-légèrement dentée dans les deux sexes. Les palpes sont nuls ; la spiritrompe est très-courte, composée de filets membraneux disjoints. La tête et le corps sont couverts d'un duvet cotonneux ou laineux. Le thorax est ovale. L'abdomen de la femelle long, et ayant l'oviducte saillant après la ponte. Les ailes supérieures sont longues, étroites, à sommet aigu ; les inférieures sont beaucoup plus courtes.

La chenille est cylindrique, d'un jaune livide, avec un large écusson corné sur le premier anneau, et des points verruqueux noirs sur tous les autres. Elle vit dans l'intérieur du tronc des arbres, particulièrement du marronnier d'Inde, du poirier, du pommier, du lilas, etc., dont elle mange l'aubier et suce la séve. La chrysalide est longue, cylindrique, convexe sur le dos, avec deux rangées transversales d'épines inclinées en arrière sur chaque segment de l'abdomen.

ZEUZÈRE DU MARRONNIER, *ZEUZERA ÆSCULI*, Linn., Fab., Och.

LA COQUETTE, Eng.

Pl. LXVI, fig. 1.

Les ailes sont blanches de part et d'autre, avec une multitude de points d'un noir bleu aux supérieures, et de petits points noirâtres aux inférieures. Le corps est blanc, avec les pattes, les anneaux de l'abdomen et les points sur le thorax, d'un noir bleu.

La femelle diffère du mâle par ses antennes, qui sont simples, et par sa partie postérieure, qui est terminée par une tarière jaunâtre.

Ce Lépidoptère se trouve aux environs de Paris, pendant le mois de juillet; il se rencontre quelquefois aussi dans nos jardins publics, comme le Luxembourg, le jardin des Plantes, etc.

# GENRE HÉPIALE, *HEPIALUS*, Fab., Lat.

*HEPIOLUS*, Och.

Les antennes sont très-courtes, moniliformes ou dentées du côté interne dans les deux sexes. Les palpes sont très-petits, hérissés de longs poils. La trompe est nulle. Le thorax est long, velu. L'abdomen est grêle et paraît presque toujours vide. Les ailes inférieures sont presque aussi longues et ont la même forme que les supérieures; les unes et les autres sont lancéolées, et en toit dans le repos.

Les chenilles sont presque glabres et munies de fortes mâchoires, à l'aide desquelles elles rongent les racines des plantes dont elles se nourrissent. Elles s'enfoncent dans ces mêmes racines pour se changer en chrysalides, et s'y fabriquent des coques revêtues à l'extérieur de molécules de terre, et tapissées intérieurement d'un tissu de soie mince et très-serré. Les chrysalides sont longues, cylindriques et convexes en dessus.

HÉPIALE HECTA, *HEPIALUS HECTUS*, Linn., God., Fab.

LA PATTE EN MASSE et L'HÉPATIQUE, Eng.

Pl. LXVII, fig. 4.

Le dessus des ailes antérieures du mâle est d'un brun roussâtre clair, avec deux bandes obliques, et une rangée terminale de petits points, d'un blanc jaunâtre argenté; le dessus des ailes inférieures et le dessous des quatre ailes sont d'un brun obscur, avec la frange du bord postérieur entrecoupée de noirâtre.

La femelle diffère du mâle par ses ailes antérieures, qui sont d'un brun ferrugineux, avec des taches cendrées, dont la plus extérieure disposée transversalement en face du sommet; les autres formant vers le milieu de la surface deux bandes obliques.

Cette Hépiale, qui se plaît dans les bois et les lieux ombragés, se trouve aux environs de Paris, pendant le mois de juin.

---

## LIMACODIDES, *LIMACODIDÆ*, Duponch.

COCLIOPODES, Boisd.

—

## GENRE LIMACODE, *LIMACODES*, Lat., Boisd.

*HETEROGENEA*, Treits.

Les antennes sont longues, à peine dentées dans le mâle, presque filiformes dans la femelle. Les palpes sont légèrement écartés entre eux et séparés de la tête; ils sont peu velus, à dernier article distinct. La trompe est presque nulle. L'abdomen est terminé par une brosse de poils. Les ailes sont courtes, épaisses, et beaucoup plus grandes que dans la femelle.

Les chenilles ont la forme de limaces ou de tortues; elles sont glabres ou légèrement poilues, et ont pour pattes membraneuses des mamelons dépourvus de crochets, et d'où suinte une humeur visqueuse qui les fixe sur les feuilles dont elles se nourrissent. Elles vivent sur le chêne et le hêtre. Leur chrysalide est contenue dans une coque sphérique d'une forme assez solide.

### LIMACODE TORTUE, *LIMACODES TESTUDO*, God.

*TORTRIX TESTUDINANA*, Hubn. — LA TORTUE, Eng.

Pl. LXVIII, fig. 1.

Les premières ailes sont d'un jaune fauve en dessus, avec trois lignes noirâtres, obliques, dont les deux externes plus longues et convergeant sur la côte au bord d'en haut, l'intermédiaire se liant à l'extérieure, de manière à former un Y renversé. De plus, l'angle interne est un peu plus pâle que le fond de l'aile. Les quatre ailes sont entièrement jaunes en dessous, à l'exception du disque des supérieures, qui est noirâtre dans les mâles. Les secondes ailes sont d'un brun noirâtre en dessus, avec l'angle de la partie anale fauve.

Chez la femelle, le corps est entièrement jaune; dans le mâle, il est d'un brun obscur, avec les deux extrémités et les antennes jaunes. Le mâle diffère encore de la femelle par sa couleur, qui est toujours plus foncée.

Cette espèce se trouve aux environs de Paris, pendant le mois de juin.

Ajoutez : le *Limacodes Asellus*, Fabr., des environs de Paris.

---

# PLATYPTÉRIDES, *PLATYPTERIDÆ*, Duponch.

DREPANULIDES, Boisd.

—

## GENRE PLATYPTÉRYX, *PLATYPTERYX*, Lasp., Leach.

*DREPANA*, Schrank.

Les antennes sont pectinées dans le mâle, dentées ou ciliées dans la femelle. La trompe est courte, membraneuse, à filets disjoints. Les ailes sont étendues horizontalement dans le repos, et les inférieures se trouvent alors cachées par les supérieures, dont le sommet est recourbé en faucille.

### PLATYPTÉRYX FAUCILLE, *PLATYPTERYX FALCULA*, Hubn.

*PHALÆNA FALCATORIA*, Linn., Fab. — PHALÈNE FAUCILLE, de Géer. — LA FAUCILLE, Eng.

Pl. LXVII, fig. 5.

Le dessus des quatre ailes est d'un jaune feuille-morte, plus ou moins clair, avec cinq lignes brunes arquées sur chacune d'elles; les ailes antérieures sont d'un noir bleuâtre à l'angle supérieur, et traversées obliquement depuis cet angle jusqu'au bord interne par une raie ferrugineuse plus épaisse que les lignes ondulées, et leur disque est marqué d'une tache et de deux points de couleur brune. Le dessous des quatre ailes est semblable au dessus, à l'exception qu'il n'y a pas d'ombre à l'angle supérieur. Tout le corps est entièrement de la couleur des ailes.

Cette espèce se trouve aux environs de Paris, pendant les mois de mai et de septembre; elle se rencontre aussi en Allemagne.

## PLATYPTÉRYX HAMEÇON, *PLATYPTERYX HAMULA*, Esp., Hubn.

*PHALÆNA FALCATA*, Fab. — LA SERPETTE et LA FAUCILLE, de Vill. — LE HAMEÇON, Eng.

Pl. LXVII, fig. 6.

L'angle supérieur des premières ailes est aigu et en faucille; le dessus des quatre ailes est d'un fauve plus ou moins vif, traversé de chaque côté par deux lignes jaunes, entre lesquelles on aperçoit deux points d'un noir bleuâtre; mais il arrive souvent que ces points sont à peine marqués sur les ailes supérieures; les inférieures ne présentent aussi quelquefois qu'une seule ligne jaune. Les quatre ailes sont d'un jaune fauve uni en dessous; elles ne présentent aucune tache. Tout le corps est de la même couleur que les ailes.

La femelle diffère du mâle en ce qu'elle est beaucoup plus grande, d'un fauve pâle, et marquée ordinairement de trois lignes jaunes sur les ailes supérieures et sur les inférieures.

Cette espèce se rencontre aux environs de Paris, pendant les mois de mai et d'août; elle se trouve aussi en Allemagne.

Ajoutez : les *Platypteryx Lacertula*, Hubn., *Curvatula*, Esp., *Unguicula*, Hubn., des environs de Paris, et *Sicula*, Hubn., de la France et de l'Allemagne.

---

# DICRANURIDES, *DICRANURIDÆ*, Duponch.

NOTODONTIDES, Steph.

—

## GENRE DICRANURE, *DICRANURA*, Lat., Boisd.

*CERUZA*, Schrank. — *HARPYA*, Och. — *PANIA*, Dalm.

Les antennes sont pectinées ou plumeuses, et se terminent en pointe recourbée dans les deux sexes; celles du mâle sont ordinairement à barbes plus longues. La tête est surmontée d'une touffe de poils bifides qui entoure la base des antennes. Les palpes sont courts et velus. La trompe est à peine visible et composée de petits filets membraneux disjoints. Le corps, les fémurs et les tibias sont très-velus. L'abdomen est gros et cylindrique. Les ailes supérieures sont longues et à sommet assez aigu; les inférieures sont courtes et arrondies.

Les chenilles ont la peau très-lisse et comme transparente, et manquent de pattes anales. Dans l'état de repos, elles rentrent leur tête sous le premier anneau comme sous un capuchon, et relèvent la partie postérieure de leur corps, qui est très-effilé, et qui se termine par deux appendices fistuleux et cornés, renfermant chacun un filet charnu et rétractile qu'elles font sortir à volonté.

Leurs chrysalides sont courtes, cylindrico-coniques, et contenues dans des coques très-dures, composées d'un mélange de rognures de bois et de matière gommeuse.

### DICRANURE QUEUE FOURCHUE, *D. FURCULA*, Linn., Fab., Hubn.
LA PETITE QUEUE FOURCHUE, Eng.

Pl. LXVI, fig. 2.

Les premières ailes sont d'un gris perle en dessus, avec des points noirs à la base et le long du bord terminal. Les points de la base sont suivis d'une bande cendrée, transverse, sinuée en arrière, et bordée de chaque côté par une ligne noire qui est bordée de jaune orangé. Les points du bord sont précédés de deux lignes noirâtres, flexueuses, dont la postérieure tachée de jaune et adhérant extérieurement à une petite bande cendrée qui fait face au sommet. Outre cela, on aperçoit dans le milieu de la surface un trait noir transversal, et deux points blancs plus ou moins distincts. Les secondes ailes sont d'un blanc grisâtre en dessus, avec un arc central brun, une bande postérieure légèrement obscure, et des points marginaux, noirs. Le dessous des quatre ailes est de la même couleur que celles du dessus. Le thorax est noirâtre, avec un collier d'un gris cendré et deux lignes transverses orangées. L'abdomen est gris, avec le bord des anneaux blancs; la tige des antennes est blanche, avec les barbes brunes.

La femelle a beaucoup de ressemblance avec le mâle.

Cette espèce se trouve aux environs de Paris, pendant les mois de mai et de juillet; elle se rencontre aussi en Allemagne.

Ajoutez : les *Dicranura Erminea*, Esp., *Vinula*, Linn., *Bifida*, Hubn., des environs de Paris ; *Verbasci*, God., des environs de Montpellier, et *Bicuspis*, Hubn., de la France et de l'Allemagne.

# NOTODONTIDES, *NOTODONTIDÆ*, Duponch.

—

## GENRE LOPHOPTÉRYX, *LOPHOPTERYX*, Steph.

*NOTODONTA*, Och.

Les antennes sont dentées du côté du bord interne dans les mâles, et ciliées dans les femelles. Les palpes sont courts, squammeux et séparés de la tête. La trompe est nulle ou rudimentaire. Le thorax est crêté entre les deux ptérygodes. Les ailes supérieures ont une frange fortement dentée et une dent au milieu de leur bord interne.

Les chenilles sont presque glabres ou garnies seulement de poils clair-semés, avec un tubercule bifide sur le pénultième anneau. Elles vivent sur la plupart des arbres fruitiers, et rentrent en terre pour se chrysalider.

## LOPHOPTÉRYX CHAMEAU, *LOPHOPTERYX CAMELINA*, Linn., God.

LA CRÊTE DE COQ, Geoff.

Pl. LXVII, fig. 1.

Les ailes antérieures sont dentées; le dessus de chaque sexe est tantôt d'un jaune d'ocre sale, tantot d'un brun feuille-morte terne, avec une raie longitudinale à la base et deux bandes obliques vers l'extrémité, d'un ferrugineux obscur. Les ailes inférieures sont d'un jaune grisâtre, avec une bande plus claire que partage inégalement une tache anale noirâtre, sablée de bleu lilas. De plus, le bord postérieur est lavé de brun. Les quatre ailes sont d'un jaune pâle en dessous, avec l'extrémité des supérieures légèrement roussâtre. Le corps est grisâtre, avec une crête sur le thorax, d'un ferrugineux obscur. Les antennes sont d'un brun tanné. Quelquefois il arrive que la bande postérieure du dessus des ailes antérieures s'étend jusqu'aux dentelures du bord.

Cette espèce, commune dans toute la France, se trouve aux environs de Paris, pendant les mois de juin et de juillet.

Ajoutez : les *Lophopteryx Cucullina*, W. V., des environs de Paris, et *Carmelita*, Esp., de l'Allemagne et des Alpes françaises.

## GENRE LÉIOCAMPE, *LEIOCAMPA*, Steph.

*NOTODONTA*, Och.

Les antennes sont très-courtes, pectinées dans les mâles, dentées dans les femelles. La tête est cachée par le thorax. Les palpes et la trompe sont nuls ou invisibles. La partie inférieure du thorax est légèrement crêtée. La dent du bord interne des ailes inférieures est peu prononcée : ces mêmes ailes sont presque lancéolées et à frange unie.

Les chenilles sont entièrement glabres, allongées, avec le pénultième anneau un peu plus épais et relevé en bosse. Elles se métamorphosent dans des coques molles, entre des feuilles ou à la surface de la terre. Elles vivent, les unes sur le chêne, les autres sur le saule, le bouleau et le peuplier.

### LÉIOCAMPE DICTÆOÏDE, *LEIOCAMPA DICTÆOIDES*, Esp., Hubn.

LA PORCELAINE, Eng. — *BOMBYX GNOMA*, Fab.

Pl. LXVI, fig. 5.

Cette espèce a beaucoup de ressemblance avec la Léiocampe Dictæa; elle en diffère cependant par ses ailes supérieures, qui ont toujours leur milieu plus gai, et par le trait de l'angle de la partie postérieure, qui est plus blanc, un peu plus large et en forme de tache triangulaire; les secondes ailes sont plutôt grises que blanches, et la liture noirâtre de leur angle interne présente un petit carré blanchâtre au lieu d'offrir un croissant renversé. Le thorax est entièrement cendré ; le dessus de l'abdomen a les cinq anneaux antérieurs roussâtres. Les antennes sont de couleur grise, principalement chez la femelle.

Cette espèce se trouve aux environs de Paris, pendant le mois de juillet.

## GENRE NOTODONTE, *NOTODONTA*, Steph., Dup.

Les antennes sont pectinées ou dentées dans les mâles, filiformes dans les femelles. Les palpes sont grêles et velus. La trompe est nulle. Le thorax est uni, avec les ptérygodes étroits et séparés par un grand intervalle. La dent du bord interne des ailes supérieures est assez

prononcée. La frange de ces mêmes ailes est plus ou moins dentelée.

Les chenilles sont entièrement glabres et remarquables par leur
forme bizarre. Leurs anneaux intermédiaires, au nombre de deux ou
trois, à partir du quatrième, sont surmontés, chacun, d'une bosse plus
ou moins prononcée, et le pénultième est toujours relevé en pyramide. Pendant le repos, elles ne s'appuient que sur les quatre pattes
du milieu, parce qu'alors elles relèvent les deux extrémités de leur
corps en tenant leur tête renversée en arrière. Elles vivent sur les
saules, les peupliers, les trembles, les bouleaux, et se métamorphosent dans les coques molles, tantôt entre les feuilles de l'arbre où
elles ont vécu, tantôt à la surface de la terre, sous la mousse ou les
feuilles sèches.

## NOTODONTE DROMADAIRE, *N. DROMEDARIUS*, Linn., God.

### LE CHAMEAU, Eng.

### Pl. LXVI, fig. 3.

Les premières ailes sont d'un brun cendré en dessus, avec la base
d'un jaune roussâtre; on aperçoit, vers le milieu de la surface, une
lunule brune, bordée de blanchâtre, suivie d'une rangée de taches de
même couleur, dont l'antérieure plus grande appuyée sur la côte; les
autres, en forme de petits traits longitudinaux, sont placées sur les
nervures. De plus, on remarque au bord postérieur une ligne ferrugineuse sinuée. Les secondes ailes sont d'un gris cendré en dessus, plus
ou moins foncé, suivant le sexe, avec une bande blanchâtre, courbe,
transverse, et l'angle de la partie anale brunâtre. Les quatre ailes sont
d'un gris pâle en dessous, avec une ligne blanchâtre commune; les ailes
inférieures présentent une lunule centrale de couleur brune. Le corps
est grisâtre, avec les épaulettes d'un brun obscur et le milieu du
thorax lavé de ferrugineux. Les antennes du mâle sont d'un brun
jaunâtre; celles de la femelle d'un brun grisâtre.

Cette espèce se trouve assez communément aux environs de Paris,
pendant les mois de juin et d'août.

## NOTODONTE ZIC-ZAC, *NOTODONTA ZIC-ZAC*, Linn., Fab., God.

### LE BOIS VEINÉ, Geoff., Eng.

### Pl. LXVI, fig. 4.

Les ailes antérieures sont d'un jaune chamois plus ou moins obscur en dessus, avec quatre lignes ferrugineuses, transverses, dont les

deux antérieures, ondulées, avoisinent la base ; les deux postérieures courbes, plus larges, et suivies d'une ligne noire qui longe tout le bord terminal. Le milieu de la côte présente un espace blanchâtre, marqué d'un point brun, et derrière lequel on aperçoit un croissant noir. L'intervalle qui sépare ce croissant de l'avant-dernière ligne ferrugineuse est taché de brun noirâtre, et a, chez la femelle, presque la forme d'un œil. La dent du bord interne est noire, coupée par un trait jaunâtre que surmonte une raie ferrugineuse, longitudinale. Les ailes inférieures sont d'un blanc lavé de brunâtre en dessus, avec une bande transverse plus claire au delà du milieu de la surface, et une liture noire à l'angle anal. Les quatre ailes sont d'un gris plus ou moins brun en dessous, avec un arc central noirâtre et une bande transverse blanchâtre. On aperçoit vis-à-vis du sommet des premières ailes une ombre ferrugineuse. Le corps est d'un gris obscur, avec le milieu du thorax et la base de l'abdomen, roussâtres. Les antennes sont d'un brun tirant sur le jaune.

Cette espèce se trouve aux environs de Paris, pendant les mois de juillet et d'août.

(PERIDEA, Steph.)

### NOTODONTE TIMIDE, NOTODONTA TREPIDA, Fab., Esp.

LE TIMIDE, Eng. — BOMBYX TREMULA, Hubn., God.

Pl. LXXIX, fig. 1.

Les ailes antérieures sont d'un gris obscur en dessus, avec deux lignes flexueuses vers la base, un croissant au milieu de la surface, deux traits longitudinaux vis-à-vis du sommet, et deux rangées de petites taches le long du bord terminal ; la dent du bord interne est noirâtre et entourée de jaunâtre. Les taches extérieures du bord terminal sont brunâtres ; celles qui les précèdent sont en forme de points oblongs, mais la deuxième et la troisième, à compter d'en haut, suivent la direction des nervures. De plus, la région du bord interne est sablée de jaunâtre, et on aperçoit, sur le milieu, une éclaircie blanchâtre, qui est suivie d'un double cordon transversal de petits points pareillement blanchâtres. Les ailes inférieures peu écailleuses et comme transparentes, sont d'un gris pâle en dessus, avec le bord antérieur parsemé d'atomes obscurs, le bord interne garni de poils jaunâtres, et le bord postérieur longé par une ligne brune, qui précède immédiatement la frange. Le dessous des quatre ailes diffère du dessus en ce que leur base est d'un jaune d'ocre très-pâle. Le corps est d'un gris obscur, mélangé de jaunâtre, avec le derrière du thorax noir et le dessus des deux anneaux antérieurs de l'abdomen d'un ferrugineux plus ou moins obscur. Dans les deux sexes, les antennes sont d'un brun jaunâtre.

Cette espèce se trouve aux environs de Paris, pendant le mois de juin ; elle se rencontre aussi en Allemagne.

(CHAONIA, Steph.)

### NOTODONTE CHAONIEN, *NOTODONTA CHAONIA*, Hubn., God.

*BOMBYX ROBORIS*, Esp. — LA DEMI-LUNE NOIRE, Eng.

Pl. LXVII, fig. 2.

Les ailes antérieures sont d'un gris cendré en dessus, avec deux lignes blanches transverses, centrales, ondulées, entre lesquelles il y a une bande blanche, également transverse, dont le milieu présente un croissant noir qui tourne sa convexité du côté du corps. Ces ailes sont blanchâtres à leur base, avec deux points noirâtres. De plus, la frange du bord postérieur est entrecoupée de blanc et de brun. Les ailes inférieures sont d'un gris légèrement obscur en dessus, avec deux bandes transverses blanchâtres, dont la postérieure terminale est la plus large; la frange est semblable à celle des ailes antérieures. Les quatre ailes sont d'un gris pâle en dessous, avec une bande transverse et les nervures, brunâtres. Le thorax est de la couleur des ailes antérieures, avec le front blanc et un collier noir. L'abdomen est d'un gris jaunâtre. Les antennes du mâle sont d'un brun tanné; celles de la femelle d'un brun grisâtre.

Cette espèce se trouve aux environs de Paris, pendant les mois d'août et de mai.

### NOTODONTE DODONÉEN, *NOTODONTA DODONÆA*, Hubn., God.

*BOMBYX ILICIS*, Fab. — *BOMBYX TRIMACULATA*, Esp. — LA TRIPLE TACHE, Eng.

Pl. LXVII, fig. 5.

Les ailes antérieures sont d'un gris obscur en dessus, avec deux lignes et une bande blanches, transversales; la ligne antérieure est voisine de la base et courbée en arrière; la ligne postérieure est flexueuse et placée à peu de distance du côté externe de la bande; l'extrémité présente en outre une éclaircie vis-à-vis le sommet, et la frange du bord postérieur est entrecoupée de blanc et de brun. Les ailes inférieures sont d'un gris légèrement obscur en dessus, avec une ligne transverse plus claire sur le milieu, et la frange du bord postérieur de la couleur des ailes antérieures. Les quatre ailes sont d'un gris pâle luisant en dessous, avec une ligne transverse brunâtre sur le milieu. Le thorax est d'un gris sombre, entremêlé de blanchâtre, avec tout le dessus de l'abdomen d'un gris jaunâtre. Dans les deux sexes, les antennes sont brunâtres, mais celles de la femelle prennent une teinte grisâtre vers leur origine.

Cette espèce se trouve aux environs de Paris, pendant le mois de mai ; elle se rencontre aussi en Allemagne.

Ajoutez : les *Notodonta Tritophus*, Fabr., de la France et de l'Allemagne ; *Torva*, Ochs., du midi de la France ; *Melagona*, Bork., du nord de la France ; *Velitaris*, Esp., de la France et de l'Allemagne ; *Argentina*, Fabr., de l'Allemagne et des Alpes de la France ; *Bicolora*, Fabr., de la France boréale ; *Querna*, W. V., de la France occidentale, et *Hybris*, Hubn., des environs de Montpellier et de l'Espagne.

## GENRE DILOBE, *DILOBA*, Boisd.

*EPISEMA*, Och.

Les antennes sont pectinées dans les mâles, finement crénelées ou dentées dans les femelles. Les palpes sont grêles, hérissés de longs poils, avec le dernier article nu et cylindrique. La trompe est nulle ou invisible. Le thorax est lisse, sans ptérygodes distinctes. Les ailes supérieures sont assez larges et sans dent au bord interne.

La chenille est courte, cylindrique, paresseuse, et garnie de points tuberculeux surmontés chacun d'un petit poil court. Elle vit solitaire sur les arbres fruitiers et sur l'aubépine, et se renferme dans une coque d'un tissu membraneux pour se chrysalider.

### DILOBE DOUBLE OMÉGA, *DILOBA CÆRULEOCEPHALA*, Linn.

LE DOUBLE OMÉGA, Geoff., Eng. — BOMBYCE TÊTE BLEUE, Oliv.

Pl. LXVIII, fig. 4.

Le dessus des ailes supérieures est de couleur agate brune, avec une large bande d'un gris bleuâtre, s'élargissant dans le haut, et bordée des deux côtés par une double ligne noire sinueuse. On aperçoit sur cette bande une grande tache jaunâtre irrégulière, qui s'étend depuis la côte jusqu'au milieu de l'aile. Les ailes inférieures sont d'un gris cendré en dessus, avec un point noir dans le milieu et une tache de couleur noire à l'angle anal. Les ailes supérieures sont d'un brun obscur en dessous avec quelques vestiges de la tache du dessus ; celui des inférieures est grisâtre, avec le même point et la même tache qu'en dessus. Le thorax est velu, d'un gris bleuâtre, à l'exception de sa partie antérieure, qui est d'un brun ferrugineux, et qui est séparée du reste par une double bande noire. La tête et les antennes sont de couleur grise.

Cette espèce ne paraît pas plus rare en Allemagne qu'en France ; elle se trouve, en octobre, dans les environs de Paris.

---

# PYGÉRIDES, *PYGÆRIDÆ*, Duponch.

### NOTODONTIDES, Boisd.

—

## GENRE PYGÈRE, *PYGÆRA*, Boisd.

### SERICARIA, Lat. — *BOMBYX*, Auct.

Les antennes sont plutôt crénelées que pectinées dans les mâles, simples ou filiformes dans les femelles ; leur article basilaire est environné d'un faisceau de poils, en forme d'oreille. Les palpes sont courts, obtus, réunis, squammeux. La trompe est rudimentaire, composée de deux filets membraneux disjoints. Le thorax est épais, arrondi, squammeux, à ptérygodes très-étroits. L'abdomen est long et cylindrique. Les ailes supérieures sont longues, avec leur frange dentelée.

Les chenilles sont longues, presque cylindriques, molles, demi-velues et rayées longitudinalement, avec la tête forte et globuleuse. Elles vivent réunies par petits groupes dans leur jeune âge, et se séparent en grandissant. Elles se nourrissent de feuilles de divers arbres, et entrent en terre pour se chrysalider, sans former de coque.

### PYGÈRE BUCÉPHALE, *PYGÆRA BUCEPHALA*, Linn., Fab., God.

### LA LUNULE, Geoff., Eng.

### Pl. LXI, fig. 1.

Les ailes antérieures sont légèrement dentées. Leur dessus est d'un gris argenté, mais moins brillant vers la côte que vers le bord interne, avec trois lignes noires, transverses, dont l'antérieure basilaire ou rapprochée de la base; les deux autres doublées de ferrugineux, l'une en avant, l'autre en arrière, et séparées par un point central blanchâtre légèrement teinté de brun. La ligne postérieure se courbe vis-à-vis du sommet pour entourer une grande tache d'un jaune d'ocre pâle, sur laquelle sont rangés transversalement sept points oblongs d'un brun clair, et dont les antérieurs sont moins foncés et au nombre de quatre. Le bord terminal de l'aile est longé par une double ligne ferrugineuse, et liséré de blanc aux échancrures. Les secondes ailes sont d'un blanc jaunâtre luisant en dessus, avec la frange légèrement entrecoupée de rougeâtre à l'extrémité des six nervures antérieures. Les quatre ailes sont d'un jaune pâle en dessous, avec le milieu traversé par une raie ferrugineuse ondulée, et le bord postérieur semblable comme en dessus. Le thorax est d'un jaune paille en avant, d'un blanc argenté en arrière et sur les côtés, avec une double ligne ferrugineuse sur le bord supérieur des épaulettes. L'abdomen est d'un jaune sale; il présente le long de chaque côté une ligne de points noirâtres. Les antennes du mâle sont pectinées; celles de la femelle sont filiformes, et d'un brun jaunâtre dans les deux sexes.

Cette espèce, commune partout, se rencontre pendant les mois de mai et de juin.

Ajoutez : la *Pygæra Bucephaloides*, Hubn., du midi de la France et de la Hongrie.


## GENRE CLOSTÈRE, *CLOSTERA*, Hoffmann.

*PYGÆRA*, Och. — *SERICARIA*, Lat.

Les antennes sont pectinées dans les deux sexes, plus largement dans le mâle. Les palpes sont épais, sans articles distincts, plus squammeux que velus, débordant un peu le chaperon. La trompe est très-courte, très-grêle, mais visible. Le thorax présente une crête plus ou moins aiguë entre les deux ptérygodes. L'abdomen est terminé par une brosse de poils dans les deux sexes, bifurquée dans le mâle. Les ailes sont courtes et dépassées par l'abdomen, qui se relève en queue lorsqu'elles le recouvrent dans l'état de repos.

Les chenilles sont courtes, avec la tête assez forte. Elles sont de couleurs variées, chargées de tubercules hérissés de poils, et quelques-unes portent en outre sur certaines parties de leur corps un ou deux mamelons charnus également garnis de poils. Elles vivent sur différentes espèces de saule et de peuplier. Elles se renferment dans des coques lâches ou à claire-voie, entre les feuilles, pour se chrysalider.

## CLOSTÈRE ANACHORÈTE, *CLOSTERA ANACHORETA*, Fab., God.

LA HAUSSE-QUEUE FOURCHUE, Eng.

Pl. LXXIX, fig. 4.

Les premières ailes sont d'un gris lilas en dessus, avec quatre lignes blanchâtres transverses et ondulées, dont la postérieure plus claire et occupant une grande tache d'un brun noirâtre placée à l'extrémité de l'aile. Cette tache, vers son milieu, présente deux points d'un ferrugineux jaunâtre, et elle est glacée en arrière d'une teinte violâtre sur laquelle on aperçoit une double série de petits traits noirs. De plus, l'angle interne est surmonté de deux points noirs, dont le supérieur plus gros. Les secondes ailes sont d'un gris légèrement obscur en dessus, avec la frange plus pâle. Les ailes supérieures sont cendrées en dessous, avec un point blanchâtre sur la côte ; les ailes inférieures sont blanchâtres en dessous, avec le milieu traversé par une ligne obscure. Le corps est d'un gris lilas, avec l'extrémité de l'abdomen noire. Le thorax est crêté, et présente dans son milieu une tache longitudinale d'un brun noirâtre. Les antennes sont cendrées, avec la tige blanchâtre.

La femelle diffère du mâle en ce que ses antennes sont moins pectinées.

On rencontre cette espèce dans les environs de Paris, pendant les mois de mai et de juillet.

Ajoutez : les *Clostera Curtula*, Linn., *Reclusa*, Fabr., et *Anastomosis*, Linn., des environs de Paris.

## BOMBYCOÏDES, *BOMBYCOIDÆ*, Boisd.

—

## GENRE ACRONYCTE, *ACRONYCTA*, Och.

Les antennes sont simples ou filiformes dans les deux sexes. Les palpes débordent sensiblement le chaperon ; leurs deux premiers articles sont très-velus ou squammeux, avec le dernier ordinairement nu et subcylindrique. La trompe est longue et cornée. Le thorax est plus ou moins lisse et arrondi. L'abdomen est peu ou point crêté. Les ailes supérieures sont marquées, dans beaucoup d'espèces, de la lettre grecque ψ, indépendamment des deux taches ordinaires.

Les chenilles sont très-dissemblables. Les unes portent sur le quatrième anneau une pyramide charnue, garnie de poils; d'autres sont couvertes de poils très-longs implantés immédiatement sur la peau; d'autres sont garnies de tubercules piligères; d'autres sont presque glabres et n'offrent que quelques poils isolés; d'autres enfin sont demi-velues et presque plates, tandis que toutes les autres sont plus ou moins cylindriques. Les unes vivent sur les arbres, les autres sur les plantes basses. Toutes se transforment dans des coques, mais qui varient de forme et de consistance, suivant les espèces.

### ACRONYCTE LIÈVRE, *ACRONYCTA LEPORINA*, Linn., Hubn., Esp.

*NOCTUA BRADYPORINA*, Hubn. — LE FLOCON DE LAINE, Eng. — BOMBYCE LIÈVRE, Oliv.

Pl. LXVIII, fig. 5.

Le dessus des premières ailes est d'un blanc légèrement roussâtre, saupoudré de gris, avec plusieurs taches noires assez éloignées les unes des autres et en forme de chevron, et dont une principale au milieu de l'aile. La frange est blanchâtre, entrecoupée par des lignes noires. Les secondes ailes sont d'un blanc pur en dessus, et un peu luisant. Cependant elles présentent quelquefois des petits points noirâtres, principalement vers le bord marginal. Les quatre ailes sont d'un blanc uniforme en dessous, avec quelques-unes des taches du dessus sur les supérieures, et une ligne arquée et un point central gris sur les inférieures. La tête et le thorax sont blanchâtres; l'abdomen est d'un blanc luisant. Le dessus des antennes est blanc, avec le dessous noir. Elles sont filiformes dans les deux sexes.

Cette espèce se trouve aux environs de Paris, pendant les mois de mai et d'août.

### ACRONYCTE DE L'ÉRABLE, *ACRONYCTA ACERIS*, Linn., Hubn.

*NOCTUA CANDELISEQUA* (var.), Eng. — L'OMICRON ARDOISÉ, Eng.

Pl. LXVIII, fig. 6.

Les premières ailes sont d'un gris blanchâtre en dessus, quelquefois ardoisé, avec les deux taches ordinaires et plusieurs lignes ondées et dentées, écrites en noirâtre ; la frange est grisâtre, et entrecoupée de noirâtre. Les secondes ailes sont d'un blanc sale en dessus, ainsi que la frange, avec les nervures et le liséré plus ou moins marqués en gris roussâtre. Les quatre ailes sont blanchâtres en dessous, avec toutes les nervures marquées de gris. La tête et le thorax sont gris mélangé de brun ; l'abdomen est d'un gris roux uniforme. Les antennes sont grisâtres et filiformes dans les deux sexes.

Cette espèce paraît répandue dans toute l'Europe ; elle se trouve communément aux environs de Paris, pendant le mois de juin.

## ACRONYCTE MÉGACÉPHALE, *A. MEGACEPHALA*, Fab., Hubn.

PHALÈNE GROSSE TÊTE, Degeer. — LA GROSSE TÊTE, Eng.

Pl. LXIX, fig, 1.

Les ailes supérieures sont d'un gris clair en dessus ; quelquefois elles sont lavées de rose ou couleur de chair, quand il y a peu de temps que les individus sont éclos. Les ailes inférieures sont d'un blanc sale en dessus, avec leur bord marginal et leurs nervures noirâtres. Les quatre ailes sont blanchâtres en dessous, avec les nervures légèrement marquées en gris, et quelques points et vestiges des lignes du dessus de la même couleur. La tête et le thorax sont d'une couleur grise foncée ; l'abdomen est d'un gris plus clair. Les antennes sont grises, filiformes dans les deux sexes.

Cette espèce, qui n'est pas rare, se rencontre aux environs de Paris, pendant les mois de mai et d'août.

## ACRONYCTE DE LA PATIENCE, *ACRONYCTA RUMICIS*, Linn., Fab.

LA CENDRÉE NOIRATRE, Eng. — NOCTUELLE DE LA PATIENCE, Oliv.

Pl. LXIX, fig. 2.

Le dessus des ailes supérieures est d'un gris noirâtre marbré, et ayant quelquefois un reflet verdâtre. Ces ailes sont traversées par plusieurs lignes noires, dont les unes ondées et les autres dentées. Les deux taches de couleur noire se distinguent à peine du fond sur lequel on en remarque deux autres blanchâtres, une sur chaque aile, placées vers le bord inférieur ; la frange est grisâtre, festonnée et entrecoupée de noir. Le dessus des ailes inférieures est d'un gris jaunâtre, avec le bord marginal lavé de noirâtre, et la frange entrecoupée de gris. Le dessous des quatre ailes est de la même couleur que le dessus des ailes inférieures, avec un point obscur dans le milieu de chacune d'elles. La tête et le thorax sont grisâtres ; l'abdomen est d'un gris jaunâtre. Les antennes sont grises, filiformes dans les deux sexes.

Cette espèce se trouve communément aux environs de Paris, pendant les mois de mai et de juillet.

Ajoutez : les *Acronycta Psi*, Linn., *Tridens*, Fabr., des environs de Paris ; *Cuspis*, Hubn., des Vosges et de la Bavière ; *Strigosa*, Fabr., du nord de la France ; *Alni*, Linn., des Vosges et de la Suisse ; *Ligustri*, Fabr., *Auricoma*, Fabr., et *Euphrasiæ* Bork., des environs de Paris.

## GENRE DIPHTÈRE, *DIPHTERA*, Och.

Les antennes sont simples ou filiformes dans les deux sexes. Les palpes sont droits, écartés de la tête ; les deux premiers articles sont plus ou moins velus et aplatis latéralement ; le dernier est nu, cylindrique. La trompe est grêle et assez longue. Le thorax est uni. L'abdomen est crêté. Les ailes sont assez larges et à franges entrelacées de noir.

Les chenilles sont demi velues, et rappellent par leurs formes et leurs couleurs celles des Liparides. Elles vivent sur les arbres, et se métamorphosent dans des coques d'un tissu noir, entre des feuilles.

### DIPHTÈRE RAILLEUSE, *DIPHTERA LUDIFICA*. Linn., Hubn.

LA JOYEUSE, Eng.

Pl. LXXI, fig. 1.

Le fond des ailes supérieures est en dessus d'un vert jaunâtre, avec six lignes noires transverses, plus ou moins onduleuses. Les deux taches ordinaires sont d'un blanc nacré. La réniforme est très-irrégulière, et l'orbiculaire très-petite. La frange, de la même couleur que les ailes, est entrecoupée de noir. Les ailes inférieures en dessus sont d'un gris bleuâtre, avec les nervures bien marquées, et le bord interne lavé de roux ou de fauve. Les ailes supérieures sont blanchâtres en dessous, avec leur centre lavé de roux et leur angle supérieur noir. L'extrémité de la côte est également noire avec quelques petites taches blanches. Les ailes inférieures en dessous sont blanchâtres, avec le bord externe lavé de roux, et deux taches noires au bord supérieur. La tête et le thorax sont d'un vert jaunâtre et marqués de plusieurs lignes noires. Le dessus de l'abdomen est fauve avec une bande longitudinale dans le milieu, de couleur jaunâtre, et marquée d'une tache noire sur chaque anneau. Le dessous est blanchâtre, avec chaque segment bordé de noir sur les côtés. Les antennes, filiformes dans les deux sexes, sont blanches en dessus et noires en dessous.

Cette espèce, qui varie beaucoup pour la taille, habite la France et l'Allemagne ; on la rencontre ordinairement pendant le mois de mai.

## DIPHTÈRE ORION, *DIPHTERA ORION*, Esp., Tr.

*NOCTUA APRILINA*, Panz. — L'AVRILIÈRE, Eng.

Pl. LXXI, fig. 2 et 4.

Le fond des ailes supérieures est d'un brun vert tirant sur le bleu en dessus, avec la côte et deux raies longitudinales qui partent de la base, d'un blanc légèrement rosé dans les individus nouvellement éclos. La frange entrecoupée de noir et de blanc, est séparée du bord terminal par une rangée de sept points noirs triangulaires, accolés à un pareil nombre de points blancs. Trois de ces points, le troisième, le quatrième et septième, en partant de l'angle supérieur, sont accompagnés, du côté interne, d'une tache triangulaire noire. Vient ensuite une raie noire transverse, formant deux angles très-prononcés. On aperçoit une autre raie noire également transverse, qui est placée à peu de distance du thorax. On remarque, entre ces deux raies, plusieurs traits noirs. Les ailes inférieures sont d'un gris foncé en dessus, avec la frange entrecoupée de noir et de blanc, et une tache blanche rayée de noir à l'angle anal. Les ailes supérieures sont d'un blanc jaunâtre en dessous, teintées de noirâtre vers l'extrémité, avec la côte marquée de trois taches noires et de deux taches blanches. Les ailes inférieures sont également d'un blanc jaunâtre en dessous, avec un point noir sur le milieu, et leur bord marginal longé par une bande et une ligne onduleuse d'un gris foncé. La tête est verte ; le lobe supérieur du thorax est noir ; les trois autres sont verts et bordés de noir. L'abdomen est gris, avec une crête noire sur chaque anneau ; les antennes sont filiformes, noires, saupoudrées de blanc.

Cette espèce se rencontre en Suisse, en Allemagne et dans plusieurs parties de la France, notamment dans le département des Vosges ; on la trouve aussi aux environs de Paris, pendant le mois de juin.

## GENRE BRYOPHILE, *BRYOPHILA*, Tr., Boisd.

*POECILA*, Och.

Les antennes sont simples et filiformes dans les deux sexes. Les palpes sont légèrement arqués et séparés de la tête qu'ils débordent beaucoup ; leurs premiers articles sont épais et squammeux, le dernier grêle et cylindrique. La trompe est longue et cornée. Le thorax est uni. L'abdomen est grêle et légèrement crêté. Les ailes sont assez larges.

Les chenilles sont garnies de tubercules surmontées de poils courts. Elles vivent aux dépens des lichens qui croissent sous les pierres, les murailles et les arbres ; se cachent pendant le jour, et se métamorphosent dans des creux qu'elles recouvrent de lichens, et qu'elles tapissent intérieurement de leurs fils.

### BRYOPHILE CHLOÉ, *BRYOPHILA ALGÆ*, Fab., Esp., Dup.

*NOCTUA SPOLIATRICULA*, Hubn. — *NOCTUA DEGENER*, Borkh. — LA CHLOÉ, Eng.

Pl. LXVIII, fig. 7.

Le dessus des ailes supérieures est d'un vert noirâtre, avec deux bandes transverses, d'un beau vert clair situées, l'une près de la base et l'autre près du bord terminal. La première, à son côté externe, est bordée de blanc, marquée de plusieurs lignes et points noirs ; la seconde, plus étroite, est interrompue dans son milieu par une teinte d'un vert plus foncé, et marquée à ses deux extrémités, de quelques points blancs. La côte est ponctuée de vert sur la partie foncée, et de noir sur la partie pâle de l'aile. La frange est jaunâtre et entrecoupée de brun. Les ailes inférieures sont d'un gris jaunâtre en dessus, avec la marge lavée de noir, et la frange entrecoupée de brun. Les quatre ailes sont du même gris en dessous, avec deux raies transverses noirâtres sur les supérieures, un point central et une ligne arquée de la même couleur sur les inférieures. La tête et le thorax sont mélangés de vert et de noir. L'abdomen est grisâtre, avec les quatre premiers anneaux crêtés. Les antennes sont filiformes et noirâtres dans les deux sexes.

Cette espèce se trouve assez communément aux environs de Paris, pendant le mois de juillet.

Ajoutez : les *Bryophila Glandifera*, W. V., *Perla*, Fabr., des environs de Paris ; *Ereptricula*, Tr., de l'Autriche ; *Receptricula*, Hubn., de la France ; *Fraudatricula*, Hubn., de la Styrie et de la Hongrie, et *Deceptricula*, Hubn., de la Provence et de l'Italie.

---

# NOCTUO-BOMBYCIDES, *NOCTUO-BOMBYCIDÆ*, Dup.

## GENRE CYMATOPHORE, *CYMATOPHORA*, Treits., Boisd.

*TETHEA*, Och. — *CEROPACHA*, Steph.

Les antennes sont striées circulairement dans les deux sexes, très-épaisses dans le mâle, grêles dans la femelle. Le toupet frontal est peu saillant. Les palpes sont écartés; les deux derniers articles sont très-velus, le dernier presque nu, plus ou moins grêle et cylindrique. La trompe est épaisse et assez longue. Le thorax est gibbeux, velu et même laineux dans quelques espèces dont les ptérygodes sont très-mobiles. L'abdomen est poilu latéralement. Les ailes supérieures sont traversées par des lignes ondulées plus ou moins nombreuses.

Les chenilles sont gabres, très-aplaties en dessous, avec la tête assez grosse, élargie inférieurement. Elles vivent toutes sur les peupliers et les chênes, où elles se tiennent constamment cachées et repliées sur elles-mêmes entre deux ou trois feuilles retenues ensemble par quelques fils. Leur transformation s'effectue soit dans cette même demeure, soit dans un tissu lâche au pied des arbres. Les chrysalides sont courtes, avec la partie abdominale contractée et conique.

### CYMATOPHORE OCTOGÈNE, *CYMATOPHORA OCTOGENA*, Esp.

*NOCTUA OCTOGESIMA*, Hubn. — *NOCTUA OR.*, Borkh. — L'OCTOGÉSIME, Eng.

Pl. LXVIII, fig. 2.

Les ailes supérieures de cette espèce sont d'un gris nuancé de violet en dessus, principalement vers la base et vers la côte. Chaque aile est traversée dans son milieu par une bande d'un blanc jaunâtre, bordée de deux côtés par une double ligne d'un brun noir, et sur laquelle on remarque une tache qui est quelquefois d'un blanc bleuâtre, quelquefois d'un jaune soufre, avec trois points noirs représentant le numéro 80. Le reste de l'aile est coupé transversalement par deux raies onduleuses, l'une de couleur brune, l'autre de couleur

blanchâtre; celle-ci se termine en une tache triangulaire à l'angle
extérieur, avec un trait oblique, noir. La frange, séparée du bord
terminal par un liséré noir, est grise et entrecoupée de brun. Le
dessus des ailes inférieures est d'un gris obscur, traversé dans
son milieu par une bande d'un blanc jaunâtre ; leur frange est unie et
de même couleur. Les quatre ailes sont blanchâtres en dessous, avec
plusieurs lignes grisâtres à peine marquées ; les supérieures sont
lavées de grisâtre à la partie antérieure, avec une tache blanche à
l'angle extérieur, qui correspond à celle du dessus. La tête et le
thorax sont couverts de poils moitié bruns et moitié gris ; une ligne
noire sépare cette partie du thorax, qui est d'un roux bordé de violet
vers le haut, avec une tache blanche dans le milieu. L'abdomen est grisâtre. Les antennes de la femelle sont blanches en dessus, d'un jaune
fauve en dessous. Celles du mâle sont fauves et beaucoup plus
grosses.

Cette espèce se trouve aux environs de Paris, pendant les mois
d'avril et de mai.


### CYMATOPHORE OR., *CYMATOPHORA OR.*, Fab., Hubn.

*NOCTUA OCTOGENA*, Esp. — *NOCTUA CONSOBRINA*, Borkh. — LA DOUBLE BANDE BRUNE, Eng.

Pl. LXXVI, fig. 3.

Les premières ailes sont d'un gris cendré en dessus, légèrement
saupoudrées de verdâtre, avec deux bandes transverses sinueuses,
qui se composent, savoir : la plus proche du thorax, de quatre lignes
parallèles très-rapprochées, et l'autre, de trois lignes également parallèles, dont deux très-rapprochées, et la troisième un peu moins : toutes
ces lignes sont noires et plus ou moins marquées, suivant les individus. Entre ces deux bandes, on remarque une tache d'un blanc
bleuâtre, d'une forme irrégulière. Le reste de l'aile est traversé par
une ligne de points sagittés, terminée par un trait noir oblique, avec
une tache triangulaire d'un blanc bleuâtre à l'angle extérieur ; la
frange est unie. Les secondes ailes sont d'un gris foncé en dessus,
avec une raie transverse, plus pâle, dans le milieu. Les quatre ailes
sont d'un gris jaunâtre en dessous, avec plusieurs doubles lignes
grises, et une tache blanche à l'angle extérieur des ailes supérieures,
qui correspond à celle du dessus. La tête et la partie antérieure du
thorax sont recouvertes par des poils moitié gris, moitié noirs. L'abdomen est d'un gris foncé dans la femelle. Les antennes sont filiformes

et aplaties, avec leur dessus blanc et le dessous fauve. Dans le mâle, les antennes sont beaucoup plus grosses, cylindriques et entièrement fauves.

Cette espèce habite la France et l'Allemagne ; elle se trouve aussi aux environs de Paris pendant le mois de mai.

### CYMATOPHORE FLAVICORNE, *C. FLAVICORNIS*, Linn., Fab.

*NOCTUA LUTEICORNIS*, Haw.

PHALÈNE A DEUX TACHES COULEUR DE SOUFRE, Degeer. — LA FLAVICORNE, Eng.

Pl. lxviii, fig. 3.

Le dessus des ailes supérieures est d'un gris cendré, légèrement saupoudré de verdâtre ou de jaunâtre, suivant les individus. A partir de la base, les deux tiers de chaque aile sont coupés transversalement par six lignes noires plus ou moins marquées : la première, c'est-à-dire celle qui part du thorax, est isolée et forme un angle dans le milieu de sa longueur ; les trois suivantes sont courbes, parallèles et très-rapprochées ; les deux dernières sont également très-rapprochées et divergent avec les précédentes. On remarque une tache d'un jaune soufre, arrondie et légèrement bordée de noir à la partie la plus large de cette divergence ; le reste de l'aile présente une bande d'un gris fauve, dentée, et qui longe le bord terminal ; la frange est blanchâtre, entrecoupée de brun. Le dessus des ailes inférieures est d'un gris obscur, avec une bande d'un gris plus foncé longeant le bord terminal ; deux lignes parallèles, également grises et légèrement flexueuses se font remarquer ; la frange, comme celle des ailes supérieures, est entrecoupée de brun. Les quatre ailes sont d'un blanc jaunâtre en dessous, avec trois lignes arquées et parallèles, de couleur grise. La tête et le thorax sont moitié noirs et moitié gris ; l'abdomen est entièrement gris. Les antennes sont fauves, avec la base blanche dans les deux sexes ; elles sont filiformes, aplaties chez la femelle, cylindriques et très-grosses chez le mâle.

Cette espèce habite la France et l'Allemagne ; elle a été prise plusieurs fois dans le département du Nord, enfin elle se trouve aussi aux environs de Paris, pendant les mois de mai et d'avril.

Ajoutez : les *Cymatophora Ridens*, Fabr., des environs de Paris ; *Diluta*, Fabr., du nord de la France ; *Ruficollis*, Fabr., de l'est de la France ; *Fluctuosa*, Hubn. ; et *Bipunctata*, Borkh., des environs de Paris.

# ORTHOSIDES, *ORTHOSIDÆ*, Boisd.

—

## GENRE XANTHIE, *XANTHIA*, Och.

Les antennes sont presque toujours simples ou filiformes dans les deux sexes. Le toupet frontal obtus et arrondi, est dépassé plus ou moins par les palpes ; ceux-ci sont tantôt droits, tantôt incumbants, avec leurs deux premiers articles plus ou moins épais et le dernier toujours grêle, distinct, cylindrique, plus ou moins court et obtus. La trompe est mince. Le thorax est convexe, parfois entièrement lisse, le plus souvent muni d'une crête plus ou moins aiguë entre les ptérygodes et derrière le collier. Les ailes supérieures à angle apical, généralement très-aigu, à fond jaune ou rougeâtre, et dont la tache réniforme est ordinairement salie de noir inférieurement.

Les chenilles sont rases, cylindriques, assez courtes, atténuées antérieurement, avec la tête petite, luisante et globuleuse. Elles sont de couleurs sales, avec des lignes autres que la stigmatale, peu marquées, et des dessins confus. Elles vivent sur les arbres et se trouvent de préférence parmi les fleurs, dont elles habitent même souvent l'intérieur pendant leur jeune âge. Elles s'enterrent pour subir leurs métamorphoses. Les chrysalides sont assez courtes.

**XANTHIE CIRÉE, *XANTHIA CERAGO*, Och., Treitsch., Dup.**

*NOCTUA FLAVESCENS*, Esp. — *NOCTUA CROCEA*, De Vill). — *NOCTUA FULVAGO*, View.
*NOCTUA GILVAGO*, Scriba. — NOCTUELLE CIRÉE, Oliv. — LA SULPHURÉE, Eng.

Pl. LXXII, fig. 2.

Les ailes supérieures sont d'un jaune serin en dessus, avec sept lignes transverses, ondulées et couleur de rouille, sur chacune d'elles. Ces lignes sont quelquefois très-marquées et quelquefois presque effacées. Elles sont accompagnées de trois taches de la même couleur et d'un point blanc cerné de brun ferrugineux. La frange est entièrement bordée de ferrugineux. Les ailes inférieures sont d'un blanc sale en dessus. Les quatre ailes sont aussi de cette couleur en dessous, mais lavées de jaune sur leur bord. La tête et le thorax sont de la même couleur que le dessus des premières ailes ; l'abdomen présente la même teinte que le dessus des secondes ailes. Les antennes sont fauves.

On trouve cette Xanthie aux environs de Paris, pendant les mois de septembre et d'octobre ; mais elle est beaucoup plus commune en Allemagne qu'en France.


## XANTHIE CENDRÉE, *XANTHIA GILVAGO*, Och., Treitsch.

*NOCTUA PALLEAGO*, Hubn.

*NOCTUA OCELLARIS*, Borkh. — LA SULPHURÉE, Eng. — NOCTUELLE CLAIRETTE, Oliv.

Pl. LXXII, fig. 3.

Les ailes inférieures sont d'une jaune pâle en dessus, avec le bord interne grisâtre ; ce dessus présente plusieurs lignes, taches et points d'un noir bleuâtre, disposés de la manière suivante : trois lignes transverses ondées et interrompues, placées sur une bande d'un fauve plus vif que le reste de l'aile, dont elle occupe le milieu ; deux autres lignes ondées et quelques points près de la base ; et enfin, trois rangées de points entre la bande précitée et l'extrémité de l'aile, dont ceux de la frange et quelques-uns des autres seulement sont bien marqués. En dessous, les quatre ailes sont du même jaune, avec leur bord longé par deux lignes ondulées, ferrugineuses, à peine marquées. Les antennes, la tête et le thorax sont jaunâtres. L'abdomen est de la même couleur que les ailes inférieures.

Cette espèce présente plusieurs variétés différant toutes par la couleur et par les lignes qui sont plus ou moins marquées.

On trouve cette espèce aux environs de Paris, dans les mois de septembre et d'octobre ; elle est commune dans presque toute l'Europe.

Ajoutez : les *Xanthia Rubecula*, Esp., de l'Italie et du midi de la France ; *Ferruginea*, Hubn., *Rufina*, Linn., des environs de Paris ; *Erythrago*, Boisd., des environs de Montpellier ; *Aurago*, Fabr., de la France boréale ; *Silago*, Hubn., et *Citrago*, Linn., des environs de Paris.


## GENRE HOSPORINE, *HOSPORINA*, Boisd.

*XANTHIA*, Fabr.

Les antennes sont très-longues et très-grêles dans les deux sexes. Le toupet frontal est très-aigu et dépassé de beaucoup par les palpes : ceux-ci sont très-épais, sans articles distincts, et forment par leur réunion un bec très-avancé. La trompe est grêle. Le thorax à collier relevé par une crête très-saillante, placée entre les ptérygodes. L'abdomen est court, aplati dans les deux sexes. La côte des ailes supérieures est arquée à la base, et leur bord terminal est coupé carrément.

La chenille, légèrement moniliforme, a quelque analogie, par la couleur et les dessins, avec l'insecte parfait. Elle vit sur le chêne et s'enfonce dans la terre, sans former de coque, pour se chrysalider.

### HOSPORINE SAFRANÉE, *HOSPORINA CROCEAGO*, Fab., Dup.

*NOCTUA FULVAGO*, Esp. — LA SAFRANÉE, Eng.

Pl. LXXII, fig. 1.

Les premières ailes sont en dessus d'un jaune fauve très-vif et finement sablé de ferrugineux. Chacune de ces ailes est traversée par trois lignes brunes, placées à peu près à égale distance. De ces trois lignes, les deux premières partent du thorax, et forment chacune un angle aigu; la troisième est parallèle au bord terminal et est légèrement sinueuse. On aperçoit entre cette dernière et celle du milieu, une rangée de points bruns; les deux taches ordinaires sont d'un jaune un peu plus clair que le fond. Quand les individus sont bien frais, la frange ne se distingue pas du reste de l'aile. Le dessus des ailes inférieures est d'un blanc rougeâtre, avec un point central et une ligne transverse d'un brun ferrugineux. En dessous, toutes les ailes sont de la même couleur que le dessus des ailes inférieures, excepté que leurs bords sont sablés de ferrugineux. Le thorax et les antennes présentent la même couleur que le dessus des premières ailes; l'abdomen est de la même teinte que le dessus des secondes ailes.

Cette espèce se trouve aux environs de Paris, pendant les mois d'avril et d'octobre, particulièrement dans les bois de Boulogne et de Ville-d'Avray; elle habite aussi l'Allemagne.

### GENRE GONOPTÈRE, *GONOPTERA*, Lat.

CALPE, Treits. — *CALYPTRA*, Och.

Les antennes sont brièvement pectinées dans le mâle, crénelées dans la femelle. Le toupet frontal est conique. Les palpes sont presque droits et dépassent de beaucoup la tête; les deux premiers articles sont épais, squammeux, presque cylindriques; le troisième long, nu, linéaire. La trompe est grêle, petite. Le thorax est carré, bombé dans le milieu, avec le collier relevé en carène très-aiguë. L'abdomen, d'égale largeur dans toute sa longueur, est aplati dans les deux sexes ; son extrémité est coupée carrément dans le mâle et arrondie dans la femelle. Le bord terminal des ailes supérieures est profondément découpé.

La chenille est glabre, atténuée aux deux extrémités, veloutée, de couleurs vives, avec la tête petite et globuleuse. Elles vivent à découvert sur des différentes espèces de saule et de peuplier, et se métamorphosent entre deux feuilles réunies et tapissées intérieurement avec de la soie pure, à l'extrémité des branches. La chrysalide est d'un noir mat, pyriforme, avec un petit bouton à la tête et une seule pointe à la partie anale.

GONOPTÈRE DÉCOUPURE, *GONOPTERA LIBATRIX*, Linn., Dup., Lat.

LA DÉCOUPURE, Eng. — LA FRIANDE, Degeer.

Pl. LXXIX, fig. 3.

Le dessus des ailes supérieures est d'un gris rougeâtre, plus ou moins sablé de brun, suivant les individus, avec une tache d'un jaune orangé et sablée de rouge, laquelle part de la base et s'avance jusqu'au milieu de l'aile en se bifurquant : cette tache est marquée de deux points blancs, d'un gris pur, dont un placé au centre de l'aile et l'autre contre le thorax. En outre, les ailes sont traversées par deux raies blanches, dont une est double, c'est-à-dire séparée en deux par une ligne brune; on aperçoit une autre ligne, mais à peine marquée; le bord est fortement découpé et terminé par une frange très-courte, d'un rouge brun. Le dessus des ailes inférieures est d'un gris brun obscur, s'éclaircissant un peu vers son origine. En dessous, les quatre ailes sont d'un gris violâtre plus foncé sur les bords; les supérieures dans leur milieu sont traversées par une ligne brune qui correspond à la double raie blanchâtre du dessus ; les inférieures sont tiquetées de noir. La tête et le thorax sont d'un jaune orangé, mêlé de brun rouge; l'abdomen est de la couleur des ailes inférieures; les antennes sont brunes.

Cette Gonoptère est très-commune dans toute l'Europe, et on le prend aux environs de Paris pendant les mois de juin et de septembre.

# GENRE COSMIE, *COSMIA*, Och.

*EUPERIA*, Guen.

Les antennes sont subcrénelées dans les mâles, simples ou filiformes chez les femelles. Les palpes sont ascendants, divergents, éloignés de la tête, qu'ils dépassent de beaucoup ; les deux premiers articles sont épais, droits ou légèrement arqués ; le troisième article est nu, plus ou moins long, cylindrique et terminé en pointe obtuse. La trompe est longue, mais peu épaisse. Le thorax est globuleux, très-lisse. L'abdomen est conique. Les ailes supérieures sont traversées au milieu par deux lignes formant un un trapèze ou triangle.

Les chenilles sont allongées, atténuées antérieurement, avec la tête petite. Toutes sont nues, vertes et rayées de blanc longitudinalement ; elles vivent sur les arbres, les unes à découvert, les autres cachées entre quelques feuilles qu'elles assujettissent par des fils. Leurs chrysalides sont saupoudrées d'une efflorescence pruineuse, et renfermées soit dans des coques légères, filées entre des feuilles, soit dans des coques mêlées de soie et de terre, à la surface du sol ou des pierres.

## COSMIE NACARAT, *COSMIA DIFFINIS*, Linn., Fab.

LE NACARAT, Geoff., Eng., Oliv.

Pl. LXXVIII, fig. 7.

Le dessus des premières ailes est d'un rouge brun vif, avec deux points noirs à l'angle extérieur et quatre taches d'un blanc pur à la côte, dont les deux du milieu sont plus grandes que les autres. Ces quatre taches donnent naissance à autant de lignes transverses d'un rouge pâle. La frange est unie et d'un brun noirâtre. Le dessus des secondes ailes est d'un brun foncé, s'éclaircissant un peu vers le haut, avec la frange fauve. Les premières ailes sont rougeâtres en dessous sur le bord et d'un gris noirâtre dans le milieu, avec deux taches blanches correspondant à celles de dessus. Les secondes ailes sont d'un fauve pâle en dessous, sablées de rouge sur les bords, avec une ligne brune arquée sur le milieu de chacune d'elles. La tête et le thorax sont d'un rouge brun. L'abdomen est d'un gris rougeâtre avec sa partie postérieure fauve. Les antennes sont filiformes, d'un rouge brun.

La femelle diffère du mâle en ce que les premières ailes sont d'une couleur moins vive, et en ce que les lignes qui les traversent sont blanchâtres au lieu d'être roses.

Cette espèce se trouve aux environs de Paris, pendant le mois de juillet; elle habite aussi l'Allemagne.

Ajoutez : Les *Cosmia Affinis*, Linn.; *Trapezina*, Linn.; *Pyralina*, et *Fulvago*, W. V. de la France et de l'Allemagne.

# NONAGRIDES, *NONAGRIDÆ*, Duponch.

—

## GENRE NONAGRIE, *NONAGRIA*, Och.

Les antennes sont crénelées ou légèrement ciliées dans les mâles, simples ou filiformes chez les femelles. Le toupet frontal est avancé. Les palpes, éloignés de la tête, sont droits ou presque droits; les deux premiers articles sont brièvement velus; le dernier est nu, court, cylindrique, et tronqué au sommet. La trompe est grêle et très-courte. Le thorax est lisse, arrondi. L'abdomen est trois ou quatre fois aussi long que le thorax, cylindrique, velu à l'extrémité. Dans les deux sexes, les ailes supérieures sont plus ou moins longues et étroites, suivant les espèces, et à taches réniformes et orbiculaires manquant ou remplacées par des points.

Les chenilles sont allongées, vermiformes, munies de plaques écailleuses sur le premier et le dernier anneau, avec la tête petite et subglobuleuse. Elles vivent et subissent toutes leurs métamorphoses dans l'intérieur des tiges des plantes aquatiques, dont elles mangent la moelle, et où elles se ménagent une ouverture latérale pour leur sortie à l'état parfait. Les chrysalides, proportionnellement aussi allongées que les chenilles, ont leur partie abdominale cylindrico-conique.

### NONAGRIE DE LA MASSETTE, *NONAGRIA TYPHÆ*, Esp., Hubn.

*NOCTUA ARUNDINIS*, Fab. — LA MASSETTE, Eng.

Pl. LXXIII, fig. 1.

Les premières ailes sont tantôt d'un gris jaunâtre ou roussâtre, mais le plus souvent d'un brun ferrugineux en dessus; les nervures sont blanches, avec deux rangées transverses de points noirs, dont une à peu de distance du bord terminal, et l'autre qui sépare ce même bord

de la frange. On aperçoit encore d'autres points noirs répandus çà et
là et sur les nervures, et trois ou quatre points jaunâtres vers la côte.
La frange de la même couleur que le fond des ailes, est coupée par de
petites lignes blanches qui correspondent aux nervures. Les secondes
ailes sont de couleur paille en dessus, avec une bordure brune et noirâtre, et la frange jaunâtre. Le dessous des quatre ailes diffère du dessus, en ce qu'il est finement sablé de noirâtre sur les bords, avec un
point obscur au milieu de chacune d'ailes. Le corps est de la même
nuance que les ailes, ainsi que les antennes, qui chez le mâle sont
ciliées et filiformes dans la femelle.

Cette espèce se trouve aux environs de Paris, pendant le mois d'août.

Ajoutez : les *Nonagria fluxa*, Hubn.; *Despecta*, Tr.; *Nexa*, Hubn.,
du nord de la France; *Hesperica*, Ramb., de l'Espagne méridionale et
de la Sicile; *Paludicola*, Hubn., de la France centrale; *Cannæ*, Tr.,
du nord de la France, et *Sparganii*, Esp., des environs de Paris.

## LEUCANIDES, *LEUCANIDÆ*, Boisd.

*NOCTUÆ*, Auct.

## GENRE LEUCANIE, *LEUCANIA*, Och.

Les antennes sont simples ou filiformes dans les deux sexes. Les
palpes sont larges, velus, serrés contre la tête, à dernier article très-
court. La trompe est longue. Le thorax est lisse, arrondi, velu. L'abdomen, non crêté, est terminé carrément dans les mâles et en pointe
obtuse dans les femelles. Les ailes sont à franges entières; les supérieures ayant leur angle apical plus ou moins aigu; toutes manquent
de taches ordinaires, et sont striées longitudinalement d'une manière
plus ou moins prononcée, sur un fond clair.

Les chenilles sont nues, cylindriques, plus ou moins atténuées aux
deux bouts, avec la tête subglobuleuse et un peu rétractile. Elles sont
marquées d'un grand nombre de lignes fines dans toute leur longueur.
Elles vivent de graminées et se tiennent cachées pendant le jour, soit
entre les touffes de ces plantes, soit sous les feuilles sèches, soit enfin
dans l'intérieur des tiges coupées, dans lesquelles plusieurs passent
l'hiver, mais sans en manger la moelle. Les chrysalides sont lisses, luisantes, parfois un peu allongées, et contenues dans des coques lé-

gères, tantôt dans la terre, tantôt, mais accidentellement, dans les tiges des grandes graminées, entre deux cloisons composées de rognures.

### LEUCANIE COMMA, *LEUCANIA COMMA*, Linn., Fab.

*NOCTUA TURBIDA*, Hubn. — *NOCTUA PALLENS*, Esp. — LE COMMA BLANC, Eng.

Pl. LXXVIII, fig. 6.

Le dessus des premières ailes est d'un gris jaunâtre, avec les nervures blanchâtres et une ombre brune qui s'étend longitudinalement de la base à l'angle supérieur de chaque aile, et sur le milieu de laquelle on aperçoit une ligne blanche sans crochet; à l'extrémité de l'aile, on remarque une bande brune coupée par les nervures, avec une série de petits points noirs placés entre ces dernières; la frange est grise et séparée du bord terminal par un double liséré gris. Le dessus des secondes ailes est d'un gris blanchâtre, avec leur extrémité lavée de brun et les nervures brunes. Les quatre ailes sont blanchâtres en dessous, avec leur extrémité bordée par une ligne de petits points noirs. On aperçoit sur le milieu des ailes inférieures une autre ligne de pareils points qui le traverse. La tête et le thorax sont d'un gris jaunâtre, avec la partie antérieure coupée par trois lignes brunes. L'abdomen est d'un gris blanchâtre. Les antennes dans les deux sexes sont brunes et filiformes.

On trouve cette espèce dans le nord de la France, pendant les mois de juin et de juillet.

Ajoutez : les *Leucania Pudorina*, W. V., des environs de Paris; *Riparia*, Ramb., du midi de la France; *L. Album*, Linn., des environs de Paris; *Punctosa*, Tr., de la France méridionale; *Caricis*, Tr., de la Sicile et d'Espagne; *Loreyi*, Dup., *Amnicola*, Ramb., du midi de la France; *Scirpi*, Boisd., des environs de Montpellier; *Dactylidis*, Ramb , du midi de la France: *Straminea*, Tr., *Impura*, Hubn., *Pallens*, Linn., des environs de Paris, et *Lutosa*, Hubn., de la France méridionale.

# APAMIDES, *APAMIDÆ*, Guen.

*NOCTUÆ*, Auct.

—

## GENRE LUPÉRINE, *LUPERINA*, Boisd.

*HADENA, XYLINA, MAMESTRA*, Tr.

Les antennes sont subcrénelées dans les mâles, filiformes dans les femelles. Les palpes sont droits et dépassent un peu la tête ; les deux premiers articles sont velus ; le dernier est nu, conico-cylindrique. La trompe est longue. Le thorax est uni, arrondi. L'abdomen est non crêté, terminé par une touffe de poils dans les mâles, et en pointe obtuse dans les femelles.

Les chenilles sont épaisses, de couleur livide, presque vermiformes, avec des points verruqueux plus ou moins distincts. Elles rongent les racines des plantes, s'y creusent parfois des galeries, et en sortent pour se chrysalider dans des coques de terre agglutinée.

### LUPÉRINE BASILAIRE, *LUPERINA BAS.LINEA*, Fab., Esp.

LA DOUTEUSE, Eng.

Pl. LXXVII, fig. 1.

Les premières ailes sont d'un gris ferrugineux dessus, et avec leur milieu d'une teinte plus foncée. Les deux taches ordinaires sont jaunâtres : elles sont placées entre deux raies transverses, d'une teinte plus claire que le fond de l'aile, et bordées de brun des deux côtés ; une troisième raie, de la même couleur, longe le bord terminal, qui est séparé de la frange par une ligne de points noirs. De plus, on aperçoit une ligne noire horizontale qui part du thorax ou de la base, et qui se termine à peu de distance de la première des trois raies. Les secondes ailes sont d'un gris obscur en dessus, avec la frange jaunâtre. Le dessous de toutes les ailes présente la même couleur que le dessus, mais d'une teinte plus claire, avec un point central brun vers les inférieures. La tête et le thorax sont d'un gris ferrugineux. L'abdomen est d'un gris pâle, surtout à sa partie antérieure qui est un peu crêtée. Les antennes sont d'un gris ferrugineux, et filiformes dans les deux sexes.

Cette espèce habite la France et l'Allemagne ; elle est assez commune aux environs de Paris, pendant le mois de mai.

Ajoutez : les *Luperina Dumerilii*, Dup., *Testacea*, W. V., *Infesta*, Ochs., *Luteago*, Fabr., des environs de Paris; *Rubella*, Dup., des environs de Lyon, et *Renardii*, Boisd., des marais de la Somme.

## GENRE XYLOPHASIE, *XYLOPHASIA*, Steph.

*XYLINA*, Tr. *LUPERINA*, Boisd.

Les antennes sont simples à l'œil nu dans les deux sexes, un peu plus épaisses et à peine ciliées dans les mâles. Les palpes sont ascendants et dépassent la tête ; les deux premiers articles sont épais et velus ; le dernier article est grêle, cylindrique, obtus, et plus ou moins court. La trompe est longue. Le thorax est robuste, carré, relevé au milieu, et offre une crête bifide entre les deux ptérygodes. L'abdomen est long, triangulaire, terminé par une touffe de poils épaisse dans les mâles, et en pointe obtuse dans les femelles. Les ailes supérieures sont allongées, avec la frange fortement dentée.

Les chenilles sont cylindriques, épaisses, rases, luisantes, à peau plus ou moins transparente, ayant les points ordinaires subverruqueux et luisants. Elles vivent de la racine des plantes ou des feuilles les plus basses, et se tiennent soigneusement cachées, soit dans les touffes, soit dans des cavités qu'elles se pratiquent dans la terre auprès des racines. Les chrysalides luisantes, à peau fine, sont enterrées plus ou moins profondément, sans coques, ou du moins dans des coques très-peu solides.

## XYLOPHASIE RURALE, *XYLOPHASIA RUREA*, Fab., Borkh.

*NOCTUA PUTRIS*, Hubn. — *NOCTUÆ LUCULENTA et ALOPECURUS*, Esp. — LA BIGARRÉE, Eng.

Pl. LXXII, fig. 4.

Le dessus des ailes supérieures est d'un jaune roussâtre pâle, avec le bord interne blanchâtre et trois taches d'un brun ferrugineux dont une au milieu, et les deux autres au bord terminal. On aperçoit entre ces trois taches une double série transverse de petits points noirs, placés également sur les nervures; la tache réniforme se remarque assez bien; l'orbiculaire, de forme allongée, est à peine visible. On voit une ligne d'un brun ferrugineux près du thorax, au-dessus de la partie blanche du bord interne; la frange est d'un brun ferrugineux, dentée et entrecoupée de jaune roux. Le dessus des ailes inférieures est d'un jaune roussâtre, avec la frange jaunâtre. Les quatre ailes sont jaunâtres en dessus, avec les côtés et les bords lavés de rougeâtre, et une ligne arquée et un point central, bruns, faiblement marqués sur les inférieures ; les supérieures présentent un croissant noirâtre, qui correspond à la tache réniforme du dessus. La tête et le thorax sont d'un roux foncé ; l'abdomen est rougeâtre, avec une crête noire sur les trois premiers anneaux. Les antennes sont rousses et filiformes.

On trouve cette espèce aux environs de Paris, pendant les mois de mai et de juin ; elle est moins rare dans le nord de la France, et fort commune en Allemagne.

### XYLOPHASIE POLYODON, *XYLOPHASIA POLYODON*, Linn.

*NOCTUA RADICEA*, Fab. Hubn.

*NOCTUA OCCULTA*, Esp. — LA MONOGLYPHE, Eng — NOCTUELLE RADICÉE, Eng.

Pl. LXXVII, fig. 6.

Le dessus des ailes supérieures est d'un brun roux, traversé par trois raies dentées, d'une teinte un peu plus pâle. La plus près de la base décrit trois angles très-aigus. Les deux taches ordinaires sont placées entre la raie intermédiaire et celle de la base ; leurs contours sont dessinés en brun noir ; la réniforme est régulière ; l'orbiculaire est très-allongée dans le sens horizontal ; outre cela, on remarque trois lignes noires placées dans la direction des nervures. La frange est dentée et séparée du bord terminal par une ligne festonnée d'un brun noir. Les ailes inférieures en dessus sont de la même couleur, mais d'une teinte plus claire que les supérieures, avec leur extrémité lavée de brun noirâtre, et la frange plus pâle. Les quatre ailes sont d'un brun roux en dessous comme en dessus, mais un peu plus clair au milieu que sur les bords, avec une lunule centrale, grise, et à peine marquée sur chacune d'elles. La tête et le corps présentent la même couleur que les ailes ; les contours de la partie antérieure du thorax sont dessinés par des lignes d'un brun noir. L'abdomen crêté chez le mâle, lisse chez la femelle, est terminé dans les deux sexes par des faisceaux de poils qui divergent plus chez le premier que chez la seconde. Leurs antennes sont brunes et filiformes.

Cette espèce se trouve, pendant les mois de juin et de juillet, aux environs de Paris ; elle est commune dans toute l'Europe ; on la trouve appliquée contre les murs et le tronc des arbres.

Ajoutez : les *Xylophasia Lateritia*, Esp., de la France et de l'Allemagne; *Scolopacina*, Hubn., des environs de Paris; *Hepatica*, W. V., de la France occidentale; *Lithoxylea*, W. V., des environs de Paris, et *Petrorhiza*, Borkh., de la France orientale et de la Suisse.

---

## HADÉNIDES, *HADENIDÆ*, Bork.

*NOCUÆ*, Auct.

---

## GENRE APLECTA, *APLECTA*, Guen.

*POLIA*, Tr.

Les antennes sont simples dans les deux sexes, ou à peine ciliées dans les mâles. Les palpes dépassant très-peu la tête, sont velus, un peu ascendants; leur second article s'élargit à l'extrémité; le dernier est plus ou moins court, presque nu, et tronqué au sommet. Le thorax est carré, surmonté d'une crête plus ou moins élevée et fortement bifide, puis d'une autre crête également bifide, mais moins saillante à sa jonction avec l'abdomen. Les ailes supérieures sont oblongues, et ont les trois taches ordinaires bien distinctes et bien arrêtées dans leurs contours.

Les chenilles sont cylindriques, épaisses, allongées, avec la tête un peu aplatie antérieurement, et cachée en partie sous le premier anneau. Elles sont de couleurs sombres, généralement marquées sur le dos de chevrons en losanges. Elles vivent de plantes basses, sous lesquelles elles se cachent ou s'abritent pendant le jour. Les chrysalides sont lisses, allongées, à partie postérieure souvent obtuse. Elles sont contenues dans des coques de terre peu solides, et enterrées assez profondément.

### APLECTA PLÉBÉIENNE, *APLECTA PLEBEJA*, Hubn.

*NOCTUA NEBULOSA*, Perl. mag. — *NOCTUA POLYMITA*, Fab. — LA BRODÉE, Eng.

Pl. LXXVI, fig. 6.

Le dessus des ailes supérieures est d'un gris cendré plus ou moins nébuleux, traversé par plusieurs raies ondées d'un brun foncé. On aperçoit aussi quatre ou cinq taches sagittées d'un brun noir, dont une est beaucoup plus grande à l'angle anal; la frange est entrecoupée de brun noir et séparée du bord terminal par une ligne de petits croissants noirs.

Le dessus des ailes inférieures est d'un gris brun sans points ni taches, avec les nervures un peu plus foncées et la frange blanchâtre. Les quatre ailes sont d'un gris brun en dessus, avec leur extrémité terminée par une bande blanchâtre. On remarque sur les inférieures un point central et une ligne arquée noirâtre. La tête et le thorax sont d'un gris blanc ; l'abdomen est d'un gris brun ; il est lisse chez la femelle, tandis que dans le mâle il est crêté en noir sur les cinq premiers anneaux. Les antennes dans les deux sexes sont grises et filiformes.

Cette espèce habite la France et l'Allemagne ; elle se trouve aussi dans les environs de Paris, où on la rencontre pendant le mois de juin.

Ajoutez : les *Aplecta Chenopodiphaga*, Ramb., de Corse et de Provence ; *Speciosa*, Hubn., des Vosges et de la Suisse ; *Advena*, Fabr., des environs de Paris ; *Tincta*, Borkh., des Alpes, et *Herbida*, Hubn., de la France et de l'Autriche.


## GENRE PACHETRA, *PACHETRA*, Guen.

*LUPERINA et HADENA*, Boisd.

Les antennes sont longues dans les deux sexes, pectinées dans le mâle, filiformes dans la femelle. Les palpes dépassent la tête ; les deux premiers articles sont très-larges et très-velus ; le dernier, presque nu, est ovalaire. La trompe est médiocre. La tête est bifide. Le thorax est robuste, sans crête, mais dont le collier et les épaulettes sont bien distincts. L'abdomen, légèrement crêté dans les deux sexes, est très-volumineux dans les mâles. Les ailes supérieures sont larges, avec la frange dentée et les taches ordinaires bien marquées.

Les chenilles sont rases, rayées longitudinalement sur le dos et sur les côtés. Elles passent l'hiver engourdies sur des feuilles sèches, et ne se transforment en chrysalides qu'au printemps suivant, dans des coques de soie d'un tissu léger. Elles se nourrissent de plantes basses.


**PACHETRA LEUCOPHÉE, *PACHETRA LEUCOPHÆA*, Hubn., Borkh.**

*BOMBYX FULMINEA*, Fab. — *BOMBYX VESTIGIALIS*, Esp. — LA COUREUSE, Eng.

Pl. LXXI, fig. 3.

Le fond des ailes supérieures est d'un gris rougeâtre pâle ; leur milieu est traversé par une large bande trapézoïde, de couleur bistrée, longée de chaque côté par une ligne de la même couleur, et sur laquelle les nervures et les deux taches se dessinent en clair. Cette bande présente en outre plusieurs taches d'un brun noir ; le bord terminal est occupé par une bande couleur bistre, profondément dentée, et contre laquelle viennent s'appuyer plusieurs petites taches d'un brun noir ; la frange est également dentée. Les ailes inférieures sont en dessus du même gris que le fond des ailes supérieures, avec les nervures brunes et un petit croissant obscur dans le milieu. Les quatre ailes sont d'un gris roussâtre en dessous, avec une ligne arquée et un point central bruns sur chaque aile. La tête est d'un gris roussâtre ; le thorax est du même gris, traversé à sa partie supérieure par plusieurs lignes brunes ; l'abdomen est grisâtre. Les antennes du mâle sont pectinées et roussâtres ; celles de la femelle sont grises et filiformes.

La femelle diffère du mâle en ce qu'elle est ordinairement d'une teinte plus pâle.

Cette espèce se trouve dans toutes les contrées de l'Europe, et n'est pas rare aux environs de Paris, pendant les mois de mai et de juin.

## GENRE HADÈNE; *HADENA*, Boisd.

### MAMESTRA, Tr.

Les antennes, filiformes dans les deux sexes, sont plus épaisses dans les mâles. Les palpes dépassent peu ou point la tête ; ils sont droits, velus, avec leur dernier article très-court et tronqué au sommet. Le toupet frontal est obtus, d'une seule touffe, un peu déprimé au milieu. Le thorax est carré, velu, avec son collier relevé et offrant une petite crête bifide entre les épaulettes. L'abdomen est robuste, souvent crêté, terminé carrément dans les mâles, et en pointe dans les femelles.

Les chenilles sont rases, cylindriques, avec la tête globuleuse. Quelques-unes sont ornées de couleurs vives. Elles vivent, les unes sur les arbres, les autres sur les plantes basses, et principalement les plantes potagères. La plupart se tiennent abritées pendant le jour. Elles s'enfoncent plus ou moins profondément pour se chrysalider, dans des coques de terre peu solides.

## HADÈNE POTAGÈRE, *HADENA OLERACEA*, Linn.

*NOCTUA SPINACIÆ*, Borkh. — LA POTAGÈRE, Eng.

Pl. LXXVII, fig. 4.

Le dessus des ailes supérieures est d'un brun ferrugineux, avec la tache réniforme couleur de rouille et l'orbiculaire marquée par un cercle blanc. On aperçoit sous cette dernière tache une troisième qui est noirâtre. Une ligne blanche, ayant la forme d'un M dans son milieu, longe une partie du bord terminal ; la frange présente la même couleur que les ailes. Les ailes inférieures sont en dessous d'un gris jaunâtre, avec leur extrémité obscure et un point noirâtre dans le milieu. Les quatre ailes sont en dessous du même gris que le dessus des ailes inférieures, avec leurs bords ferrugineux et un point noirâtre qui correspond à celui du dessus sur les inférieures. La tête et le thorax sont d'un brun ferrugineux ; l'abdomen est d'un gris jaunâtre. Les antennes sont grises et filiformes.

La femelle diffère du mâle en ce que, chez elle, les deux taches ordinaires sont grises et entourées de blanc.

Cette espèce est assez commune dans toute l'Europe ; elle se trouve aux environs de Paris, pendant les mois de mai, juin et août.

## HADÈNE DE L'ANSÉRINE, *HADENA CHENOPODII*, Fab., Hubn.

*NOCTUÆ VERNA, SAUCIA*, Eng. — LA TRISTE, Eng. — NOCTUELLE DE L'ANSÉRINE, Oliv.

Pl. LXXVII, fig. 5.

Le dessus des premières ailes est d'un gris cendré, avec trois lignes transverses bordées de noirâtre. Deux de ces trois lignes sont ondées, et la troisième qui longe le bord terminal, décrit un M dans son milieu. La tache réniforme est d'un noir bleuâtre à ses deux extrémités ; l'orbiculaire est marquée par un cercle noir très-fin, avec une petite tache obscure au dessous ; le bord terminal de la frange, qui est d'un gris jaunâtre et entrecoupé de brun, est séparé par une ligne de points noirs triangulaires. Les secondes ailes sont d'un gris pâle, avec leur extrémité bordée par une large bande noirâtre ; les nervures sont noirâtres ; la frange est blanchâtre. Les quatre ailes sont blanchâtres en dessous, avec deux raies grises, transverses, et à peine marquées sur chacune d'elles. En outre, les premières ailes présentent une tache obscure en croissant, et les secondes un point central noirâtre. La tête et le thorax sont d'un gris cendré, comme les ailes supérieures ; l'abdomen est d'un gris pâle. Les antennes sont grises et filiformes.

On trouve cette espèce dans beaucoup de contrées de l'Europe; elle est très-commune en France et aux environs de Paris, pendant les mois de mai et d'août.

## HADÈNE DU CHOU, *HADENA BRASSICÆ*, Linn., Fab.

L'OMICRON NÉBULEUX, Geoff. — LA BRASSICAIRE, Eng. — NOCTUELLE DU CHOU, Oliv.

Pl. LXXVII, fig. 2.

Le dessus des quatre ailes est d'un brun nuancé plus ou moins de jaunâtre, suivant les individus, avec la frange d'un gris pâle ; la tache réniforme est entièrement blanche. Le dessous des ailes est d'un gris jaunâtre, teinté de noirâtre sur les bords, avec une tache discoïdale entourée de jaunâtre sur chacune d'elles. La tête et le thorax sont d'un brun noir ; l'abdomen est d'un gris plus ou moins noirâtre, avec son extrémité roussâtre ; les antennes sont d'un gris noirâtre et filiformes.

L'Hadène du chou est commune dans toutes les contrées de l'Europe où l'on cultive cette plante ; elle n'est pas rare aux environs de Paris pendant les mois de mai et de juin.

## HADÈNE DE L'ARROCHE, *HADENA ATRIPLICIS*, Linn., Fab.

LE VOLANT DORÉ, Geoff. — NOCTUELLE DE L'ARROCHE, Oliv. — L'ARROCHIÈRE, Eng.

Pl. LXXIX, fig. 2.

Le dessus des premières ailes est d'un brun chatoyant violet, avec la base et les deux taches ordinaires d'un vert brillant, de même qu'une bande sinueuse, longeant le bord terminal, et dont le côté externe est bordé par une ligne jaunâtre. De plus, on aperçoit une tache oblongue d'un blanc jaunâtre, placée sous la réniforme ; la frange est d'un brun violet, légèrement dentelée, coupée par des lignes jaunâtres, et traversée dans sa longueur par une double rangée de croissants noirs. Le dessus des secondes ailes est d'un brun noirâtre, avec la frange jaunâtre et légèrement sinuée. Le dessous des premières ailes est d'un gris noirâtre ; celui des secondes ailes est blanchâtre, avec une large bande noirâtre qui borde leur extrémité, et un point central de même couleur. La tête et le thorax sont verts ; l'abdomen est d'un gris noirâtre et crêté sur les trois ou quatre premiers anneaux; les antennes sont grises et filiformes.

Cette espèce se trouve aux environs de Paris pendant les mois de mai et de juin.

### HADÈNE CONTIGUE, *HADENA CONTIGUA*, Fab., Hubn.

NOCTUA SPARTII, Borkh.

NOCTUA ARIÆ, Esp. — LA TACHE ROUSSE, Eng. — NOCTUELLE CONTIGUE, Oliv.

Pl. LXXVI, fig. 5.

Les premières ailes sont d'un gris jaunâtre nuancé de brun en dessus, avec deux taches d'un jaune fauve, placées l'une à la base et l'autre au milieu de l'aile. Les secondes ailes sont d'un gris jaunâtre obscur en dessus, avec les nervures légèrement marquées de brun. Les quatre ailes sont d'un gris pâle en dessous, teintées de rougeâtre et pointillées de brun à leurs bords supérieurs, avec un petit croissant noirâtre au centre des inférieures. La tête et le thorax sont d'un gris bleuâtre, mélangé de brun : celui-ci est crêté, avec un collier noir. L'abdomen est d'un gris jaunâtre; les antennes sont grises et filiformes.

Cette espèce se trouve aux environs de Paris pendant les mois de mai et juin.

Ajoutez : Les *Hadena Pisi*, Lin., du nord de la France; *Suasa*, W. V.; *Thalassina*, *Genistæ*, Borkh., *Æthiops*, Ochs.; *Dentina*, Esp.; Hubn.; *Persicariæ*, Linn.; *Albicolon*, Hubn., et *Protea*, Esp., des environs de Paris.


### GENRE DIANTHŒCIE, *DIANTHŒCIA*, Boisd.

POLIA, HADENA et MISELIA, Tr.

Les antennes sont subciliées dans les mâles, simples ou filiformes dans les femelles. Les palpes sont courts, épais et ne dépassent pas la tête; leur dernier article est tuberculiforme. La trompe est longue. Le thorax est subcarré, robuste et lisse. L'abdomen est terminé carrément dans les mâles, conique et pourvu à son extrémité d'un oviducte saillant et térébriforme dans les femelles. Les ailes supérieures sont généralement ornées de couleurs vives et variées; les inférieures sont plus ou moins brunes et toujours marquées d'une petite tache claire à l'angle anal.

Les chenilles sont rases, cylindriques, atténuées aux deux extrémités, avec la tête globuleuse. Elles sont presque toutes de couleur terreuse, et marquées sur le dos de traits obliques. Elles vivent de plantes herbacées, principalement de caryophyllées, dont elles ne mangent que les graines, et se tiennent du moins dans leur jeune âge, dans les capsules ou fleurs de ces végétaux. Leurs chrysalides, cylindrico-coniques et souvent un peu pointillées, se distinguent par un prolongement saillant sous le ventre. Elles sont renfermées dans des coques de terre peu solides, et enterrées assez profondément.

## DIANTHŒCIE CAPSULAIRE, *D. CAPSINCOLA*, Hubn., Esp., Dup.

LE CAPSULAIRE, Eng.

Pl. LXXVI, fig. 4.

Les premières ailes sont d'un gris nuancé de jaunâtre en dessus, avec les deux taches ordinaires et la ligne du bord terminal, blanchâtres. Le dessus des secondes ailes est d'un gris pâle, un peu plus foncé dans le bas que dans le haut. Les quatre ailes sont d'un gris pâle en dessous, avec un point obscur dans le milieu de chacune d'elles. La tête et le thorax sont du même gris que les ailes supérieures; l'abdomen est d'un gris pâle; les antennes sont grises et filiformes.

Cette espèce se trouve aux environs de Paris, pendant les mois de juin et septembre; elle habite aussi l'Allemagne.

Ajoutez: les *Dianthœcia Albimacula*, Borkh.; *Conspersa*, W. V.; *Comta*, Fabr., des environs de Paris; *Magnoli*, Boisd.; *Silenes*, Hubn., de la France méridionale; *Cucubali*, W. V.; *Carpophaga*, Bork.; *Dysodea*, W. V.; *Serena*, Fabr.; *Chi*, Linn., des environs de Paris; *Monticola*, Dup., et *Cappa*, Hubn., de la France méridionale.

## GENRE CÉRIGO, *CERIGO*, Steph.

POLIA et MYTHIMNA, Tr.

Les antennes sont longues, subdentées dans le mâle, simples ou filiformes dans la femelle. Les palpes dépassent la tête; ils sont un peu écartés et comprimés latéralement; le deuxième article est sécuriforme, le troisième est court et conique. Le toupet frontal est déprimé dans le milieu. Le thorax est très-préominent, presque carré. L'abdomen est cylindrico-conique, et terminé par une brosse de poils. La frange des ailes supérieures est légèrement dentelée.

Les chenilles sont rases, cylindriques, avec des raies longitudinales.

Elles vivent de graminées, et se cachent pendant le jour sous les mousses ou les feuilles sèches. Leurs chrysalides, luisantes, cylindrico-coniques, sont renfermées dans des coques peu solides dans la terre.

## CÉRIGO CYTHÉRÉE, *CERIGO CYTHEREA*, Fab.

*NOCTUA TEXTA*, Esp. — *NOCTUA CONNEXA*, Hubn.

Pl. LXXI, fig. 5.

Les premières sont d'un brun obscur en dessus, avec deux lignes blanches, transverses, ondulées, doublées de noir, entre lesquelles il y a deux anneaux et un croissant allongé noirâtre. On aperçoit derrière la ligne postérieure six à sept traits noirs, longitudinaux, coupés transversalement par une raie flexueuse grisâtre, et allant aboutir à une ligne noire en feston qui termine l'aile. De plus, on remarque à la base une liture blanche, transversale, et vers le bout de la côte trois à quatre petits points blanchâtres. Les secondes ailes sont d'un jaune-paille en dessus, avec une bande noirâtre, placée avant la frange qui a l'extré-mité jaunâtre. Les ailes supérieures sont obscures et sans taches en dessous ; les ailes inférieures sont semblables à celles du dessus, mais un peu plus pâles. Le thorax est d'un brun obscur, avec la partie anté-rieure grisâtre ; l'abdomen est jaunâtre.

Cette espèce se rencontre aux environs de Paris, pendant les mois de juin et juillet ; elle se trouve aussi en Allemagne.

## GENRE THYATIRE, *THYATIRA*, Och.

Les antennes sont simples ou filiformes dans les deux sexes. Les palpes sont droits et dépassent la tête ; les deux premiers articles sont velus et d'égale largeur dans toute leur longueur ; le troisième article est nu, court, cylindrique et obtus. La trompe est médiocre. Le thorax est court, tronqué antérieurement, bombé, sans intervalle entre les deux ptérygodes. Les tibias des pattes intermédiaires sont garnis d'une touffe de poils gris dans le mâle. Les ailes sont larges et luisantes ; les supérieures sont de couleurs variées et d'un dessin très-différent dans chaque espèce.

Les chenilles sont très-différentes de forme ; il y en a une dont les cinq anneaux du milieu sont relevés en bosse, tandis que l'autre n'offre aucune éminence ; elles ont la même manière de vivre et de sémétamorphoser. Toutes deux se tiennent solitairement sous les feuilles de ronce, dont elles se nourrissent. Elles se chrysalident, tantôt entre deux ou trois feuilles réunies par quelques fils, tantôt dans une coque légère environnée de mousse.

### THYATIRE BATIS, *THYATIRA BATIS*, Linn., Fab., Illig.

LA BATIS, Eng.

Pl. LXXI, fig. 6.

Le fond des ailes supérieures est en dessus d'un vert brun ou olive ; elles présentent chacune cinq grandes taches irrégulières plus ou moins arrondies, d'un rose tendre, et dont le milieu est lavé de brun. Outre ces cinq taches, on en remarque encore une très-petite qui est placée au-dessus de celle de l'angle anal, et qui se confond avec la frange, qui est verdâtre et entrecoupée de brun. Le dessus des ailes inférieures est d'un gris obscur, avec la base, une raie transverse au milieu et la frange, jaunâtres. Les quatre ailes sont d'un gris jaunâtre en dessous ; l'on aperçoit sur les inférieures des éclaircies qui correspondent aux cinq taches du dessus. La tête est d'un gris verdâtre ainsi que le thorax, dont la partie antérieure et les épaulettes sont bordées d'une double ligne brune, et la partie postérieure est lavée de rose ; l'abdomen est d'un gris jaunâtre. Les antennes sont filiformes dans les deux sexes ; leur couleur est d'un gris verdâtre.

Cette jolie espèce, très-commune en Suisse, ne l'est pas autant en France ; elle est même rare aux environs de Paris ; c'est ordinairement pendant le mois de mai que l'on rencontre cette espèce.

Ajoutez : la *Thyatira Derasa*, Linn., des environs de Paris.

---

# NOCTUÉLIDES, *NOCTUELIDÆ*, Guen.

—

## GENRE TRIPHÈNE, *TRIPHÆNA*, Treits.

Les antennes sont simples ou filiformes dans les deux sexes. Les palpes dépassent un peu la tête ; ils sont ascendants et de formes variées. La trompe est robuste et longue. Le thorax est très-lisse, peu convexe. L'abdomen est aplati, terminé par une brosse de poils, rétréeie dans les deux sexes. Les ailes supérieures sont étroites, longues, avec les deux taches ordinaires plus ou moins distinctes ; les inférieures sont très-larges, d'un jaune orangé, avec une bordure noire plus ou moins large ; les supérieures se couvrent mutuellement par leur bord interne, dans l'état de repos.

Les chenilles sont épaisses, cylindriques, rases et ornées de deux taches cunéiformes sur le onzième segment. Elles vivent exclusivement de plantes basses ou de graminées. Elles se tiennent cachées, pendant le jour, sous les feuilles, les pierres, etc., etc. Elles s'enterrent profondément pour se métamorphoser. Leurs chrysalides sont lisses, luisantes, cylindrico-coniques, contenues dans des coques de terre peu solides

### TRIPHÈNE GRIS DE LIN, *TRIPHÆNA LINOGRISEA*, Fab., Esp.

*NOCTUA AGILIS*, Devill. — LA LIGNÉE, Eng.

Pl. LXX, fig. 6.

Vers la côte, les premières ailes sont d'un gris blanchâtre en dessus, d'un gris rougeâtre vers le bord interne, avec l'extrémité ferrugineuse. Sur le milieu de la surface, on aperçoit trois anneaux noirs, dont l'extérieur réniforme, l'intermédiaire rond et plus petit, l'intérieur allongé et ouvert par en bas. Viennent ensuite deux lignes noirâtres, transverses, puis une ligne jaunâtre également transverse, enfin une ligne noire en feston, qui longe tout le bord postérieur. Les secondes ailes sont d'un jaune fauve en dessus, avec une bande noire placée avant la frange, qui est jaune et qui a la moitié supérieure mouchetée de noir. Les premières ailes sont noirâtres en dessous, avec les bords antérieur et interne jaunâtres, le bord postérieur rougeâtre et chargé d'une ligne noire en feston. Le dessous des secondes ailes diffère du dessus en ce qu'il est plus pâle et lavé de rougeâtre antérieurement. Le thorax est grisâtre, avec la partie antérieure d'un gris jaunâtre, marquée d'une double ligne ferrugineuse. L'abdomen est jaunâtre, avec la partie postérieure d'un gris rougeâtre Les antennes sont brunes.

On trouve cette espèce, qui est le représentant du genre *Hiria* de Duponchel, en Autriche, en Italie, dans le midi et le centre de la France. On la rencontre aussi aux environs de Paris, pendant le mois de juillet, principalement dans les bois de Meudon et de Versailles.

## TRIPHÈNE FRANGE, *TRIPHÆNA FIMBRIA*, Linn., Hubn.

*NOCTUA SOLANI*, Fab. — LA FRANGÉE, Eng.

Pl. LXX, fig. 4.

Les premières ailes sont d'un gris incarnat en dessus, avec quatre
lignes transverses et deux anneaux, blanchâtres ; la ligne antérieure
est beaucoup plus courte que les autres ; les deux lignes du milieu
embrassent, indépendamment des taches annulaires, une bande toujours plus intense que le fond, qui se rétrécit à mesure qu'elle approche du bord interne de l'aile ; la côte présente en outre, immédiatement avant la ligne postérieure, un espace du même ton que cette
bande, et sur lequel il y a une petite tache noire surmontée de deux
points blancs ; les lignes sont aussi bordées d'une couleur semblable
à celle de la bande. Les secondes ailes sont d'un jaune orangé en
dessus, avec une bande très-noire et très-large, ne couvrant cependant pas le bord postérieur. Les ailes supérieures sont d'un jaune
pâle en dessous, avec le milieu plus ou moins noir, et l'extrémité
blanchâtre. Le dessous des secondes ailes diffère du dessus en ce que
le sommet est blanchâtre. Le thorax est de la couleur des premières
ailes ; le dessus de l'abdomen est de la même couleur que les ailes inférieures, et le dessous est d'un gris blanc. Les antennes sont brunes,
filiformes, avec la base blanchâtre.

Cette espèce habite l'Italie, l'Allemagne et la France ; on la trouve
vers la fin de juin et dans le courant de juillet. Elle n'est pas rare
dans les bois des environs de Paris.

## TRIPHÈNE JANTHINA, *TRIPHÆNA JANTHINA*, Fab., Hubn.

*NOCTUA FIMBRIA MINOR*, Devill. — NOCTUELLE JANTHINE, Oliv.
LA PHALÈNE BRUNE A TACHE JAUNE AUX AILES INFÉRIEURES, Geoff. — LE CASQUE, Eng.

Pl. LXX, fig. 5.

Les premières ailes sont d'un brun noirâtre en dessus, teintées de
violet à la base et vers l'extrémité, avec deux taches grisâtres sur le
milieu, et un espace ferrugineux, marqué de trois points et d'une
liture blanchâtres, à la partie postérieure de la côte ; le bord terminal
est en outre longé par une ligne ferrugineuse. Les secondes ailes
sont noires en dessus, avec le disque et tout le bord postérieur
orangés. Les ailes supérieures sont briquetées en dessous, avec le milieu noir ; les ailes inférieures sont jaunes, avec le bord antérieur bri-
queté, et une large bande noire postérieure qui ne couvre pas le som-

met. Le thorax est d'un brun noirâtre, avec le devant d'un vert
pistache, et bordé par une ligne blanchâtre; le dessus de l'abdomen
est gris; le dessous est rougeâtre. Les antennes sont brunes, filiformes
dans les deux sexes.

Cette espèce est assez commune dans le midi de la France, surtout
aux environs de Montpellier; elle se trouve aussi aux environs de
Paris, pendant les mois de juin et de juillet. Son vol est très-rapide.

### TRIPHÈNE PRONUBA, *TRIPHÆNA PRONUBA*, Linn., Fab.

LA CHOUETTE, Goed. — LA PHALÈNE HIBOU, Geoff. — LA FIANCÉE, Eng.

Pl. lxx, fig. 3.

Chez cette espèce, la couleur du dessus des premières ailes varie
beaucoup, quel que soit même le sexe : tantôt le dessus est ferrugineux, tantôt d'un brun feuille-morte clair, tantôt d'un brun jaune,
plus ou moins foncé de gris bleuâtre ou de gris jaunâtre. On aperçoit
vers le milieu de la surface deux taches, dont l'antérieure ronde, et
le plus souvent de couleur grise; la postérieure réniforme, obscure,
bordée de gris à son extrémité inférieure. On voit ensuite une ligne
grisâtre, transverse, immédiatement précédée de deux points noirs, qui
avoisinent le bord antérieur de l'aile. Les secondes ailes sont toujours
d'un jaune fauve en dessus, avec une bande noire, sinuée, médiocre-
ment large, placée un peu avant le bord postérieur, lequel est, ainsi
que la frange, du même jaune que le fond de l'aile. Les ailes supérieures sont d'un jaune fauve en dessous, avec le milieu noirâtre et le
sommet un peu vineux; le dessous des ailes inférieures ne diffère
du dessus qu'en ce qu'il a tout le bord postérieur d'en haut rougeâtre.
Le thorax est de la couleur des ailes supérieures, avec la partie antérieure plus claire; l'abdomen est d'un fauve plus ou moins sale, avec
la base grisâtre. Les antennes sont filiformes, brunes, avec la partie
inférieure jaunâtre.

Cette espèce, commune dans toute l'Europe, se trouve aux environs
de Paris, pendant les mois de juin et de juillet.

### TRIPHÈNE ORBONE, *TRIPHÆNA ORBONA*, Fab., Dup.

*NOCTUA COMES*, Hubn. — *NOCTUA SUBSEQUA*, Esp. — LA SUIVANTE, Eng.

Pl. lxx, fig. 1.

Les premières ailes sont d'un brun feuille-morte en dessus, lavées
de verdâtre au bord antérieur, avec quatre lignes noires transverses,

maculaires, et rapprochées deux à deux. On aperçoit entre ces lignes deux anneaux gris, dont l'antérieur est ovale et oblique ; le postérieur réniforme et souillé de noirâtre à sa partie inférieure. De plus, il existe vers l'extrémité une ligne grisâtre, transverse, doublée intérieurement de ferrugineux, et l'on remarque contre le bord postérieur une série de points noirs plus ou moins prononcés. Les secondes ailes sont d'un jaune fauve en dessus, avec une lunule centrale et une bande postérieure, noires. Les ailes supérieures sont d'un jaune pâle en dessous, avec le pourtour extérieur rougeâtre et une grande tache noire au delà du milieu ; les ailes inférieures sont comme en dessus, mais elles ont le bord d'en haut largement lavé de rougeâtre. La tête et le thorax sont de la même couleur que les ailes supérieures ; l'abdomen est d'un gris incarnat, avec la base plus pâle. Les antennes sont filiformes ; leur dessus est grisâtre, leur dessous est ferrugineux.

Cette espèce se trouve en juillet et en août. Elle habite l'Italie, l'Allemagne et la France. Elle est très-commune aux environs de Paris, et on la rencontre ordinairement cachée derrière les volets des maisons de campagne.

## TRIPHÈNE SUIVANTE, *TRIPHÆNA SUBSEQUA*, W. V., Hubn.

*NOCTUA CONSEQUA* (Var.) Hubn.

Pl. LXX, fig. 2.

Cette espèce ne diffère de la précédente que parce que ses ailes supérieures sont sensiblement plus étroites, et toujours marquées, en face du sommet, de deux points noirs, semblables à ceux que l'on voit dans la Pronuba.

Cette Triphène se trouve, pendant les mois de juin et de juillet, dans l'Allemagne méridionale et l'est de la France.

Ajoutez : les *Tryphæna Hætera*, Eversm., de Kasan ; *Interjecta*, Hubn., des environs de Paris, et *Chardinyi*, Boisd., de la Russie méridionale.

## GENRE AGROTIS, *AGROTIS*, Och.

Les antennes du mâle sont pectinées, ciliées ou crénelées ; celles de la femelle sont filiformes. Les palpes sont droits et dépassent un

peu la tête ; le deuxième article est large, velu, coupé obliquement ;
le troisième est nu, cylindrique, court, tronqué à l'extrémité. La
trompe est de longueur médiocre. Le thorax est robuste, carré, à
collier relevé en pointe obtuse au milieu. L'abdomen est subconique,
non crêté. Les ailes supérieures sont à sommet obtus, de couleurs
plus ou moins sombres, avec les taches ordinaires plus ou moins
distinctes ; les ailes inférieures sont plus claires, avec des reflets iri-
sés et les nervures bien marquées.

Les chenilles sont rases, cylindriques, vermiformes, de couleurs
sales et livides, et d'un aspect huileux, avec les points ordinaires
subverruqueux et luisants, et une plaque écailleuse sur la nuque.
Elles vivent des racines et des feuilles caulinaires des plantes basses,
et se tiennent soigneusement cachées pendant le jour, soit sous ces
mêmes plantes, soit sous les pierres, soit dans des cavités qu'elles
se pratiquent dans la terre. Leurs chrysalides sont luisantes, cylindrico-coniques, et enterrées plus ou moins profondément sans
coques sensibles, ou dans des coques très-peu solides.


## AGROTIS EXCLAMATION, *AGROTIS EXCLAMATIONIS*, Linn., Hubn.

LA DOUBLE TACHE, Geoff.

Pl. LXIX, fig. 5.

Les premières ailes sont d'un gris plus ou moins foncé en dessus,
avec trois taches discoïdales, dont les deux supérieures ordinaires d'un
brun noirâtre ; l'inférieure très-noire, étroite et en forme de cheville.
Ces taches sont quelquefois renfermées entre deux lignes noires transverses. De plus, l'extrémité de l'aile est toujours plus obscure que le
reste de la surface, et coupée d'un bord à l'autre par une ligne
blanchâtre, en zigzag. Les secondes ailes du mâle sont blanches en
dessus, avec une ligne noirâtre le long du bord postérieur. Elles sont
d'un gris bleuâtre dans la femelle, avec l'extrémité un peu plus obscure. Les ailes antérieures sont presque grises en dessous ; les ailes
inférieures sont semblables au dessus, mais elles ont le milieu qui
présente une petite tache noirâtre. Le corps est de la même couleur
que les premières ailes, avec un collier noir ; les antennes sont grises,
légèrement pectinées chez le mâle, filiformes chez la femelle.

Cette espèce est commune dans toute l'Europe et au cap de Bonne-
Espérance. On la rencontre au printemps et en automne dans les

bois, dans les champs, dans les prairies, etc. Elle vole souvent en plein jour.

### AGROTIS MOISSONNEUSE, *AGROTIS SEGETUM*, W. V., Hubn.

**NOCTUA SORDIDA**, Schiff.
**BOMBYCES CALIGINOSA** *et* **FUSCOSA**, Esp. — LA MOISSONNEUSE, Eng.

Pl. LXIX, fig. 4.

Les ailes supérieures du mâle sont d'un gris plus ou moins foncé, avec deux taches médianes obscures et un chevron noir étroit enfermés entre deux lignes flexueuses, noirâtres ; le limbe postérieur est noirâtre et coupé transversalement à son côté interne par une ligne sinuée, grisâtre. Ces ailes présentent ces mêmes caractères chez la femelle ; mais elles sont entièrement d'un brun noirâtre, avec la frange rougeâtre, et les deux lignes transverses du milieu bordées par une couleur blanchâtre. Dans les deux sexes, les ailes inférieures sont blanches de part et d'autre, avec la base des nervures et une ligne marginale noirâtres ; le bord postérieur et le bord interne de la femelle sont ordinairement bordés de brun. Le thorax est de la même couleur que les premières ailes, avec un simple collier noir ; l'abdomen est d'un gris plus ou moins clair, avec le devant de la tête légèrement rougeâtre ; les antennes chez le mâle sont pectinées ; chez la femelle elles sont filiformes.

Cette espèce se trouve communément dans toute l'Europe et aux environs de Paris, pendant le mois de juin.

### AGROTIS BAIGNÉE, *AGROTIS SUFFUSA*, Fab., Hubn.

**BOMBYX SPINULA**, Esp. — NOCTUELLE ÉPANCHÉE, Oliv. -- L'ÉPINEUSE, Eng.

Pl. LXIX, fig. 3.

Les ailes supérieures du mâle sont d'un gris-bois en dessus, avec deux doubles lignes noires transverses, renfermant les deux taches ordinaires et un anneau noir oblong. On aperçoit, vers le milieu du bord postérieur de l'aile, une aréole obscure que précèdent deux traits noirs longitudinaux. Les ailes supérieures de la femelle présentent en dessus les mêmes caractères, à l'exception que le brun de la côte descend jusqu'au bord interne, de manière à ne laisser qu'une bande grise transversale avant l'aréole noirâtre de l'extrémité. Les ailes inférieures sont d'un gris bleuâtre chatoyant en dessus, avec la base des nervures noirâtre, et le bord postérieur plus ou moins obscur, suivant le sexe.

Les premières ailes, chez le mâle comme dans la femelle, sont grisâtres en dessous, avec le disque un peu plus obscur; les secondes ailes sont d'un blanc bleuâtre, avec la côte sablée de gris. Le thorax est brunâtre, avec un collier noir; l'abdomen est cendré. Les antennes sont obscures; chez le mâle elles sont pectinées, chez la femelle elles sont filiformes.

Cette espèce paraît en automne. On la trouve dans les jardins, dans les bois des environs de Paris.

### AGROTIS PUTRIDE, *AGROTIS PUTRIS*, Fab., Esp., Schrank.

*NOCTUA LIGNOSA*, Hubn. — *PHALÆNA SUBCORTICALIS*, Gotze. — LA PUTRIDE, Eng.

Pl. LXXVII, fig. 5.

Le dessus des ailes supérieures est d'un fauve blanchâtre, strié de roux entre les nervures, avec la partie antérieure ombrée de brun noirâtre. On aperçoit à l'extrémité de l'aile deux taches de cette dernière couleur, l'une placée à l'angle anal, et l'autre plus haut, allant se réunir à la partie ombrée. Les deux taches ordinaires sont d'un noir bleuâtre, entourées chacune d'un cercle roux. Outre cela, chaque aile est traversée par une double rangée de points noirs placés entre la réniforme et le bord terminal, qui est séparé lui-même par une troisième rangée de points semblables; la frange est blanchâtre et coupée par du brun. Le dessus des ailes inférieures est d'un blanc roussâtre, avec la frange de la même couleur, et le limbe bordé par des points bruns. Le dessous des ailes supérieures sont d'un brun noirâtre, celui des inférieures est d'un blanc roussâtre, avec une ligne arquée et un point central noirâtres, sur chacune d'elles. La tête est jaunâtre, avec la partie antérieure du thorax bordée de roux; l'abdomen est roussâtre; les antennes sont brunes et filiformes.

Cette espèce n'est pas commune en France; on la trouve pendant le mois d'août dans le département du Nord.

Ajoutez : les *Agrotis Flammatra*, Fabr., de la France méridionale; *Obelisca*, W. V., *Aquilina*, W. V., *Tritici*, Linn., des environs de Paris; *Recussa*, Hubn., des Pyrénées; *Fumosa*, W. V., *Cortica*, W. V., des environs de Paris; *Saucia*, Hubn., de la France méridionale; *Signifera*, Hubn., *Forcipula*, W. V., des Alpes; *Signata*, Boisd., de l'Alsace; *Puta*, Hubn., *Valligera.*, Fabr., et *Crassa*, Hubn., des environs de Paris.

# AMPHIPYRIDES, *AMPHIPYRIDÆ*, Boisd.

## GENRE SCOTOPHILE, *SCOTOPHILA*, Hubn., Boisd.

### *PYROPHILA*, Steph.

Les antennes sont assez longues et filiformes dans les deux sexes. Les palpes dépassent la tête; ils sont très-ascendants, recourbés, et se réunissent au sommet ; leur dernier article est court et aigu. Le thorax est convexe, lisse. L'abdomen est aplati, garni d'une brosse anale dans les deux sexes. Les pattes et les ergots sont longs. Les ailes supérieures manquent de taches ordinaires, et se croisent l'une sur l'autre par leur bord interne dans l'état de repos.

Les chenilles sont lisses, atténuées aux deux extrémités, généralement vertes, avec des raies longitudinales blanches. Elles se nourrissent de plantes basses, et se transforment en chrysalides dans des coques informes, composées de débris de végétaux retenus par quelques fils.

## SCOTOPHILE DU SALSIFIS, *S. TRAGOPOGONIS*, Linn., Fab., Esp., Hubn.

### NOCTUELLE DU TRAGOPOGON, Oliv. — LA TRIPONCTUÉE, Eng.

#### Pl. LXIX, fig. 6.

Les premières ailes sont d'un brun luisant en dessus, et présentent dans leur milieu trois petites taches noires, disposées ainsi à partir du corps : 1, 2. De plus, vers l'extrémité de la côte, on aperçoit trois petits points blanchâtres. Les secondes ailes sont d'un gris livide en dessus, avec un léger reflet rougeâtre. Les quatre ailes sont d'un gris pâle luisant en dessous, avec un point obscur sur le disque. Le corps est noirâtre, avec des poils d'un gris rougeâtre à la base de l'abdomen.

Cette espèce, commune dans toute l'Europe et aux environs de Paris, se rencontre ordinairement pendant le mois de juillet.

Ajoutez : les *Scotophila Livida*, Fabr., du midi de la France et de la Hongrie, et *Tetra*, Fabr., des environs de Montpellier.

## GENRE MANIA, *MANIA*, Treits., Boisd.

### *MORMO et NŒNIA*, Steph.

Les antennes sont filiformes dans les deux sexes. Les palpes dépassent la tête et sont ascendants; les deux premiers articles sont larges, velus et comprimés latéralement; le troisième est nu et cylindrique. La trompe est peu robuste. Le milieu du thorax est occupé par une arête élevée, profondément bifide. Les pattes sont longues, à ergots prononcés. Les ailes supérieures sont larges, dentelées, en toit écrasé, et non croisées l'une sur l'autre dans le repos.

Les chenilles sont cylindriques, rases, épaisses, allant en grossissant du premier au onzième anneau, qui est terminé par une arête saillante, avec la tête petite et globuleuse. Elles vivent de plantes basses dans les lieux humides, et se cachent sous les feuilles pendant le jour.

Leurs chrysalides, cylindrico-coniques, sont contenues, les unes dans la terre, les autres dans des coques filées entre les mousses.

MANIA MAURE, *MANIA MAURA*, Linn., Fab., God.

LA MAURE, Eng.

Pl. LXXIV, fig. 2.

Les premières ailes sont d'un gris obscur à la base en dessus, et sur la côte jusqu'au delà du milieu, avec des mouchetures noirâtres; puis deux bandes flexueuses, dont l'antérieure est divisée longitudinalement, près de son côté interne, par une ligne noirâtre. De plus, on aperçoit le long du bord terminal une ligne grise à feston et bordée de noir. Les secondes ailes sont noirâtres en dessus, avec deux bandes grises, transverses, dont l'antérieure linéaire et un peu courbée inférieurement; la postérieure marginale et chargée d'une ligne ondulée noirâtre. Les quatre ailes sont d'un noir pâle luisant en dessous, avec une ligne transverse et l'extrémité blanchâtres. La ligne transverse est précédée d'une liture centrale noire, et l'on aperçoit avant la frange une série de petites lunules noirâtres. Le corps est grisâtre, avec trois brosses dorsales plus foncées; le dessus des antennes est grisâtre, avec le dessous brun, et filiformes dans les deux sexes.

La femelle diffère du mâle en ce qu'elle est moins colorée.

Cette espèce se trouve depuis la mi-juillet jusqu'à la mi-septembre. Elle habite toute la France, l'Italie, l'Espagne, la Barbarie, etc. Il faut la chercher sous les ponts, dans le voisinage des moulins à eau et des usines. Duponchel l'a rencontrée quelquefois contre les murs des quais à Paris.

Ajoutez : la *Mania Typica*, Linn., des environs de Paris.

# XYLINIDES, *XYLINIDÆ*, Boisd.

## GENRE ÉGIRA, *EGIRA*, Duponch.

Les antennes sont plus longues que le thorax, ciliées ou crénelées dans les mâles, simples ou filiformes dans les femelles. Les palpes séparés de la tête, sont squammeux, à dernier article court et cylindrique. La trompe est visible et de longueur moyenne. Le thorax est carré, lisse, avec les ptérygodes larges et le collier relevé en pointe obtuse dans le milieu. Les franges des ailes supérieures sont dentelées.

Les chenilles sont glabres et rayées longitudinalement. Elles vivent de plantes basses, et se changent en chrysalide dans la terre.

### ÉGYRA CONSPICILLAIRE, *EGYRA CONSPICILLARIS*, Linn., Och.

*NOCTUA MALALEUCA*, Wieweg. — LA CONSPICILLAIRE et LA PERSPICILLAIRE, Eng.

Pl. lxxviii, fig. 2.

Le dessus des ailes supérieures est d'un gris blanchâtre, et comme roussi à la base, au bord interne et au bord terminal, avec les nervures noires, et une grande tache d'un noir roux qui couvre presque entièrement l'aile, à l'exception du bord interne. Cette tache s'étend le long de la côte, depuis la base jusqu'au bord terminal, où elle est coupée diagonalement par une raie blanche qui descend de l'angle extérieur. La frange est de couleur brune, dentée et entrecoupée de gris blanchâtre. Le dessus des ailes inférieures est d'un blansale, avec les nervures brunes. Les ailes supérieures sont d'un gris clair en dessous, avec une raie noire transverse sur chacune d'elles. Les ailes inférieures sont d'un blanc luisant en dessous, avec une série arquée de points noirs, et un autre point noir central aussi sur chacune d'elles. La tête est blanchâtre, comme le thorax qui est crêté, avec le collier et les épaulettes bordés de noir. Le dessus de l'abdomen est d'un gris blanchâtre, le dessous est rougeâtre; les antennes sont grisâtres, filiformes dans les deux sexes.

Cette espèce présente une variété chez laquelle la tache noire est remplacée par une teinte d'un gris roux, ce qui laisse voir la réniforme et l'orbiculaire.

On trouve cette espèce, commune dans certaines années et rare dans d'autres, aux environs de Paris, pendant les mois de mars et d'avril ; on la rencontre aussi en Allemagne.

Ajoutez : les *Egira Pulla*, Hubn., du midi de la France et de la Hongrie, et *Solidaginis*, Hubn., de la France occidentale et de l'Allemagne.


# GENRE CLÉOPHANE, *CLEOPHANA*, Boisd.

### CALOPHASIA, Steph.

Les antennes sont simples dans les deux sexes, plus épaisses dans les mâles. Le toupet frontal est divisé en deux touffes de poils plus ou moins longues. Les palpes ascendants sont très-courts et dépassent la tête ; les deux premiers articles sont très-velus ; le troisième est nu, grêle et cylindrique. La trompe est assez forte. Le thorax est robuste, presque carré, avec le collier tantôt relevé en pointe, tantôt arrondi. L'abdomen est caréné dans les deux sexes, crêté et terminé carrément dans les mâles, en pointe plus ou moins brusque dans les femelles. Les ailes supérieures sont à bord terminal arrondi et à franges fortement entrecoupées, et parcourues par des lignes ou traits noirs dans la plupart des espèces.

Les chenilles sont un peu allongées, atténuées aux deux extrémités et ornées de couleurs vives, avec les anneaux un peu renflés, et la tête petite et globuleuse. Elles se nourrissent de plantes basses, contre les tiges desquelles elles se tiennent à découvert pendant le jour. Leurs chrysalides, munies d'une gaîne ventrale, sont contenues dans des coques ovoïdes, papyracées, recouvertes de débris de feuilles et de mousses, et attachées aux tiges.


## CLÉOPHANE DE LA LINAIRE, *CLEOPHANA LINARIÆ*, Fab.

*PHALÆNA LUNULA*, Berl., Mag. — LA LINARIETTE, Eng. — NOCTUELLE DE LA LINAIRE, Oliv.

### Pl. LXXVIII, fig. 1.

Le dessus des ailes supérieures est d'un gris cendré, avec les deux taches ordinaires petites, blanches et bordées de noir. Le milieu de chaque aile est traversé, dans sa partie inférieure, par deux doubles arcs noirs, opposés l'un à l'autre par le côté convexe. La frange est large, blanche et entrecoupée de gris cendré. Le dessus des ailes inférieures est d'un blanc sale ou jaunâtre, avec une large bordure noirâtre, surmontée d'une ligne de la même couleur ; la frange est blanche. Le dessous des ailes supérieures est d'un gris cendré luisant, celui des inférieures est de la même couleur que le dessus. La tête est d'un gris foncé ; le thorax est de la même couleur, à l'exception de sa partie antérieure, qui est bordée d'une double ligne noirâtre ; l'abdomen est de la même couleur, avec les poils des côtés et l'extrémité d'un gris plus pâle ; les antennes sont grisâtres et filiformes. La femelle diffère du mâle en ce que la bande noirâtre, qui borde les inférieures, est plus large chez elle que chez le mâle.

Cette espèce se trouve dans une grande partie de l'Europe. Elle est commune aux environs de Paris, pendant les mois de mai et de septembre, principalement sur la jetée du pont de Grenelle, où la linaire vulgaire croît abondamment. Elle n'est pas rare non plus dans les environs de Grenoble.

Ajoutez : les *Cleophana Cyclopea*, Grasl., de la Corse et de l'Espagne ; *Cymbalariæ*, Hubn., des environs de Lyon et du Valais ; *Dejeanii*, Dup., *Anarrhini*, Boisd., *Yvanii*, Dup., *Penicillata*, Ramb., *Antirrhini*, Hubn., du midi de la France ; *Serrata*, Tr., de la Sicile et de l'Espagne ; *Opalina*, Esp., de la France méridionale ; *Platyptera*, Esp., de la France ; et *Olbiena*, Dup., de la Provence.


## GENRE CUCULLIE, *CUCULLIA*, Och.

Les antennes sont simples et filiformes dans les deux sexes, un peu plus épaisses dans les mâles. Les palpes sont épais, presque droits ; le dernier article est très-court, nu et tronqué. La trompe est longue et très-épaisse. Le thorax est arrondi, soyeux et à collier se relevant en forme de capuchon. L'abdomen est long, effilé et terminé par un pinceau de poils en pointe obtuse dans les femelles et bifurquée dans les mâles. Les ailes supérieures sont étroites, lancéolées ; les inférieures sont très-courtes.

Les chenilles sont allongées, épaisses, moniliformes, très-lisses, ornées de couleurs vives. Elles vivent à découvert sur les plantes basses, dont elles mangent les fleurs de préférence, et s'enfoncent profondément dans la terre pour se chrysalider. Leurs chrysalides ont une gaîne ventrale détachée de l'abdomen, et terminée le plus souvent en spatule ; elles sont renfermées dans des coques ovoïdes, et très-solides, composées d'un mélange de terre et de soie.

### CUCULLIE DU GNAPHALIUM, *CUCULLIA GNAPHALII*, Och., Treits.

Pl. LXXVIII,, fig. 5.

Les ailes supérieures sont en dessus d'un gris blanchâtre, avec la moitié de leur largeur, à partir de la côte, lavée de brun, le bord interne noir, et les nervures marquées par des lignes noirâtres interrompues. On remarque sur la partie brune de l'aile les deux taches ordinaires très-bien marquées en gris blanc et séparées par du noir. Près du thorax, l'aile est traversée par une double ligne brune formant deux grands chevrons. A l'angle postérieur, on voit une tache brune coupée par une ligne noire et terminée du côté du bord interne par un croissant blanc entre deux lignes brunes. On remarque aussi une seconde tache brune, placée près de l'angle supérieur. L'extrémité de la côte est marquée de trois points blancs ; la frange est entrecoupée de blanc et séparée du bord terminal par une ligne noire, interrompue par les nervures. Les ailes inférieures sont noirâtres en dessus, avec leur centre plus clair et la frange grise. Les quatre ailes sont d'un gris obscure en dessous, à l'exception du centre des inférieures, qui est blanchâtre, avec un point noirâtre au milieu. La tête est grisâtre, le capuchon est blanchâtre ; l'abdomen est d'un gris brun, avec les poils de son extrémité blanchâtres.

Cette espèce se trouve aux environs de Paris, principalement dans la forêt de Bondy, sur les bords du canal de l'Ourcq ; elle paraît ordinairement dans le courant de juin.

### CUCULLIE DE L'ABSINTHE, *CUCULLIA ABSYNTHII*, Linn.

*PHALÆNA PUNCTIGERA*, Berl., Mug. — *L'IOTA*, Geoffr. — *LA POINTILLÉE*, Eng.

Pl. LXXIII, fig. 2.

Les ailes supérieures sont en dessus d'un blanc bleuâtre, ombré de gris brun sur les bords et au milieu, avec deux séries longitudinales de points noirs placés sur les nervures, et qui traversent les deux taches ordinaires. Contre l'orbiculaire et du côté de la base, l'aile est traversée par une raie angulaire blanchâtre et bordée de noir des deux côtés. La côte, dans toute sa longueur, est ponctuée de noir et de blanc. On remarque près de l'angle postérieur une tache noire oblongue et accompagnée d'un petit chevron de la même couleur. L'aile est traversée depuis cette tache à l'angle supérieur par une raie grise, interrompue par les nervures. La frange est d'un gris roux, séparée

du bord terminal par une rangée de points noirs très-marqués.
Les secondes ailes sont en dessus d'un roussâtre pâle, avec leur partie
inférieure ombrée de noirâtre, un point gris au centre, et la frange
blanche. Les quatre ailes sont d'un gris brun en dessous, à l'exception
du centre des inférieures qui est jaunâtre. La tête, les antennes et le
thorax sont d'un blanc bleuâtre; l'abdomen est d'un gris jaunâtre.

Le mâle diffère de la femelle par une taille plus faîte et par un des-
sein ordinairement moins arrêté.

Cette espèce se trouve très-rarement en France; elle est assez
commune en Allemagne; on la prend ordinairement pendant les mois
de juin et d'août.

## CUCULLIE OMBRAGEUSE, *CUCULLIA UMBRATICA*, Linn.

L'OMBRAGEUSE, Eng.

Pl. LXXIII, fig. 5.

Les ailes supérieures sont en dessus d'un gris bleuâtre, avec leur
centre un peu roussâtre, des stries blanches placées à l'extrémité de
l'aile entre les nervures, qui sont finement marquées en noir, et dont
quelques-unes sont plus ou moins apparentes que les autres; enfin deux
raies transverses d'un gris foncé et formant plusieurs angles. La frange
d'un gris bleuâtre, est partagée en deux dans sa longueur par une
ligne d'un gris plus foncé, et séparée du bord terminal par un liséré
noir, interrompu par les nervures. Le dessus des ailes inférieures est
tantôt d'un gris sale et tantôt d'un gris brun, avec les nervures noirâtres et la frange blanche. Le dessous des quatre ailes diffère du
dessus en ce qu'il n'y a aucune apparence ni de lignes, ni d'ondula-
tions sur les supérieures, et en ce que les nervures sont à peine marquées sur les inférieures. La tête et le thorax sont d'un gris bleuâtre;
le capuchon est rayé transversalement par quatre lignes, dont une,
près du cou, est noire, et les autres de couleur grise; le dessus des
antennes est blanchâtre, le dessous est d'un gris roux.

Cette espèce, commune dans toute l'Europe, se trouve aux environs de Paris, pendant les mois de mai et de juillet.

Ajoutez : les *Cucullia Scrophulariphaga*, Ramb., de la Corse ; *Thap-
siphaga*, Tr., *Blattariæ*, Esp., du midi de la France; *Caninæ, Lychni-
tis*; Ramb., du centre et du midi de la France; *Scrophulariæ*, W. V.,
*Verbasci*, Linn., *Asteris*, Fabr., des environs de Paris; *Prenanthis*,
Boisd., des Alpes du Dauphiné; *Santolinæ*, Ramb., de la France méri-

dionale et de la Corse : *Lactucæ*, Esp.; *Chamomillæ*, des environs de
Paris ; *Leucanthemi*, Ramb., de la France centrale et de l'Espagne, et
*Tanaceti*, Fab., des environs de Paris.


# GENRE CHARICLÉE, *CHARICLEA*, Kirby.

### *HELIOTHIS*, Treits.

Les antennes sont filiformes dans les deux sexes. Les palpes courts,
velus, dépassent la tête et sont sans articles distincts. La trompe
est très-longue; le thorax est proéminent, avec le collier relevé en
pointe obtuse, et une crête bifide à sa base. L'abdomen est cylindrico-
conique et muni d'une seule crête sur le premier anneau. Les ailes
supérieures présentent des lignes transverses bien marquées.

La chenille est ornée de couleurs vives. Elle se nourrit exclusivement du *Delphinium Ajax*, dont elle mange de préférence les fleurs
et les graines. La chrysalide est luisante, un peu allongée, atténuée
antérieurement; elle est renfermée dans une coque peu solide, mélangée de terre et de soie, et enterrée assez profondément.


## CHARICLÉE INCARNAT, *CHARICLEA DELPHINII*, Linn., Fab., Hubn.

### L'INCARNAT, Eng.

#### Pl. LXXII, fig. 5.

Le fond du dessus des ailes supérieures est d'un beau rose; chacune d'elles est traversée par deux raies d'un ton plus clair, et
bordée de chaque côté par une ligne d'un violet noir. La plus grande
de ces raies est sinueuse et longée extérieurement par une bande d'un
rose noirâtre. La plus petite forme trois angles obtus, dont celui du
milieu déborde de beaucoup les deux autres, et l'espace qui existe
entre elle et le thorax est taché de violet. L'intervalle qui sépare
les deux raies est plus clair antérieurement qu'inférieurement, et
on aperçoit sur cette partie claire une tache irrégulière d'un violet
foncé, et d'où descend une ligne de la même couleur. La frange est
d'un gris jaunâtre, séparée du limbe par un liséré qui est quelquefois
noirâtre, quelquefois carmin. En dessus, les ailes inférieures sont
blanches à leur naissance, plus ou moins lavées de noirâtre à leur
partie inférieure, avec le limbe rose et la frange d'un gris jaunâtre.
Les quatre ailes sont roses en dessous, avec une large bande et un
croissant noirâtres sur chacune d'elles. La tête et le thorax sont d'un

gris verdâtre ; l'abdomen est d'un gris plus ou moins jaunâtre, teinté de roux sur les côtés ; les antennes sont verdâtres et filiformes. Le mâle diffère de la femelle en ce que les trois premiers anneaux sont crêtés et au contraire lisses chez la femelle.

On trouve cette jolie espèce, la seule de son genre, en Europe , elle n'est pas rare en France et aux environs de Paris, pendant le mois de mai.

# PLUSIDES, *PLUSIDÆ*, Boisd.

—

## GENRE PLUSIE, *PLUSIA*, Och.

### *CHRYSOPTERA*, Lat.

Les antennes sont filiformes dans les deux sexes. Les palpes sont libres, plus ou moins longs, comprimés latéralement, et courbés au-dessus de la tête ; leurs trois articles sont bien distincts ; le dernier est grêle, quelquefois très-long, et toujours terminé en pointe plus ou moins aiguë. La trompe est longue. Le thorax présente à la base deux faisceaux de poils relevés en forme de houppe. L'abdomen est crêté sur les quatre ou trois premiers anneaux, terminé carrément par une brosse de poils dans les mâles, et en pointe dans les femelles. L'angle apical des ailes supérieures est très-aigu ; ces mêmes ailes sont ornées de couleurs satinées ou métalliques, avec des taches ou des caractères d'or et d'argent.

Les chenilles n'ont que douze pattes ; elles manquent des deux premières paires abdominales, ce qui les oblige à marcher voûtées comme les *Arpenteuses*. Elles ont le corps parsemé de poils rares et courts, la tête petite et aplatie en dessus, et les trois premiers anneaux au moins plus grêles que les autres, qui sont, quelquefois surmontés de bosses. Elles vivent à découvert sur un très-grand nombre de plantes basses, dans les lieux humides. Leurs chrysalides sont presque toujours de deux couleurs, c'est-à-dire vertes avec le dos noir ou brun. Elles sont contenues dans des coques de soie d'un tissu léger, fixées aux feuilles ou aux tiges des plantes qui ont nourri la chenille.

## PLUSIE MONNOIE, *PLUSIA MONETA*, Fab.

*NOCTUA NAPELLI*, Devill. — *NOCTUA FLAVAGO*, Esp. — L'ÉCU, Eng.

Pl. LXXIII, fig. 4.

Les ailes antérieures sont sablées d'or sur un fond jaunâtre en dessus, avec une tache d'argent au centre de chacune d'elles. De plus elles sont traversées par deux lignes ondées de couleur brune, dont une près de la base, et l'autre du côté opposé. On voit à l'angle supérieur une tache tirant sur l'argent, cernée inférieurement par une ligne courbe, de couleur brune et plus bas contre le bord terminal, une autre tache tirant sur le violet pâle. La frange est d'un jaune satiné plutôt que doré. Les ailes inférieures sont d'un brun fauve en dessus, avec la frange jaunâtre. Les quatre ailes sont d'un fauve clair en dessous et sablées de brun. La tête et le thorax sont jaunâtres. L'abdomen est d'un brun fauve. Les antennes sont de la même couleur que l'abdomen.

Cette espèce est rare en Allemagne et en Italie; et la Normandie est la seule contrée de la France où nous soyons sûr qu'on l'ait trouvée jusqu'à présent. C'est ordinairement pendant les mois de juin et de septembre que l'on rencontre cette jolie Plusie.


## PLUSIE CHRYSIDE, *PLUSIA CHRYSITIS*, Linn., Och.

LE VERT DORÉ, Eng.

Pl. LXXII, fig. 7 et Pl. LXXVIII, fig. 5.

Les premières ailes sont en dessus d'un vert doré ou cuivreux très-brillant, traversées dans leur milieu par une bande brune à reflets violâtres, s'élargissant dans sa partie supérieure, et sur laquelle on aperçoit à peine les deux taches ordinaires. La base et le bord terminal de ces mêmes ailes, y compris la frange, sont du même brun que la bande du milieu, couleur qui se change en jaunâtre, en se rapprochant de celle du fond. Le dessus des ailes inférieures est d'un gris noirâtre, avec la frange jaunâtre. Les premières ailes sont également d'un gris noirâtre en dessous, avec la côte et le bord terminal, jaunâtres. Le dessous des secondes ailes est jaunâtre, avec une ligne ondulée transverse et un point central, bruns. La tête et les antennes sont d'un jaune fauve, ainsi que la partie antérieure du thorax. L'abdomen est d'un gris noirâtre, avec une crête rousse sur chacun des trois premiers anneaux.

On rencontre cette espèce dans toute l'Europe ; elle se trouve aux environs de Paris pendant les mois de juin et d'août.


### PLUSIE DORÉE, *PLUSIA DEAURATA*, Och.

*NOCTUA AUREA*, Hubn. — *NOCTUA CHRYSON*, Borkh.

Pl. lxxii, fig. 6.

Les premières ailes en dessus ont le fond de couleur d'or pur, légèrement sablé de rougeâtre. Chacune d'elles est traversée de l'angle supérieur au bord interne, par deux lignes flexueuses parallèles et très-rapprochées, l'une d'un brun foncé et l'autre d'un gris bleuâtre. L'intervalle qui sépare celle-ci du bord terminal est lavé de rose, et coupé par une raie brune onduleuse. La bande de ces mêmes ailes offrent une grande tache mêlée de rose et de brun, et bordée extérieurement par une ligne de brun foncé, dont le milieu forme un angle aigu. Les deux taches ordinaires, très-petites, sont légèrement marquées en rougeâtre ainsi que les nervures. La frange est jaunâtre. Les secondes ailes sont en dessus d'un jaunâtre clair, y compris la frange, avec deux bandes grises parallèles au bord terminal. Le dessous des quatre ailes est également d'un jaune clair, avec quelques ombres correspondantes aux lignes et taches du dessus. La tête et la partie antérieure du thorax sont d'un beau jaune, ainsi que la houppe de poils qui sépare les deux épaulettes : celles-ci sont de la couleur de la base des premières ailes. L'abdomen participe de la nuance des secondes ailes. Les antennes sont fauves.

Cette jolie espèce a été rencontrée en juillet dans les environs du mont Saint-Bernard ; elle se trouve aussi en Hongrie.


### PLUSIE IOTA, *PLUSIA IOTA*, Linn., Fab.

*PLUSIA PERCONTENTIONIS*, Och.

*NOCTUA IOTA*, Linn. — *NOCTUA INTERROGATIONIS*, Borkh. — LE V. D'OR, Eng.

Pl. lxxviii, fig. 4.

Les ailes supérieures sont agréablement nuancées de rose et de brun violet en dessus, avec des reflets satinés. On aperçoit un petit signe qui représente un V et un point d'or pâle. La frange est rougeâtre et légèrement dentelée. Les ailes inférieures sont d'un fauve pâle en dessus, y compris la frange, avec une large bande marginale noirâtre, surmontée de deux raies parallèles de la même couleur. Les quatre ailes sont d'un fauve pâle en dessous, avec trois raies et un point central bruns, sur chacune d'elles. La tête et le thorax sont d'un fauve vif, ainsi que les antennes ; l'abdomen est d'un fauve pâle.

Se trouve communément dans le nord de la France pendant les mois de juin et d'août.

Ajoutez : les *Plusia Concha*, Fabr.; *Orichalcea*, Fabr., de la Suisse ; *Aurifera*, Hubn., de l'Espagne et de la France ; *Mya*, Hubn., du Valais et du Piémont ; *Chalsytis*, Hubn., de l'Italie et de la France méridionale ; *Accentifera*, Lef., de la Corse et de la Sicile ; *Circumflexa*, Linn., de la France centrale et de l'Allemagne ; *Daubei*, Ramb.; *Ni*, Hubn., de la France méridionale, et *Gamma*, Linn., des environs de Paris.

# CATOCALIDES, *CATOCALIDÆ*, Boisd.

—

## GENRE CATOCALE, *CATOCALA*, Och., Treits.

Les antennes sont finement ciliées dans les mâles, simples ou filiformes dans les femelles. Les palpes sont courbes et ascendants ; les deux premiers articles sont épais, squammeux, serrés contre la tête ; le troisième nu, grêle et cylindrique, dépasse le front. La trompe est longue et robuste. Le thorax est bombé, lisse, plus squammeux que velu, avec le collier et les ptérygodes bien marqués. L'abdomen en cône allongé dans les deux sexes, est crêté et terminé par un pinceau de poils dans les mâles, uni et finissant en pointe dans les femelles. Les ailes sont grandes relativement au corps; les supérieures sont épaisses, couvertes d'écailles larges, nébuleuses, et traversées par des lignes fortement zigzaguées; les inférieures sont bleues, rouges ou jaunes, avec des bandes noires.

Les chenilles sont allongées, très-plates en dessous et très-atténuées antérieurement, avec la tête petite, comprimée en avant, et la première paire de pattes membraneuses plus courte que les autres, tandis que les pattes anales sont plus longues. Elles sont ciliées ou garnies de poils courts et roides de chaque côté du corps, et leur pénultième anneau est surmonté de deux petits tubercules plus ou moins saillants. Elles vivent sur les arbres, et se tiennent pendant le jour

appliquées contre les troncs ou les branches. Les chrysalides **sont**
cylindrico-coniques, recouvertes d'une poussière blanchâtre ou bleuâtre, et enveloppées d'un tissu lâche, entre les feuilles, la mousse et
les écorces.

### CATOCALE DU FRÊNE, *CATOCALA FRAXINI*, Linn., Esp.

**LA LICHENÉE BLEUE, Eng.**

Pl. LXXV, fig. 1.

Le dessus des premières ailes est d'un gris cendré, entremêlé de
blanchâtre, avec trois lignes noirâtres transverses et ondulées, dont
l'antérieure double, la pénultième plus flexueuse, bordée de jaunâtre
en arrière. Le milieu de la surface présente, sur un fond obscur une
tache jaunâtre que surmonte un croissant plus petit, également jaunâtre, et on aperçoit, le long du bord postérieur une série de lunules
noires, tournant leur convexité du côté du corps. De plus, on remarque à la base une liture noirâtre ayant la forme d'un sigma. Le dessus
des secondes ailes est noire, avec le milieu entièrement traversé par
une bande d'un bleu pâle, le bord postérieur blanc et longé par une
ligne noire en feston. Cette ligne se continue sur les ailes de devant,
et on la voit reparaître sur la surface opposée. Les quatre ailes sont
d'un bleu blanchâtre en dessous, avec trois bandes noires transverses
aux supérieures, avec deux et un point basilaire aux inférieures. Le
thorax est d'un gris cendré, avec un double collier et le pourtour
des épaulettes, noirâtres. L'abdomen est noir en dessus, blanc en
dessous, avec les incisions bleuâtres.

Le mâle diffère de la femelle en ce que son corps est bien moins
gros, et en ce que ses antennes sont légèrement ciliées au côté interne.

Cette belle Catocale éclot ordinairement dans la première quinzaine
d'août. Elle habite toute la France, mais plus particulièrement les contrées septentrionales. Elle n'est pas rare aux environs de Paris, surtout dans le parc de Versailles, sur les trembles des avenues, dans les
forêts de Saint-Germain et de Montmorency.

### CATOCALE MARIÉE, *CATOCALA NUPTA*, Linn., Esp.

*NOCTUA CONCUBINA*, Hubn.

Pl. LXXV, fig. 2.

Le dessus des premières ailes est d'un gris cendré, entremêlé de
parties plus claires, avec trois lignes noirâtres transverses, dont l'an-

térieure double et faiblement sinuée ; l'intermédiaire anguleuse ,
plus fine, bordée de jaunâtre en arrière, et ayant l'angle d'en bas
très-saillant du côté qui regarde le corps ; la postérieure ondulée
et un peu vague. Au centre de l'aile sont deux taches orbiculaires,
contiguës, dont la supérieure noirâtre et surchargée d'un anneau
jaunâtre ; l'inférieure jaunâtre et souillée de brun dans son milieu.
Le bord terminal est précédé d'une série transverse de points noirs,
lunulés ; on remarque sur la frange, qui est de la même couleur que
les parties claires de la surface, deux lignes noirâtres en feston. De
plus, on aperçoit un sigma un peu obscur qui est placé à la base. Les
secondes ailes sont d'un rouge carmin en dessus, avec deux bandes
noires transverses et sinuées, dont l'antérieure coudée dans son
milieu ; la postérieure, beaucoup plus large, bordée par une frange
blanche. Les premières ailes sont d'un noir chatoyant en bleu en
dessous, avec trois bandes blanches, dont l'intermédiaire ne descend
pas au delà du disque, la postérieure finissant près de l'angle du
bord interne. Le sommet et la frange sont d'un gris blanchâtre, et
sur chaque dent on aperçoit un arc noirâtre. Le dessous des secondes
ailes diffère du dessus en ce qu'il présente du blanc vers la côte, surtout entre les deux bandes noires. Le dessus du corps est cendré, le
dessous est blanchâtre ; les antennes sont entièrement grises.

Cet espèce se trouve depuis la mi-juillet jusqu'à la fin de septembre, et même quelquefois plus tard. Elle n'est pas rare aux environs de Paris et dans presque toute la France ; c'est principalement
sur le tronc des saules qu'il faut chercher cette Catocale.


### CATOCALE FIANCÉE, *CATOCALA SPONSA*, Linn.

*NOCTUA PROMISSA*, Fab. — LA LICHENÉE ROUGE, Geoff. — *NOCTUA DILECTA*, Hubn.
LA LICHENÉE ROUGE ET LA PROMISE, Eng.

Pl. LXXV, fig. 5.

Les premières ailes sont d'un gris plus ou moins obscur en dessus,
avec trois lignes noires, transverses, anguleuses et bordées de blanchâtre sur un de leurs côtés. Le milieu de la côte présente trois
espaces blanchâtres, et le bord terminal de l'aile est longé par une
ligne noire crénelée, dans les creux extérieurs de laquelle il y a un
point blanc. Les secondes ailes sont d'un rouge cramoisi en dessus,
avec deux bandes noires transverses, dont l'antérieure anguleuse et
atteignant presque toujours ce bord interne ; la postérieure sinuée,

plus large et terminée par une frange blanchâtre sur toutes les dents de laquelle il y a une lunule noirâtre convexe en dehors. Les premières ailes sont d'un noir bleuâtre en dessous, grisâtres à la base ainsi qu'au sommet, avec deux bandes transverses et les bords de la frange, blancs. Le dessous des secondes ailes diffère du dessus en ce que la bande antérieure adhère par son côté interne à un croissant noir discoïdal, et en ce que son côté externe est éclairé de blanc dans sa partie supérieure. Le corps est cendré de part et d'autre, mélangé de blanchâtre à la partie antérieure et traversé par deux lignes noires, dont la postérieure est doublée de jaunâtre en arrière.

Cette espèce présente quelques variétés assez remarquables.

Cette Catocale éclôt au commencement de juillet; elle est quelquefois très-commune sur le tronc des gros chênes. Les grandes femelles à ailes supérieures très-foncées, comme celle que Hubner désigne sous le nom de *Dilecta*, se trouve principalement dans nos contrées méridionales et en Hongrie.

## CATOCALE PROMISE, *CATOCALA PROMISSA*, Fab.

Pl. LXXIV, fig. 1.

Les deux premières ailes sont d'un gris obscur en dessus, avec une tache double sur le disque, et quelques petites éclaircies roussâtres placées entre les deux lignes anguleuses postérieures. Les secondes ailes sont d'un cramoisi vif en dessus, et présentent une bande noire antérieure plus large et plus anguleuse, ayant la forme d'un 5 très-prononcé et à peu près de la même longueur dans les deux sexes. Les quatre ailes en dessous offrent le même dessin sur un fond d'un brun noirâtre.

Le mâle diffère de la femelle en ce que l'espace blanchâtre du milieu de la cote des premières ailes descend en manière de bande jusqu'au bord interne de ces ailes.

Cette espèce se trouve pendant les mois de juin et de juillet; elle est moins commune que la *Sponsa* dans les environs de Paris.

Ajoutez : les *Catocala Elocata*, Esp., de la France centrale et méridionale; *Dilecta*, Hubn.; *Conjuncta*, Esp., de la France méridionale; *Optata*, God., de la France centrale; *Electa*, Borkh., de l'Europe centrale; *Pellex*, Hubn., de la France méridionale; *Nymphæa*, Esp., de Provence; *Conversa*, Esp., de l'Europe méridionale; *Paranympha*, Linn., et *Protonympha*, Boisd., des environs de Paris.

# GENRE CATÉPHIE, *CATEPHIA*, Och., Treits.

*ANOPHIA*, Guen.

Les antennes sont simples dans les deux sexes, parfois garnies de cils très-fins, dans les mâles. Les palpes sont très-courbes et remontent au-dessus du front; leurs trois premiers articles sont très-distincts; les deux premiers squammeux, le troisième grêle, nu, plus ou moins long et aciculaire. La trompe est très-forte. Le thorax est robuste, arrondi, couvert de poils épais, et formant une houppe plus ou moins prononcée à sa jonction avec l'abdomen; celui-ci est fortement crêté sur presque tous les anneaux dans les deux sexes. Les ailes supérieures sont à frange large et festonnée, variées de brun et de noir; les inférieures sont blanches, avec une large bordure noire.

La chenille est un peu allongée, atténuée antérieurement avec les points ordinaires saillants et relevés en tubercules coniques; la tête est globuleuse et parsemée de poils; les pattes anales sont plus longues que les autres, et la région ventrale est marquée de taches noires. Elle vit à découvert sur le chêne, et se file une coque entre les fissures des écorces pour se chrysalider.

## CATÉPHIE ALCHIMISTE, *CATEPHIA ALCHIMISTA*, Fab , Hubn.

*NOCTUA LEUCOMELAS*, Esp. — L'ALCHIMISTE, Geoff., Eng.

Pl. LXXVI, fig. 1.

Les ailes antérieures sont d'un noir grisâtre, chatoyant, avec cinq lignes transverses plus noires, dont l'antérieure basilaire et en forme de sigma, les trois intermédiaires irrégulièrement anguleuses, la postérieure marginale et en feston. La ligne postérieure est précédée d'une raie blanche plus ou moins souillée de brun, et projetant vers le bas de son côté interne trois petites dents inégales. De plus, on aperçoit sur le disque trois annelets d'un noir foncé. Les ailes postérieures sont d'un noir luisant en dessus, avec une grande tache basilaire et la frange d'un blanc vif et satiné. La frange a le milieu moucheté de noir, et elle est surmontée vers l'angle anal d'une petite liture blanche, courbée en arrière. Les ailes antérieures sont d'un brun noirâtre pâle et luisant en dessous, avec l'extrémité blanchâtre et longée par une ligne sinueuse correspondant à celle de dessus. Le dessous des secondes ailes diffère du dessus, en ce qu'il est moins foncé, et en ce que la tache blanche de la base présente une lunule noire. Le corps est noirâtre, avec six brosses dorsales, dont la première et la quatrième plus grandes et plus foncées.

Le mâle diffère de la femelle en ce que ses antennes sont ciliées, en ce que son abdomen est moins gros, et ses ailes moins dentelées.

Cette espèce, qui habite toute la France, se trouve aux environs de Paris pendant les mois de mai et de juin; elle habite aussi l'Allemagne.

Ajoutez : les *Catephia Leucomelas*, W. V., de l'est de la France et de l'Allemagne et *Ramburii*, Boisd., de la France méridionale, de l'Italie et de l'Espagne.

---

# OPHIUSIDES, *OPHIUSIDÆ*, Guen.

## GENRE OPHIODE, *OPHIODES*, Guen.

Les antennes sont filiformes dans les deux sexes, seulement plus épaisses dans les mâles. Les palpes sont ascendants, écartés l'un de l'autre et dépassent le front; les deux premiers articles sont assez étroits, squammeux, courbes; le dernier est droit, nu, grêle, long, et presque linéaire. La trompe est robuste. Le thorax est arrondi, épais, velu. L'abdomen est lisse, cylindrico-conique dans les deux sexes, terminé par une petite brosse dans les mâles seulement. Les ailes supérieures sont oblongues, subdentées, avec la tache réniforme très-étranglée et l'orbiculaire réduite à un point qui disparaît quelquefois entièrement.

Les chenilles sont allongées, nues, un peu aplaties en dessous, avec deux petits tubercules sur l'extrémité du troisième anneau, et les pattes anales écartées dans le repos. Elles sont finement striées et marquées en dessous de taches noires ou brunes comme celles du genre précédent. Elles vivent sur les arbres et les arbrisseaux, contre les branches desquelles elles se tiennent étroitement collées pendant le jour. Leurs chrysalides sont épaisses, à partie postérieure un peu allongée, saupoudrées d'une efflorescence bleuâtre, et renfermées dans des coques légères, placées entre les feuilles à la surface du sol.

## OPHIODE TIRRHÆA, *OPHIODES TIRRHÆA*, Fab., Cram.

*NOCTUA VESTA*, Esp. — *NOCTUA AURICULARIS*, Hubn.

Pl. LXXIII, fig. 5.

Les ailes antérieures sont d'un vert olivâtre pâle en dessus, avec deux taches rougeâtres, dont l'antérieure réniforme et presque discoïdale; la postérieure orbiculaire, plus petite, plus sombre, et placée sur la côte. Ensuite vient une bande terminale rougeâtre, ayant le côté interne sinué et marqué en face du sommet de deux à trois points noirs, bordés en arrière par un chevron bleuâtre. De la tâche de la côte part une ligne brunâtre, ondulée, plus ou moins apparente, et qui va aboutir au bord interne. Les ailes inférieures sont d'un jaune fauve en dessus, avec une bande noire, n'atteignant ni le sommet ni l'angle de la partie anale. Les quatre ailes sont d'un jaune fauve en dessous, sans aucune tache ordinairement aux secondes ailes, avec une bande noire courte et transverse, vis-à-vis du bord postérieur des premières. Le thorax est olivâtre, avec l'abdomen d'un jaune fauve. Le dessus des antennes est noirâtre, avec le dessous brun.

Quelquefois on rencontre des individus dont le dessus des ailes est d'un gris tirant plutôt sur l'incarnat que sur le verdâtre. Il en est d'autres dont la bande rougeâtre de ces ailes ne couvre pas entièrement l'extrémité; quelquefois la bande noire des secondes ailes est remplacée par une simple tache.

Cette belle espèce habite la Péninsule espagnole et les départements les plus méridionaux de la France; on la rencontre ordinairement pendant les mois de juin et de juillet aux environs de Marseille; il paraît, au reste, que la *Tirrhæa* habite toutes les parties du littoral de la Méditerranée où croissent les térébinthes et les lentisques.

---

# PHALÉNOIDES, *PHALENOIDÆ*, Guen.

## GENRE BRÉPHOS, *BREPHOS*, Och.

Les antennes sont plus épaisses ou subpectinées dans les mâles, filiformes dans les femelles. Les palpes sont rudimentaires et très-velus. La trompe est très-courte. Le thorax est peu robuste, hérissé de longs

poils, sans collier et ptérygodes distincts. L'abdomen est oblong, cylindrique, très-velu, avec l'extrémité obtuse. Les ailes inférieures sont
triangulaires, nébuleuses ; les inférieures, de couleurs vives, sont garnies de longs cils au bord interne.

Les chenilles sont rases, lisses, assez allongées, à seize pattes, mais
dont les quatre intermédiaires, plus courtes et impropres à la marche. Elles vivent sur les arbres. Leurs chrysalides sont lisses, luisantes,
allongées, et renfermées dans des coques légères à la surface de la
terre.

## BRÉPHOS PARTHÉNIAS, *BREPHOS PARTHENIAS*, Esp., Hubn.

*NOCTUA PLEBEJA*, Linn. — *NOCTUA VIDUA*, Eng. — L'INTRUSE, Eng.

Pl. LXXIX, fig. 5.

Les ailes antérieures sont d'un brun obscur en dessus, saupoudrées
de grisâtre, avec le milieu de la surface plus ou moins teinté de ferrugineux, et marqué de deux raies blanches qui s'appuient transversalement sur la côte. Les ailes inférieures sont fauves en dessus, avec une
grande tache triangulaire et une bande terminale d'un noir brun. La
tache triangulaire qui longe environ les trois quarts du bord interne
de l'aile, adhère par la base à une ligne noire sinuée atteignant
souvent le milieu du bord antérieur. Le milieu du côté interne de la
bande terminale est plus ou moins dilaté. Les ailes antérieures sont
fauves en dessous, avec une liture noire transversale, placée au milieu
du bord d'en haut, entre deux taches blanches. Le dessous des ailes
inférieures diffère du dessus en ce qu'il est plus ou moins nuancé
de blanchâtre à sa partie postérieure ; en dessus comme en dessous,
leur frange est entrecoupée de brun. Le corps est d'un brun obscur;
les antennes chez le mâle sont ciliées, chez la femelle elles sont filiformes.

Cette espèce paraît au commencement du printemps, elle est très-
commune dans les clairières et les avenues de bois. Elle vole en plein
jour.

Ajoutez : les *Parthenias Nota*, Hubn., des environs de Paris, et
*Puella*, Esp., de l'Allemagne.

# GONIATIDES, *GONIATIDÆ*, Duponch.

—

## GENRE MÉTOPTRIE, *METOPTRIA*, Guen.

*EUCLIDIA*, Och.

Les antennes sont courtes, filiformes dans les deux sexes. Les palpes sont courts, très-velus, droits, écartés ; leur dernier article est à
peine distinct. Le front est très-saillant, corné, trifide au sommet et
dépasse les palpes. La trompe est robuste. L'abdomen des femelles
est terminé par une pointe cornée. Les ailes sont larges. L'angle apical des supérieures est aigu.

Les premiers états sont inconnus.

### MÉTOPTRIE MONOGRAMME, *METOPTRIA MONOGRAMMA*, Hubn.

Pl. LXXIII, fig. 6.

Les ailes antérieures sont d'un brun plus ou moins olivâtre en dessus, avec la base et une ligne oblique postérieure d'un jaune verdâtre
pâle. De plus, il existe sur le disque deux petites taches blanches dont
l'antérieure lunulée adhérant au jaune de la base ; la postérieure bilobée, marquée de deux points noirâtres ; le milieu de la tache lunulée
est quelquefois saupoudré de noirâtre. Les ailes inférieures sont d'un
jaune fauve en dessus, avec la base, un arc près de l'angle anal et
une bande terminale, d'un noir brun. Les quatre ailes sont d'un
jaune fauve en dessous, avec des atomes noirâtres au milieu et vers
l'extrémité des supérieures. La frange de ces dernières est d'un gris
incarnat légèrement entrecoupé de noir. La frange des inférieures
est jaunâtre. Le corps est jaunâtre avec le thorax d'un brun olivâtre,
comme le dessus des premières ailes. Les antennes sont brunâtres
et filiformes chez les deux sexes.

Les mâles ont le dessus des secondes ailes moins gai que les
femelles.

Cette espèce se trouve dans le midi de la France et en Espagne.

# PHALÉNIDES, *PHALENIDÆ*, Duponch.

—

## GENRE FIDONIE, *FIDONIA*, Treits., Duponch.

Les antennes des mâles sont plumeuses. Les palpes sont velus, sans articles distincts, tantôt très-courts, tantôt dépassant notablement la tête. La trompe est grêle, mais le plus souvent elle est nulle ou rudimentaire. Le thorax est assez robuste, tantôt velu, tantôt squammeux. Les ailes sont parsemées d'atomes ou de points plus ou moins gros, formant souvent, par leur réunion, des lignes ou des bandes plus ou moins distinctes.

### FIDONIE PLUMET, *FIDONIA PLUMISTARIA*, Dup., Treitsch.

PHALÈNE A PLUMET (Encyclop.).

Pl. LXXVI, fig. 2.

Le dessus des premières ailes du mâle est d'un jaune pâle, avec quatre bandes transverses de points noirs, entre lesquelles sont épars çà et là d'autres points noirs plus petits. La frange est noire et précédée d'une rangée de petites taches carrées, d'un jaune souci. Ces mêmes ailes sont d'un jaune souci en dessous, avec une série de petits points noirs à leur extrémité, et plusieurs taches également noires, le long de la côte. Le dessus des secondes ailes est d'un jaune souci, traversé au milieu par une raie noire arquée, et plus bas par une rangée de points noirs, également arquée. De plus, leur base est parsemée de points noirs de diverses grosseurs ; leur frange est également noire. Ces mêmes ailes sont d'un jaune pâle en dessous, avec un grand nombre de points noirs, dont plusieurs correspondent à ceux du dessus. La tête est noire, avec un point jaune entre les deux yeux ; le thorax est noir, ainsi que l'abdomen, qui présente trois taches jaunes sur le bord de chaque anneau ; les antennes sont très-plumeuses, avec leur côte blanche et leurs barbules noires.

La femelle diffère du mâle par ses couleurs, qui sont moins vives.

Cette Fidonie est assez commune dans le midi de la France, particulièrement dans les environs de Nîmes et de Montpellier. Elle paraît deux fois, en mars et en septembre. On la rencontre ordinairement dans les lieux incultes appelés garrigues.

Ajoutez : *Fidonia Miniosaria*, Dup., du nord de la France ; *Tænio-laria*, Hubn., des environs de Montpellier et de Fontainebleau ; *Plu-maria*, W. V., de la Hongrie et de la France méridionale ; *Piniaria*, Linn., des forêts de pins de l'Europe ; *Pennigeraria*, Hubn., de la France méridionale ; *Concordaria*, Hubn., *Atomaria*, Linn., des environs de Paris ; *Glarearia*, W. V., de la France méridionale ; *Immoraria*, Hubn., de la France centrale, et *Hepararia*, Hubn., des environs de Paris.

---

# CRAMBIDES, *CRAMBIDÆ*, Duponch.

## GENRE CRAMBUS, *CRAMBUS*, Fab., Lat.

*TINEA*, Linn. — *CHILO*, Zinck.

Les antennes sont tantôt pectinées ou ciliées dans les mâles seulement, et tantôt filiformes dans les deux sexes. Les quatre palpes sont visibles : les supérieurs sont très-courts et tronqués obliquement ; les inférieurs, plus ou moins longs, sont connivents, et dirigés en avant en forme de bec légèrement incliné. La trompe est cornée, plus ou moins longue. La tête est aussi large que le thorax : celui-ci est étroit. L'abdomen est long et effilé. Les ailes supérieures sont étroites ; les inférieures sont larges, semi-circulaires et plissées en éventail sous les premières dans le repos.

Les chenilles vivent et se métamorphosent dans la mousse qui croît à terre ou sous les pierres, et dont il paraît qu'elles ne mangent que les racines. Elles s'y creusent des galeries dans lesquelles elles vivent, les unes seules, les autres en société. Elles sont verruqueuses, et chaque point verruqueux est surmonté d'un poil court. Les chrysalides sont effilées et contenues dans un tissu étroit et serré.

### CRAMBUS COQUILLE, *CRAMBUS CONCHELLUS*, Fab., Duponch.

*TINEA PINETELLA*, Schr. — *TINEA MYELLA*, Hubn.

L'INTERROMPU, Devill.

Pl. LXXIX, fig. 6.

Les premières ailes sont en dessus d'un jaune orangé, avec une bande médiane et longitudinale d'un blanc argenté, divisée en trois taches : la première, partant de la base, cunéiforme, la seconde, rhomboïdale, et la troisième, linéaire et transversale. Les intervalles qui séparent ces trois taches sont d'un brun fauve qui tranche avec la couleur du fond, et couvre quelquefois tout le bord antérieur de l'aile, à l'exception d'une éclaircie jaune vers le sommet. La frange est brune et légèrement entrecoupée de blanc dans le milieu. Le dessous des mêmes ailes est d'un gris obscur, avec leur extrémité jaunâtre. Les secondes ailes sont d'un cendré clair de part et d'autre, avec leur frange blanchâtre. La tête et les palpes sont blancs, ainsi que le milieu du thorax, dont les épaulettes sont jaunes. Les antennes et le dessous du corps sont d'un blanc argenté. Le dessus de l'abdomen participe de la couleur des ailes inférieures.

Cette espèce se trouve en France, mais seulement dans les contrées montagneuses ; elle se rencontre aussi en Allemagne, et se plaît dans les endroits découverts et sur la lisière des bois ; elle vole ordinairement depuis le milieu de juin jusqu'au milieu de juillet.

Ajoutez : les *Crambus Pratellus*, Tr., *Nemorellus*, Zeller, *Pascuellus*, Tr., *Hortuellus*, Tr., *Culmellus*, Tr., *Rorellus*, Tr., *Chrysonuchellus*, Tr., *Pinetellus*, Tr., *Margaritellus*, Tr., *Selasellus*, Tr., *Tristellus*, Zell., *Luteellus*, Tr., *Perlellus*, Tr., *Inquinatellus*, Tr., et *Angulatellus*, Dup., de l'Europe et des environs de Paris.

# INSTRUCTIONS

SUR

## LA CHASSE, LA PRÉPARATION, LA CONSERVATION

## DES PAPILLONS

ET SUR

## LA MANIÈRE DE CHERCHER ET D'ÉLEVER LES CHENILLES

---

## CHASSE.

Pour se procurer des Lépidoptères, un chasseur doit être muni d'un filet, d'un filet à faucher, d'une pince à raquettes, d'un maillet, de [brucelles, de plusieurs boîtes d'épingles, d'un parapluie, d'une nappe et d'un large ciseau ou une pioche.

Le *filet* consiste en une poche de gaze non apprêtée, longue de 45 à 50 centimètres, et adaptée au moyen d'une coulisse à un cercle dont le diamètre est ordinairement de 30 à 35 centimètres. Ce cercle, fait avec du fil de fer propre à résister à tous les mouvements de la main, sans cependant la fatiguer, est divisé en deux ou quatre parties égales, s'ajustant à l'un ou à trois de leurs bouts par un crochet fermé, et à l'autre par un empatement aplati et taraudé pour recevoir une vis enfoncée et goupillée dans une canne d'un bois solide et léger.

Le *filet à faucher* ne diffère du filet ordinaire, qu'en ce qu'il est plus pesant afin de résister davantage aux végétaux sur lesquels il est destiné à être promené. En outre, la poche de crêpe devra être remplacée par une poche de toile épaisse et assujettie au cercle de fer au moyen d'une forte coulisse.

La *pince à raquettes* est un fer à friser dont on retranche les masses et auquel on soude deux anneaux ovales d'environ 12 ou 14 centimètres de longueur sur 8 ou 10 de largeur. On aura soin de garnir chacun de ces anneaux avec du tulle non apprêté.

Le *maillet* est une masse en bois, de forme cylindrique, dans l'intérieur de laquelle on aura soin d'introduire deux livres de plomb, afin d'y donner la pesanteur nécessaire. Cette masse devra être garnie de liége dans toute sa surface extérieure, après quoi elle sera recouverte d'un cuir épais. Elle aura pour support un manche rond et lisse en bois d'acacia ou de frêne.

Les *brucelles* sont un instrument en fer ou en cuivre, à ressort doux, et servant à saisir les objets que l'on ne peut ou que l'on ne veut pas toucher avec les doigts. On préfère celles dont les horlogers font usage.

Les *boîtes de chasse* devront être faites d'un bois léger ou en fer-blanc, afin d'être moins embarrassantes. La forme et la dimension de ces boîtes varient selon le goût des personnes. On leur donnera une profondeur de 5 à 6 centimètres et elles seront doublées de liége bien uni et fixé avec de la colle forte.

Les *boîtes pour recueillir les chenilles* sont de forme ovale, le plus ordinairement faites en fer-blanc. Elles auront environ 14 centimètres de longueur, 8 de largeur et 6 de hauteur; à l'une des extrémités du couvercle on pratique une ouverture de 2 centimètres 1/2 par laquelle on introduit les chenilles; l'autre extrémité est percée de plusieurs petits trous pour donner passage à l'air.

Les *épingles* seront de différentes grosseurs, afin d'être en proportion avec le thorax ou corselet du papillon; elles devront avoir une longueur de 35 millimètres environ.

Enfin, pour compléter l'attirail du chasseur, trois autres ustensiles sont indispensables : 1° un *parapluie* dont la surface concave est destinée à devenir le réceptacle des chenilles qu'on fera tomber des arbres à l'aide du maillet; 2° une *nappe* sur laquelle on secouera les tas de feuilles sèches qu'on amassera vers le milieu de l'automne et vers le commencement du printemps; 3° et enfin une *pioche* ou un large *ciseau* destiné à déterrer les chrysalides.

Pour attraper un papillon qui est posé, dit Godart, il faut s'en approcher doucement, et surtout lui dérober l'ombre du filet. S'il est par terre, on pose dessus cet instrument, puis on lève la gaze pour l'aider à monter. S'il est sur une plante, sur un tronc d'arbre ou contre un mur raboteux, on le prend en remontant et on tourne de suite le fer pour que la poche se ferme.

Quand l'animal est captif, on le cerne dans un coin du filet, puis on lui presse les côtés de la poitrine avec le pouce et l'index. Après cela, on le pique sur le milieu du corselet ou thorax, de manière que la pointe de l'épingle sorte entre la seconde paire de pattes. On pique de même tous les autres Lépidoptères.

La pince vaut beaucoup mieux que le filet pour prendre les Sésies, les Teignes, et généralement une grande partie des Microlépidoptères.

La plupart des Sphingides, des Bombycides, des Noctuélides, des Phalénides, etc., se laissent piquer sur place pendant le jour.

Parmi les Chalinoptères, il y a des espèces sur le thorax desquelles les épingles sont sujettes à glisser ; telles sont celles de la tribu des Catocalides, etc. Pour plus de sûreté, on fera bien de les piquer d'abord avec une aiguille un peu forte, mais dont la pointe sera très-acérée. Le papillon une fois piqué, on remplacera de suite cette aiguille par une épingle proportionnée au corps de l'insecte, ou bien on emploie une petite palette en fil de fer, faite comme l'une des branches de la pince et garnie de même. Cet instrument ne doit pas avoir plus de 20 centimètres de longueur, y compris le manche ; sa largeur est d'environ 25 à 30 millimètres.

Beaucoup d'Achalinoptères ou Diurnes, passent la nuit sur les plantes ou sur les fleurs. Tels sont les Lycénides, les Polyommatides, etc. On pourra facilement les prendre avec les doigts, avant leur lever ou aussitôt après leur coucher. Certains Achalinoptères paraissent après le lever du soleil ; d'autres ne se montrent que depuis dix heures du matin jusqu'à deux heures après midi. Ceux-ci volent pendant toute la journée, et ceux-là, plus particulièrement, vers le déclin du jour. On peut dire que la manière de voler des Lépidoptères varie presque autant que les races.

Quant à ceux qui affectionnent les hautes futaies (tels que les Sylvains et les Mars, *Nymphalis Populi* et *Apatura Iris* et *Ilia*), on ne les voit guère paraître que lorsque la rosée est entièrement passée ; ils descendent en planant, et vont se reposer sur la fiente des bestiaux, sur les charognes, etc. ; ils recherchent aussi les ornières fangeuses et les arbres qui suintent ; mais les allées couvertes de gazon leur déplaisent, à moins qu'ils n'y trouvent des excréments. Si on les manque, il faut se garder de les poursuivre, parce qu'ils disparaîtraient sans retour ; tandis qu'en restant tranquille, on est presque sûr qu'ils ne tarderont pas à revenir.

Les Piérides, les Coliades volent dans les jardins, les prairies, etc. ;

les Argynnes et les Mélitées se plaisent dans les avenues et dans les clairières des forêts.

Les Vanesses s'écartent peu du lieu de leur naissance ; on les rencontre ordinairement dans le voisinage des habitations, les jardins, les promenades, les campagnes découvertes, etc.

Les Satyres aiment en général les lieux secs et rocailleux ; cependant il y en a qui préfèrent les clairières herbues des bois et les prairies qui les avoisinent ; d'autres, au contraire, qui ne se plaisent que dans les montagnes d'une certaine élévation, etc., etc.

Les Sésies s'attachent pour la plupart au bois pourri ; plusieurs espèces aiment à butiner dans les jardins les fleurs du seringat odorant.

Les Smérinthes se trouvent sur le tronc ou au pied des arbres sur lesquels leurs chenilles vivent, et presque toujours du côté opposé à celui d'où vient le vent.

Tous les Sphinx, à l'exception des espèces composant le genre Macroglosse, dorment pendant le jour au bas des plantes ou contre le tronc des arbres. Le soir, les uns butinent vers le crépuscule, dans nos jardins, sur les fleurs du chèvrefeuille, de la saponaire, de la valériane, etc. ; les autres volent, à la même heure, dans les prairies, pour y pomper le nectar des fleurs.

Les Zygènes se tiennent sur les fleurs des scabieuses, des valérianes, des chardons, ou au bout des longues herbes.

Les Procris se suspendent aux herbes des bois et des lieux secs, et partent souvent à l'approche du chasseur. Les mâles des Bombyx Tau, Versicolor, de la ronce, du chêne, des buissons, etc., volent pendant le jour à l'ardeur du soleil. Quant à leurs femelles, elles dorment pendant le jour, appliquées contre le tronc des arbres ou cachées parmi les feuilles sèches.

Une femelle non fécondée est un excellent appât pour attraper des mâles ; on aura soin de la tenir captive dans une boîte recouverte de gaze transparente, et l'exposer dans une allée ; on ne tardera pas à voir une grande quantité de mâles voltiger à l'entour.

La plupart des autres Bombycides et un grand nombre de Noctuélides dorment immobiles, pendant le jour, contre le tronc des arbres forestiers ; c'est alors que, pour les en faire tomber, l'usage du maillet devient nécessaire. On ébranlera donc ces arbres au moyen d'un coup sur le tronc, à peu près à la hauteur de la main ; en même temps que l'on donnera le coup, on promènera ses regards autour de l'arbre, pour y découvrir les espèces que cette commotion subite aurait fait tomber sur le sol ou parmi des grandes herbes.

Il y a un autre genre de chasse auquel les entomologistes du Midi ont donné le nom de chasse à la lanterne. Il consiste, lorsque les bruyères sont en fleurs, à étendre un drap, pendant la nuit, au milieu des clairières dont cette plante forme la végétation. Au centre et aux quatre coins du drap sont disposés des lampions allumés. Attirées par cette lumière, beaucoup de Noctuélides viennent voltiger à l'entour, et on les prend facilement avec le filet.

Il y a encore une autre chasse très-productive, c'est celle qui est désignée sous le nom de chasse à la miélée. On peut faire cette chasse toute l'année, mais c'est surtout pendant les mois de septembre et d'octobre qu'elle produit les meilleurs résultats. Cette chasse consiste à délayer dans de l'eau du miel ou de la mélasse, et à enduire de cette préparation une surface plus ou moins grande sur le corps des arbres dont on a fait préalablement un choix. Quand la nuit est arrivée, on vient examiner avec une lanterne les arbres ainsi préparés, sur lesquels on trouve bon nombre de Noctuélides et de Géométrides.

Les Phalénides aiment en général les lieux ombragés; pour se les procurer, il faut battre les branches d'arbres et les buissons.

Quant aux petites espèces, comme les Pyralides, les Tinéides, les Crambides, etc., etc., elles volent en général sur les fleurs, et c'est ordinairement pendant la journée qu'il faut rechercher ces espèces qui aiment à voltiger sur les genêts, les bruyères, etc., etc.

Pour connaître les époques et localités où il faut chercher les Lépidoptères à l'état parfait, nous renvoyons à l'excellent article de M. Bellier de la Chavignerie, que l'on trouvera inséré à la page 12 du *Nouveau Guide de l'Amateur d'insectes*.


## PRÉPARATION ET CONSERVATION DES PAPILLONS


Afin de jouir pleinement des papillons qu'ils ont recueillis dans leurs chasses, ou qu'ils ont reçus de leurs correspondants, les amateurs de Lépidoptères sont dans l'usage de les étaler, c'est-à-dire de leur donner à peu près l'attitude et le port qu'ils ont en volant, et qu'ils devront conserver dans les boîtes de collections. Cette opération

ne peut avoir lieu qu'autant qu'ils conservent encore toute leur sou-
plesse, ou qu'on la leur rend en les faisant ramollir.

Il est plusieurs manières de les faire ramollir ; nous n'en indique-
rons que deux : la première se réduit à mettre, avec un pinceau, de
l'alcool ou esprit-de-vin rectifié sous la base des ailes. Cette liqueur
opère assez promptement ; mais il arrive assez souvent qu'elle dénature les couleurs, et surtout celles des espèces nocturnes. La seconde
manière consiste à piquer les papillons sur du grès mouillé, au fond
d'un vase qui ferme hermétiquement, afin de bien concentrer l'humidité. Les papillons qu'on met ramollir le soir sont ordinairement
bons à étendre le lendemain dans la matinée.

Pour étaler, on se sert de planchettes en bois tendre, au milieu
desquelles il y a une rainure profonde au moins de 25 à 30 millimètres, mais large en proportion de la grosseur du corps des individus qu'on veut développer. Ces planches doivent être entièrement
planes, ne pas avoir de nœuds, et être divisées transversalement d'un
bord à l'autre par des lignes parallèles entre elles. On enfonce dans le
milieu de la rainure, et en alignement d'une des parallèles susdites,
l'épingle qui traverse le thorax du papillon ; puis, avec une aiguille
très-fine, qu'on pique au-dessous de la plus forte nervure près du corps,
on conduit successivement les ailes supérieures jusqu'à ce que leur
extrémité dépasse raisonnablement celle de la tête. On conduit de
même les ailes inférieures jusqu'à qu'elles soient un peu recouvertes
par les supérieures. Quand les quatre ailes sont bien en place, on les
comprime avec deux bandes de papier ou de la carte lisse dont on
arrête les extrémités sur le bois avec des épingles assez fortes ou des
aiguilles. Après cela, on ôte l'aiguille de chaque aile, pour que les
trous ne s'agrandissent pas en séchant. On arrange ensuite les antennes, les pattes et la trompe. Si le corps était trop enfoncé dans la
rainure, il faudrait introduire vers son extrémité un petit morceau
de liége, de moelle de sureau ou de coton. Les ailes des Achalinoptères étant libres, on peut, avec de la patience, les étaler sans les
percer. Voici la manière de s'y prendre : lorsque le papillon est établi
dans la rainure, on attache par son extrémité antérieure une bande de
papier, de façon qu'elle n'empêche pas l'aile supérieure de monter
aussi haut qu'il est nécessaire ; on fait mouvoir cette aile en la pre-
nant légèrement au-dessous de la première nervure avec la pointe d'une
aiguille ; et pour qu'elle ne se dérange pas, on appuie la bande dessus
avec l'index de la main gauche ; on place ensuite l'aile inférieure, et

on la retient en position en pesant un peu avec le pouce de la même main sur l'extrémité postérieure de la bande que l'on arrête avec une seconde épingle; on fait la même chose pour les deux ailes du côté opposé.

En étalant les Chalinoptères, on doit, autant que possible, faire passer le crin écailleux du dessous des secondes ailes dans la coulisse du dessous des premières; par ce moyen, on entraîne les deux ailes à la fois, et l'on est dispensé de piquer les inférieures.

Il ne faut pas étendre les papillons vivants, parce qu'ils abîment leurs ailes par les efforts qu'ils font pour se dégager. Il y a plusieurs moyens de faire mourir les Lépidoptères : le premier consiste à leur enfoncer longitudinalement, en dessous de la tête, une aiguille ou une épingle, après l'avoir préalablement trempée dans une solution de savon arsenical ou de tabac à fumer délayé dans de l'esprit-de-vin. Ce moyen réussit parfaitement pour faire mourir la plupart des Lépidoptères; mais il est impuissant pour les Sphingides et les Bombycides, et en général pour les grosses espèces qui ont la vie dure. Il faut donc recourir à une autre méthode, qui consiste à faire rougir à une bougie une aiguille assez longue dont l'extrémité postérieure ou la partie non pointue est fixée dans un bouchon de liége. Lorsqu'elle est entièrement rouge, on prend le papillon sous les ailes et on introduit sous les palpes cette aiguille, en tâchant toujours de l'enfoncer le plus profondément possible dans le corps. Ce dernier moyen nous a paru assez efficace, car ordinairement le papillon ne tarde pas à mourir. On devra laisser les papillons sur les étaloirs tout le temps qui sera nécessaire pour que les ailes puissent sécher. Il faut au moins trois semaines pour opérer la dessiccation complète des Sphingides et des Bombycides, etc.; quinze jours suffisent en général pour les autres Lépidoptères. Les individus qu'on aura fait ramollir sécheront beaucoup plus vite que ceux qui auront été étalés sur le vif. On pourra les retirer de l'étaloir au bout d'une semaine.

Le corps de beaucoup de papillons, et particulièrement ceux des Bombycides et de certaines Noctuélides tournent au gras. Le meilleur remède en pareille circonstance est d'enduire, à l'aide d'un léger pinceau, toutes les parties grasses avec de l'essence de térébenthine bien rectifiée, ou mieux encore avec de la benzine, après quoi toutes les parties imbibées ainsi seront recouvertes de terre de Sommières; vingt-quatre ou quarante-huit heures après, on frottera, à l'aide d'un pinceau sec, le papillon que cette opération aura fait revenir à son état naturel.

Pour prévenir les ravages que la teigne, les larves des Dermestes et celles des Anthrènes occasionnent dans les collections, il faudra avoir soin : 1° de placer le meuble qui renfermera les tiroirs dans un appartement sec; 2° d'ouvrir, pendant une ou deux minutes, toutes les boîtes de sa collection, au moins une fois tous les mois; 3° de frapper doucement et dans divers sens les parois latérales des boîtes, afin de rassembler, dans un de leurs angles, les molécules de poussière qui tendent toujours à se dégager du corps des papillons.

Quant aux moyens curatifs, voici les deux que nous signalerons : 1° On plonge les boîtes qui renferment des insectes attaqués dans une sorte d'étuve, désignée sous le nom de nécrentôme, dans laquelle on produit, à l'aide de la vapeur, une chaleur de plus de 100 degrés ; mais cet appareil, qui détruit en effet tous les corps vivants, dénature en même temps les ailes des papillons, soit en les fripant, soit en les faisant fléchir ; quelquefois même il altère les couleurs de certaines espèces. 2° Au lieu de passer les tiroirs au nécrentôme, on peut les traiter par la benzine. Pour cela, on place dans un des angles des tiroirs qui renferment des papillons attaqués un petit godet en verre, retenu par des épingles ; on y met du coton imbibé de benzine et l'odeur pénétrante de ce liquide finit, après un temps plus ou moins long, par faire sortir du corps du papillon les insectes destructeurs qui ne tardent pas ensuite à succomber. Ce moyen simple et très-efficace est actuellement mis en usage par la plupart des entomologistes, mais pour que cette opération réussisse avec avantage, il est indispensable que les tiroirs ou boîtes soumis à l'action de ce liquide ferment hermétiquement. Si l'on veut, on peut remplacer le godet en verre par une boule de coton roulée, traversée par une épingle et que l'on fixe n'importe où dans les tiroirs. On verse ensuite de la benzine sur cette boule, de manière qu'elle soit bien imbibée de ce liquide.

Si l'on achète des papillons ou que l'on s'en procure par échange, on ne les ajoutera à sa collection qu'après les avoir préalablement enfermés, pendant le temps qu'on jugera nécessaire, dans une boîte ; sorte de lazaret, contenant de la benzine et fermant surtout d'une manière hermétique.

Malgré les préservatifs que nous venons d'indiquer, nous n'en conseillons pas moins aux amateurs de visiter le plus souvent possible leur collection, et surtout de la tenir avec la plus grande propreté.

## MANIÈRE DE CHERCHER ET D'ÉLEVER LES CHENILLES

La plupart des chenilles vivent à découvert sur les végétaux, d'autres au contraire se cachent pendant le jour et ne visitent que pendant la nuit les plantes qui leur servent de nourriture; enfin, il y en a qui habitent le sommet des arbres, d'où elles ne descendent que pour se transformer en chrysalides.

Parmi les arbres, ceux qui nourrissent le plus grand nombre de chenilles sont le chêne, l'orme, le bouleau et le peuplier. Il suffit de frapper le tronc de ces arbres, à la fin de mai ou dans les premiers jours de juin, pour en faire tomber un grand nombre de larves de Lépidoptères. Quant aux chenilles qui vivent à découvert sur les plantes basses, une fois que l'on connaît l'époque de leur apparition et les végétaux dont elles se nourrissent, il suffira, pour les rencontrer, d'avoir de bons yeux et beaucoup de patience. Pour les époques et les végétaux propres aux principales espèces, consultez à ce sujet l'article de M. Bellier de la Chavignerie, qui est inséré dans le *Nouveau Guide de l'Amateur d'insectes*, page 96.

On sait que la plupart des chenilles de Noctuélides vivent solitaires et cachées sous les graminées et sous les plantes basses. Ces chenilles ne mangent que la nuit, et le jour, elles se retirent sous des feuilles sèches dans le voisinage de la plante qui les nourrit. C'est ici que l'usage de la nappe et du parapluie est nécessaire; on fera des amas de feuilles sèches dans le voisinage des plantes où l'on remarquera que les chenilles ont mangé; on secouera ensuite ces tas de feuilles en divers sens; puis, après avoir rejeté les feuilles par poignées, on examinera le fond de la nappe et du parapluie pour en retirer les chenilles que ces diverses secousses y auront fait tomber.

Il y a des chenilles qui se nourrissent exclusivement de graines; d'autres se renferment dans les siliques de certaines légumineuses; d'autres enfin vivent dans les capsules de plusieurs caryophyllées; d'autres sont essentiellement lignivores ou médullivores, et vivent dans l'intérieur des arbres, dans la tige des roseaux; quelques-unes vivent de lichens, d'algues ou autres plantes cryptogames.

Beaucoup sont frugivores, surtout parmi les Pyralides et les Tinéides; elles vivent dans l'intérieur des pommes, des châtaignes, etc., etc.;

il en est quelques-unes aussi qui affectionnent la graisse ou les matières animales en décomposition.

Enfin nous devons dire aussi que la laine et la soie qui nous vêtissent, la plume de nos lits, le blé qui nous sert d'aliment, etc., servent de pâture à une foule de chenilles, dont il serait trop long de donner ici l'énumération.

Pour avoir des papillons d'une grande fraîcheur, il faut les élever de chenilles. Il y a même beaucoup de Chalinoptères qu'on ne peut guère se procurer que par ce moyen.

L'éducation des vers à soie peut servir en général de modèle à celle des autres chenilles. Toutes les fois donc qu'on trouvera une chenille sur une plante, on est à peu près sûr de l'élever en lui fournissant une quantité suffisante de cette plante, qu'on aura soin de tenir fraîche et de renouveler souvent, surtout dans le moment des grandes chaleurs.

Les chenilles qui sont polyphages, et il y en a beaucoup, on pourra les nourrir indistinctement avec toute espèce de végétaux.

Dans l'état de captivité, la laitue et la romaine conviennent particulièrement à la plupart des chenilles de Noctuélides qu'on trouve sous les feuilles sèches, en automne ou au commencement du printemps. Mais pour la plupart des autres chenilles, c'est un aliment trop aqueux qui relâche les tissus, et qui influe presque toujours d'une manière peu avantageuse sur les couleurs du papillon ou de l'insecte parfait.

Les chenilles qui doivent s'enterrer seront élevées dans de grands vases ou dans des pots à fleurs à demi remplis de terre de bruyère. Afin de donner de l'air et de la lumière aux chenilles, on couvrira ces pots ou ces vases avec de la gaze, de la toile métallique ou du canevas. On aura soin en outre d'étendre sur la terre un lit de mousse ou de feuilles sèches, afin que les chenilles puissent s'y blottir.

Pour élever les espèces qui aiment la chaleur, telles que les Chélonies, et en général toutes les chenilles fileuses, il est préférable d'avoir des boîtes dont le couvercle soit presque aussi profond que la boîte elle-même. On nettoiera fréquemment les boîtes et les pots où il y a un certain nombre d'individus, par la raison que les crottes, en se moisissant, engendrent des exhalaisons nuisibles.

Il ne faut pas laisser ensemble des chenilles de différente nature, parce qu'il arrive fort souvent qu'elles s'entre-détruisent. Les chenilles de la même espèce se nuisent déjà lorsqu'elles sont gênées par le nombre. Du reste, si l'on veut élever des chenilles avec succès, il faut toujours avoir soin de les isoler ou d'en mettre un très-petit nombre ensemble.

Souvent une chenille que l'on croit bien portante recèle dans son sein des larves de mouches ou d'ichneumons. Ces larves rongent, non les viscères, mais la substance graisseuse de l'animal; et, quand elles sont parvenues à leur grosseur, elles percent la peau et en sortent pour filer leur coque. Criblée alors de toute part et couverte d'une mousse cotonneuse, la chenille ne tarde pas à périr. Elle parvient cependant quelquefois à se métamorphoser, mais au bout d'un certain temps, les larves sortent de la chrysalide, qui périt également. Quand cette dernière ne renferme qu'un seul ichneumon, il y reste ordinairement jusqu'à ce qu'il soit insecte parfait; c'est ainsi que l'on voit souvent sortir de la chrysalide de certains Sphingides un grand ichneumon au lieu de l'insecte parfait que l'on attendait.

Il faut déranger les chrysalides le moins possible, et surtout n'y point toucher avant qu'elles ne soient raffermies. Pour conserver et faire éclore chez soi les chrysalides qu'on aura recueillies, on aura soin de les enterrer à moitié dans des boîtes ou des pots à demi remplis de terre de bruyère, de manière à ce que la pointe ou partie postérieure de la chrysalide reste enfoncée dans la terre, tandis que la partie antérieure par laquelle le papillon devra sortir sera dirigée vers le ciel. On recouvrira ensuite les chrysalides avec une couche légère de mousse qu'on aura soin d'humecter de temps en temps.

Tels sont les détails que nous avons cru devoir consigner dans ces quelques instructions; puissent-ils être utiles aux personnes qui se livrent à l'étude des Lépidoptères, un des ordres les plus beaux de la classe des insectes.

# ADDENDA

Page 69, après INO, *ajoutez:*

**ARGYNNE DAPHNE,** *Argynnis Daphne,* Fab., Hubn.
*PAPILIO CHLORIS,* Hubn. — LA GRANDE VIOLETTE, Eng.

Pl. xvi, fig. 1.

Le dessus des deux sexes est d'un jaune gai, avec quatre bandes noires, transverses, dont une en zigzag sur le milieu; les deux suivantes formées par des points; l'extérieure terminale, crénelée à son côté interne et chargée d'une série de petits traits fauves plus ou moins apparents. Il y a, en outre, quelques chiffres noirs vers l'origine du bord antérieur des premières ailes, et un croissant de cette couleur à la base des secondes. Le dessous des ailes supérieures ressemble au dessus, excepté que toute la côte et le sommet sont jaunâtres. Le dessous des ailes inférieures a environ la moitié antérieure d'un jaune d'ocre, avec des veines et un espace fauves; l'autre moitié est fauve et presque entièrement lavée de violet avec une rangée courbe et transverse de cinq points noirâtres à prunelle jaunâtre. Les échancrures du bord postérieur de toutes les ailes sont blanchâtres de part et d'autre. Le corps est fauve en dessus, grisâtre en dessous. Les antennes ont le dessus brun, le dessous ferrugineux, avec la massue noire et terminée de fauve.

Cette espèce, qui habite les régions sous-alpines, vole ordinairement pendant le mois de juin.

## ERRATA

Page 58, lig. 17, au lieu de:

La coliade souci donne une variété femelle qui a été figurée par Hubner sous le nom d'*Helice,* et qui a été représentée à la pl. 6, Fig. 3, *lisez :*

**COLIADE SOUFRE,** *COLIAS HYALE,* Linn , God.

LE SOUFRE, Eng.

Pl. vi, fig. 3.

Le mâle est d'un jaune soufre en dessus; la femelle est d'un blanc verdâtre en dessus, avec un point très-noir vers le milieu de la côte des premières ailes, et une tache orangée, pâle, vers le centre des secondes. Les premières ailes sont terminées par une bande brune ou noire, élargie antérieurement, et coupée dans toute sa longueur par une suite de neuf taches jaunes ou blanchâtres. Cette bande se continue sur les secondes ailes de la femelle, mais elle y est plus étroite. Dans le mâle, elle est tantôt nulle, tantôt remplacée par des points de sa couleur. Le dessous des premières ailes diffère du dessus en ce que l'extrémité offre une simple rangée de points noirs, au lieu d'une bande, et en ce que le sommet et la majeure partie du bord postérieur sont d'un jaune roussâtre. Les secondes ailes sont entièrement d'un jaune roussâtre en dessous, avec deux points argentés, puis une ligne arquée de points rougeâtres, faisant suite aux points noirs des ailes supérieures; les deux points argentés sont cerclés de rougeâtre et correspondent à la tache orangée du dessus. Le corps est jaune avec la tête ferrugineuse et le dos noirâtre. Les antennes sont rosées, et ont le bout de la massue jaunâtre.

Cette espèce est commune dans les champs et aime à se reposer sur les fleurs de la luzerne; elle paraît pour la première fois en mai, et pour la seconde en juillet.

Page 101, lig. 6, pl. xxxviii, *lisez :* xxviii.
Page 106, lig. 27, xxi, fig. 1, *lisez :* fig. 2.
Page 117, lig. 6, pl. xli, fig. 8, *lisez :* fig. 7.
Page 138, lig. 14, pl. xlv, fig. 2, *lisez :* pl. xlvi, fig. 1.
Page 158, lig. 14, pl. xlv, fig. 2, *lisez :* pl. xlvi, fig. 1
Page 172, lig. 25, Jocobeæ, *lisez :* Jacobeæ.

# TABLE ALPHABÉTIQUE

DES

## ESPÈCES DÉCRITES ET FIGURÉES DANS CET OUVRAGE

## LISTE DES AUTEURS DONT LES NOMS SONT CITÉS EN ABRÉGÉ

**Blanch.** BLANCHARD. *Histoire naturelle des Insectes, traitant de leurs mœurs et de leurs méta-morphoses en général et comprenant une nouvelle classification fondée sur leurs rapports naturels.* Paris, 1849. 2 vol. in-12 avec planches.

**Boisd.** BOISDUVAL. *Icones historique des Lépidoptères nouveaux ou peu connus.* Paris, 1835. 2 vol. in-8. *Essai sur une monographie des Zygénides,* 1 vol. in-8. Paris, 1839. *Genera et index methodicus Europæorum Lepidopterorum.* 1 vol. in-8. Paris, 1840.

**Bork.** BORKHAUSEN. *Naturgeschichte der Europæischen Schmetterlinge nach Systematischer Ordnung.* Frankfort, 5 vol. in-8, 1788 à 1794.

**Curt.** CURTIS (John). *British entomology; being illustrations and descriptions of the genera insects found in Great Britain and Ireland.* London, 1823 à 1839. 16 vol. in-8.

**Dalm.** DALMAN. *Analecta entomologica.* Holmiæ, 1823. 1 vol. in-4. *Essai d'une classification systématique des papillons de Suède.* 1816.

**Devill.** DEVILLERS. *Caroli Linnæi Entomologia, faunæ sueciæ descriptionibus aucta.* Lyon, 1789. 4 vol. in-8.

**Doubled.** DOUBLEDAY (Edward). *The genera of Diurnal Lepidoptera.* London, 1846 à 1850. 2 vol. in-4 et un atlas de 80 planches.

**Dup.** DUPONCHEL. *Histoire naturelle des Lépidoptères de France.* 17 vol. in-8 avec planches. 1821 à 1842.

**Esp.** ESPER. *Die Schmetterlinge in Abbildungen nach der Natur mit Beschreibung, etc.* Erlangen, 5 vol. in-4. 1777 à 1794.

**Fabr.** FABRICIUS. *Entomologia systematica emendata et aucta.* Hafniæ, 4 vol. in-8. 1792 à 1794.

**God.** GODART. *Histoire naturelle des Lépidoptères de France.* 5 vol. 1821 à 1824.

**Guen.** GUENÉE. *Noctuarum Europæarum index methodicus, classificationis in Ann. Soc. Ent. Gallicæ, editæ tabulam fingens.* Tome X, 1841.

**Germ.** *Magasin der Entomologie.* Halle, 1813 à 1821. 4 vol. in-8.

**Grasl.** GRASLIN. *Notice sur une exploration scientifique en Andalousie.* (Ann. de la Soc. Entom. de France, 1836, tome V.)

**Hubn.** HUBNER (Jacob). *Sammlung Europæischer Schmetterlinge.* Augsbourg, 1796.

**Lasp.** LASPEYRES. *Sesiæ Europæ iconibus et descriptionibus illustratæ.* Berolini, 1801. 2 vol. in-4.

**Latr.** LATREILLE. *Genera Crustaceorum et Insectorum ordinem naturalem in familias disposita.* 4 vol. in-8 avec planches. Paris, 1806 à 1809. *Règne animal de Cuvier,* 2e édition. 1829. *Dictionnaire d'histoire naturelle de Déterville,* 2e édition.

**Linn.** LINNÉ. *Systema Naturæ,* tome I, pars. II. *Editio duodecima reformata.* Holmiæ, 1767. In-8.

**Ochs.** OCHSENHEIMER. *Die Schmetterlinge von Europa.* 4 vol. in-8. 1806 à 1810.

**Ramb.** RAMBUR. *Catalogue des Lépidoptères de la Corse, avec les descriptions et les figures des espèces inédites.* (Ann. de la Soc. Entom. de France, 1832 à 1833.)

**Schr.** SCHRANK. *Enumeratio ins. Austriæ, cum figuris.* Augustæ Vindeliorum, 1781. 1 vol. in-8.

**Scop.** SCOPOLI. *Entomologica carniolica.* Vindobonæ, 1763. In-8.

**Scriba.** SCRIBA. *Beitrage zu der Insecten-Geschichte.* Frankfurt, 1793. In-4.

**Steph.** STEPHENS (James-Francis). *Illustrations of British insects.* London, 1827 à 1829. 2 vol. in-8.

**Thunb.** THUNBERG. *Dissertationes academicæ, Upsaliæ habita.* Vol. III. Goettingæ, 1801. In-8.

**Treits.** TREITSCHKE. *Die Schmetterlinge von Europa.* 13 vol. in-8. 1825 à 1835.

**W. V.** WIENER VERZEICHNISS. *Systematisches Verzeichniss der Schmetterlinge der Wienergegend.* Vienne, 1776. In-4.